艺术人类学经典译丛
李修建 | 主编

CLASSIC WORKS IN ANTHROPOLOGY OF ARTS

审美人类学

THE ANTHROPOLOGY OF AESTHETICS

[荷] 范丹姆 | 著　李修建　向丽 | 译

文化艺术出版社
Culture and Art Publishing House

本丛书为中国艺术研究院基本科研业务费资助项目

《艺术人类学经典译丛》总序

人类的起源，渺茫难寻，或说出自非洲，或说发于多地。源自非洲也好，独立起源也罢，皆为假说，难有定论，似乎非洲起源说更得学界认可。根据大量考古学证据，可以肯定的是，在有信史之前的多少万年，世界上已广有人类分布。

在地球的不同角落，人类的生存环境、物质条件差异极大，人们因应这些各各不同的环境，发展出了各具特色的生产生活方式，产生了不同的民俗风情、宗教信仰、亲属关系、法律制度、语言、艺术……由此形成极具多样性的人类文明和文化。

考古证据同样表明，不同族群之间并非相互隔绝，不相来往。恰恰相反，在很久很久以前，不同文明之间可能保持着或密切或间接的交往和联系。如日本考古学家水野清一编著的《中国文化的开端》一书中提道："从第四纪更新世以来，人类所进行的交流远远超出了现代人的想象。"他提到，北京人使用的一种打制石器，不知以何种方式传播到了东南亚甚至非洲。西伯利亚更新世后期的人类文明，也有与欧洲文明的共通之处。

不同文化、不同人群之间的交往，固然有多种方式，语言无疑是最为重要的一个媒介。语言不通，交往就会存在障碍。比如，魏晋时期，文化交往密切，这个问题颇为突显。《世说新语》"言语"记载两则相关故事，其一，"高坐道人不作汉语。或问此意，简文曰：'以简应对之烦。'"其二，"王仲祖闻蛮语不解，茫然曰：'若使介葛卢来朝，故当不昧此语。'"面对语言不通的情形，姑且不谈上述人物刻意表现出的机智或不屑，其"茫然"与"昧"的反应，实属正常而具普遍意味。

如何发蒙去昧？要靠翻译。

西域来的高坐道人不懂汉语，时人与他交流，"皆因传译"。翻译是助推文化交流的重要中介。在中国历史上，汉晋时期的佛经翻译，清末民初的西学译介，是两次大规模的翻译活动，对中国思想史影响甚大。此后，20世纪80年代的学术翻译，亦蔚成风潮，推动了当时的文化转型。90年代以后，有所谓"思想家淡出，学问家凸显"之说。学科划分日益细化，原本难分难解的文史哲，被区分成诸多专业领域，彼此疆界鲜明，研究者固守一隅，互不关心，少有往来。因此，这一时期的学术翻译，虽则数量越来越多，论其影响，却难与前代相提了。

更有甚者，近年的人工智能技术日新月异，机器已能胜任相当难度的翻译，借助它们，一般程度的交流已不成问题。或许终究有一天，它们变得无比强大，足可取代人脑，完美地翻译人类历史上最深沉最复杂最精微的学术著作（如康德的"三大批判"之属），到那时候，不光人工翻译可以休矣，人类的存在似亦成为问题。

历史洪流浩浩荡荡，社会变迁超乎常人想象，但那个让人惊疑的时代还没到来，能够直接阅读原文的毕竟有限，翻译的重要性仍不容小觑。

某种程度上说，人类学家所做的工作，也是一种翻译。人类学的研究对象为遍布世界的形形色色的异文化，这些异文化很难为外人所理解。人类学家通过长时段的田野调查和参与式观察，深入其社会内部，将其社会形态和文化风貌，某些文化事件和行为，以民族志的方式"翻译"出来，其他文化成员便可借此理解其价值和意义。

由此，本套《艺术人类学经典译丛》，可视为二次翻译。

自19世纪末人类学这门学科诞生以来，西方人类学家便将艺术视为一种文化现象予以关注，百余年来成果甚为丰富，既有大量理论性著作，田野个案更是不胜枚举。

20世纪初，大量学者留学欧美或日本，人类学连同众多人文社会科学一起，传入中国。当时已有学者翻译相关论著，如20世纪30年代，李璜译述葛兰言的《古中国的跳舞与神秘故事》（上海中华书局1933年版），蔡慕晖译出格罗塞的《艺术的起源》（商务印书馆1937年版）。20世纪80年代，国内译事大兴，西方哲学、美学类图书引进尤多，影响甚大。弗雷泽的《金枝》、列维-布留尔的《原始思维》、博厄斯的《原始艺术》、列维-斯特劳斯的《结构人类学》等经典名著，皆在此间译出。罗伯特·莱顿的《艺术人类学》于1992年出了首个中译本。2000年以后，艺术人类学渐受重视，尤其在2006年中国非物质文化遗产保护运动全面展开，以及中国艺术人类学学会成立之后，艺术人类学更是成为颇受关注的新兴领域，国内学者开始了系统性的翻译工作。如郑元者主编的《文化与艺术人类学译丛》（中央编译出版社，3种），王建民主编的《艺术人类学译丛》（广西师范大学出版社，4种），刘东主编的《艺术与社会译丛》（译林出版社，已出多种）等。此外，国内知名学术刊物《民族艺术》专门设立从事艺术人类学译介的栏目（如本人主持的"海外视域""艺术人类学名著导读"），对艺术人类学的翻译工作起到了良好的推动作用。

本套丛书，初步规划10种，集中于艺术人类学、审美人类学等基础性理论著作。这一旨趣，一方面与我本人的学科背景有关，另一方面也与国内艺术人类学的发展状态有关。在一篇访谈中，我对艺术人类学的学科建设和发展方向提了三点看法：

一是进一步加强国外艺术人类学经典论著的翻译。艺术人类学来自西方，我们需要对西方艺术人类学的研究状况有充分了解，以取长补短。目前有一些学者做了不少工作，如洛秦等人对音乐人类学的译介，王建民等人对艺术人类学的翻译。但整体而言，这项工作做得还很不足，大量理论性论著没有译介过来，优秀的田野成果翻译的更少，今后还需要加强。

二是通过扎实深入的田野工作，做出更多具有典范意义的艺术民族志成果。目前的艺术人类学研究者，大多缺乏扎实的田野调查经验，对人类学的历史和理论亦是一知半解。基础薄弱，功夫不足，研究成果必然难尽如人意。尽管已有不少学者写出了相对成熟的田野调查著作，但整体来说还是远远不够，在理论上更是难有创见。有鉴于此，在今后的研究中，学者们应该首先掌握人类学的田野调查方法，学习西方艺术人类学的理论知识，在此基础上，通过扎实的田野工作和深入的理论思考，写出令人满意的民族志作品，并围绕中国经验和中国问题，生发出中国的理论。

三是积极参与艺术学和人类学的学科建设。艺术人类学具有跨学科的属性，在当下的学科体系中，还没有一席之地，大多是因人而设，或在艺术学，或在民族学，或在人类学，或在文艺学，或在美学。这种局面或许保持了艺术人类学的开放和活力，使其具有所谓"新文科"的特点，但从长远来看，要想保障艺术人类学的持久发展，应该积极参与并融入艺术学和人类学等学科的学科建设之中，以其学科优势，弥补艺术学和人类学等学科的不足，以期共同发展。

这些看法很是粗浅，不过意在指出，艺术人类学作为一门新兴交叉学科，需要弄清其研究对象、研究范围、研究方法、学术史等。只有搞清这些基本问题，立住脚跟，才能周行无碍，持续发展。

要达此目的，翻译是重要途径。这套译丛所选10种著作，尽管具有相当的经典性和代表性，但数量还是太少，众多论著还有待译出，经典的田野研究同样值得关注，希望未来能有更多学人投入这一工作。

中国艺术研究院学术氛围浓厚，一向支持学术翻译，这套译丛被纳入了院级科研项目，得以顺利出版。学术翻译耗时费神，"用力甚多而见功寡"，极不容易，参与翻译的几位译者不辞辛劳，甘愿付出，我要向他们表达深深的敬意。

李修建

2021 年 3 月

译者导读

李修建

范丹姆（Wilfried van Damme），1960年出生，是个土生土长的荷兰人，就职于荷兰莱顿大学（Leiden University）。莱顿大学创办于1575年，是欧洲最负盛名的大学之一。这所学校的汉学研究院，历史悠久，闻名于世。我们所熟知的荷兰汉学家，比如精通东方文化，写出了《琴道》《长臂猿考》《中国古代房内考》《中国书画鉴赏：以卷轴装裱为基础的传统绘画研究》，以及风靡西方的《大唐狄公案》的外交官高罗佩（Robert Hans van Gulik），著有《佛教征服中国》的许理和（Erik Zürcher），皆曾就读或任教于此。另外，写有《游戏的人》《中世纪之秋》等诸多名作的著名文化史家赫伊津哈（Johan Huizinga），亦曾在该校执教，并担任校长。

范丹姆没有这么大的名气。相反，他显得有些默默无闻。他所从事的审美人类学研究，在西方学界洵非显学，甚至称得上门前冷落，专事这一研究的，可以说寥无几人。

不过，从世界范围来看，艺术人类学和审美人类学研究正得到越来越多的关注。最近几年，西方人类学界越来越重视审美和艺术，诸如对时尚、感觉、表演等问题的研究，相关成果越来越多。

在中国，这一趋势更为明显。①广西师范大学专门设有审美人类学研究中心，已出版相关丛书近二十种。中南民族大学彭修银主编的《民族美学》辑刊，每期都有多篇文章涉及审美人类学。国内若干学术期刊，如《马克思主义美学研究》《民族艺术》等，亦设置专栏，或刊发多篇相关文章。近年也出版了多部相关著作，如王杰主编、向丽与尹庆红副主编的《审美人类学》，是国内外第一部审美人类学教材，已由人民出版社于 2021 年出版。还有向丽的《审美人类学：理论与视野》（人民出版社 2020 年版），以及她主编的《审美人类学：理论与实践》（文化艺术出版社 2022 年版）。显然，国内已经形成了一批对审美人类学进行关注和研究的学术队伍。与此同时，范丹姆的研究亦受到了中国学界的关注，目前至少有四篇硕士学位论文专门以范丹姆的审美人类学为题目。②此外，还有若

---

① 关于国内外审美人类学的研究状况，可以参见冯宪光、傅其林《审美人类学的形成及其在中国的现状与出路》，《广西民族学院学报（哲学社会科学版）》2004 年第 5 期；向丽《走向跨学科的美学研究——近年来审美人类学研究综述》，《民族艺术》2006 年第 3 期；向丽《国外审美人类学的发展动态》，《国外社会科学》2010 年第 2 期；覃德清《中国审美人类学研究的回顾与反思》，《柳州师专学报》2008 年第 2 期；张良丛《论审美人类学的学科建构和价值诉求》，《东方论坛》2010 年第 4 期；王大桥《审美人类学：当代美学研究的一个基本问题阈》，《上海文化》2016 年第 10 期；孙文刚《后现代主义文化背景下的审美人类学的研究》，《艺术探索》2017 年第 3 期等。
② 参见杨丽芳《怀尔弗里德·范·丹姆审美人类学理论研究》，硕士学位论文，广西师范大学，2002 年；曹莺如《怀尔弗里德·范·丹姆的审美人类学方法论研究》，硕士学位论文，广西师范大学，2014 年；连晨炜《当代美学研究中的社会之维——以审美人类学问题为中心的考察》，硕士学位论文，兰州大学，2016 年；杨舒婷《怀尔弗里德·范·丹姆审美人类学"语境主义"研究》，硕士学位论文，广西师范大学，2019 年等。

干硕博学位论文，以审美人类学解读少数民族的艺术和文化。[①]

可以说，一方面，范丹姆在中国找到了学术知音；另一方面，中国美学和艺术学界亦对他的研究充满兴趣，希望增进了解和认知。因此，翻译范丹姆的这本书，便有一定的必要。

下面，我从范丹姆的治学特点、本书值得关注之处，以及可能对中国学界提供的借鉴三个方面，略做论述。

一

范丹姆大学就读于比利时根特大学，所学专业为艺术史和考古学，后在比利时鲁汶大学获得社会文化人类学硕士学位。1993年，他于根特大学获得博士学位。现为莱顿大学人文学院教授（2021年荣休）、荷兰蒂尔堡大学特聘教授（2010— ），曾任英国东安格利亚大学客座研究员（2000）、比利时根特大学客座教授（2005—2013）。

硕士研究生阶段，范丹姆研究的是非洲的美丑观（conceptions of beauty and ugliness）。以此为基础，他发展出了运用系统的人类学方法研究美学的观念。相关成果，即是他1993年完成、1996年出版的博士学位论文——《语境中的美：论美学的人类学方法》（*Beauty in Context：Towards an Anthropological Approach to Aesthetics*）。

[①] 如龚黔兰的博士学位论文《信仰与美——回族文化的审美人类学研究》（中央民族大学，2003）、范秀娟的博士学位论文《黑衣壮民歌的审美人类学研究》（山东大学，2006），后者已由广西师范大学出版社于2013年正式出版。

除了审美人类学，范丹姆近年亦关注世界艺术研究，主要成果是他与同事凯蒂·泽尔曼斯（Kitty Zijlmans）合编的《世界艺术研究：概念与方法》(World Art Studies: Exploring Concepts and Approaches, 2008）[①]。

显然，在当前学术产业化的时代，范丹姆的论著可谓有限。究其原因，除了荷兰的大学教师课业繁重，少有空闲，更在他于《语境中的美：论美学的人类学方法》一书倾尽心力，基本思想和主要观点都已囊括其中。我们知道，在人文社科领域，从不以量取胜。很多人终其一生可能就写出了一本书，而很多时候，一本书就足以奠定一个人的学术地位，成为经典。范丹姆的这本书出版虽近20年，但仍是这一领域最为重要的著作。

纵观范丹姆的研究，我认为至少体现出了以下两个特点。

一是跨学科、跨文化的开阔视野。

范丹姆虽是人类学专业出身，然而，读书期间由于缺乏经济资助，他没有做过田野调查。他是一名完全依靠文献的"摇椅人类学家"。在人类学界，这并不是一个好的称呼。马林诺夫斯基之后，田野调查成为一名人类学家的必经之路和"过渡仪式"。不做田野调查，很难被称为人类学家。据说，法国结构主义巨擘列维-斯特劳斯因为田野调查做得不多，竟至受到同行轻视。尽管晚近出现了对于田野作业的诸多反思与批判，如保罗·拉比诺的《摩洛哥田野

[①] ［荷］凯蒂·泽尔曼斯、范丹姆主编：《世界艺术研究：概念与方法》，刘翔宇、李修建译，李修建校，中国文联出版社2021年版。

作业反思》，克利福德和马库斯编的《写文化——民族志的诗学与政治学》，甚至奈吉尔·巴利带有十足调侃意味的《天真的人类学家》，但是，这些作品和思潮，反对的是传统田野调查所形成的认识论和方法论，却不反对田野调查本身。

是不是说，一位学者，如果不做田野调查，就不能搞人类学了？或者大胆一点，声称自己是人类学家？实际上，一位学者，只要运用了人类学的材料、方法和视野，去研究人类学的相关话题，即使不做田野调查，亦无不可。早期一些人类学家，如弗雷泽、涂尔干、莫斯，基本没有做过田野，列维-斯特劳斯，也甚少田野经验。如今我们所能接触和利用的人类学文献，皆是专业的人类学家所为，已非19世纪末和20世纪初可比。对这些文献进行阅读、分析、对比、提炼，自可获得诸多成果，比如范丹姆的工作。如果说"摇椅人类学家"总是带着贬义色彩，那么将这类学者称为"书斋人类学家"，应当更为合适。

范丹姆算是这类人类学家，因为他持有开阔的人类学视野，自觉地将人类学方法运用到审美研究之中。他在本书中多次重申，他力倡一种跨文化与跨学科的研究思路，将人类学方法总结为经验性立场、跨文化视角以及对社会文化语境的强调，在他的研究中贯穿了这一方法论。

在莱顿大学人文学院的网站上，他自述研究领域有：审美人类学、艺术人类学、世界艺术、世界美学。这四个领域实际上互相交叉，不易分别。范丹姆之所以于审美人类学和艺术人类学之外，又提出世界美学和世界艺术,同样与他的视野与定位有关。他认为,传统的人类学通常指的是对非西方小型社会的研究,所以,审美人类学和艺术人类学会给人造成这样一种印象,即以为它们是对非西方小型社会中的审美和艺术的研究。世界美学和世界艺术研究就是要排除这种定见,将视野投向全世界各个文化中的审美和艺术现象,在跨文化和跨学科的综合性视野中对其加以研究。这一视野,很好地体现于本书第二章和第五章。

二是发掘新材料的史家功夫。

范丹姆在一篇文章中有一段话,我很是服膺。他说:"一些思想史研究者积极看待以往的学术成果以及能从中学到什么。这使一些被后来的成见所遮蔽的研究的潜在价值得到重新认识。正如拉里·夏纳(Larry Shiner)所说,思想史的一个任务就是'让那些落败的、边缘的或被遗忘的事物发出声音'。……追寻或记录学术史,尤其是在人文学科中,有助于人们更好地认识知识和观念建构的偶然性,以及它们的传播或中断。"①

诚然,对学术史的探寻,可以更好地梳理和把握整个学科发展脉络,以此为基础探索学科的有效性和可能性,从而为学科建设和学术演进打下牢固基础。范丹姆对于所引拉里·夏纳的话,定当心有戚戚焉。他的另一研究领域,就是对于审美/艺术人类学学术史的研究。他钩沉索隐,致力于挖掘早期相关研究文献,在这方面

---

① 参见[荷]范丹姆《20世纪以前艺术的跨文化研究史论》,李修建译,《民族艺术》2014年第3期。

已经做了大量工作。近年来,他相继写出了《20世纪以前艺术的跨文化研究史论》《早期艺术人类学研究中的认识论和方法论》等论文,并于2014年组织了一次关于西方早期艺术人类学研究的研讨会。

其中最为重要的工作,当属他对格罗塞写于1891年的一篇名为《人类学与美学》的文章的发现。格罗塞出版于1894年的《艺术的起源》,是我们最为熟悉的艺术人类学著作之一。然而,这篇1891年的文章却鲜有人知,西方学界亦是如此。范丹姆在2009年查阅资料时,发现了这篇文章。他在阅读之后,大为重视。为此,他向中西学界积极推荐此文,在他的推荐下,格罗塞此文已被译成了英文和中文。①他还撰写了两篇文章对此文进行解读,分别为《恩斯特·格罗塞与审美人类学的诞生》和《恩斯特·格罗塞和艺术理论的"人类学方法"》②,前者即本书第一章。范丹姆认为,格罗塞在这篇文章中提出了审美人类学关注的若干重要问题,指出人类学能够并且应该为美学问题提供解决之道。格罗塞的最终建议是,美学应以人类学为楷模,以经验为基础,以语境为导向,进行跨文化的比较研究。格罗塞的这一观点,简直和范丹姆的主张如出一辙。

如此一来,范丹姆令人信服地把审美人类学的开山人物推到了格罗塞,而非某些学者所认为的博厄斯(1927年的《原始艺术》),

---

① 参见[德]恩斯特·格罗塞《人类学与美学》,和欢译,张浩军校,《民族艺术》2013年第4期。
② [荷]范丹姆:《恩斯特·格罗塞和艺术理论的"人类学方法"》,李修建译,《广西师范大学学报(哲学社会科学版)》2013年第5期。

抑或在其《美学史》中提及"审美人类学"这一词汇的鲍桑葵,后者毕竟是在哲学的意义上使用这个术语,与文化人类学的旨趣颇有差异。

二

本书首版于2015年,此次为修订版,增补了不少内容,在此有必要做一说明。

先说一下本书与《语境中的美:论美学的人类学方法》的关系。严格来说,本书是范丹姆的一部论文集。他精心遴选,将多年来对审美人类学所做的思考汇集成书,呈现出一定的体系性。本书第三、第四章选自《语境中的美:论美学的人类学方法》,分别为原书的第一章和第六章。我曾问范丹姆,是否需要将《语境中的美:论美学的人类学方法》全书翻译过来。他觉得已无翻译必要,因为本书已能代表他的思想精华。

2015年版全书共五章,新版补充了"序曲"、第六章以及附录3,增补6万余字。范丹姆在"导论"部分对各章内容已有介绍,为便于阅读,下面我对增补的内容略加概括。

"序曲"部分,是范丹姆专为本书而写的,长达3万余字,代表了他对审美人类学以及美学这一学科本身所做的最新思考。书中提出,人类的审美具有普遍性,审美是人之为人的一个基本维度,美学研究需要多学科的参与。以往的美学研究,偏重哲学层面,美学被视为哲学的一个分支。实际上，心理学、人类学、社会学，包括当今的神经科学、脑科学等，都介入了美学研究。相比自上而下的哲学美学，自下而上的实验心理学美学，审美人类学注重的是经验性数据、语境研究和跨文化比较，可以视为一种"中间美学"。美学研究的中间路线，即以民族志数据为基础考察人类的审美，是本书最为关心的。范丹姆进而对美学学科本身提出了一个大胆的观点，认为美学不应该作为哲学的子学科，而应该具有更高的地位，它将其视为一门"人文科学"（human science）。在他看来，美学研究应该涵盖更多的内容，他将其区分为三个层次：进化美学、语境美学和哲学美学。进化美学是从生物学的角度，思考人类为何会有美感，以及人类审美为何具有普遍性等问题。语境美学关注的是审美与人类作为社会文化存在的关系，探讨社会文化环境对审美体验的影响，考察审美在人类生活各领域的展开等问题。哲学美学是对审美的思辨研究，关注审美的本质等问题。这三个层次互有关联，可以打通。

第六章"功能美学：非洲社会文化生活中美与丑的融合"，同样是特意补充的。首版面世之后，范丹姆认识到，原书偏重理论，缺乏田野材料，第六章弥补了这一遗憾。该章基于大量田野材料，探讨了在非洲社会文化中的美丑观及其与社会文化语境之间的关系。书中指出，美在神灵世界发挥着重要功能，面具舞、雕像或占卜盘之类引人注目的物品，都可以用来荣耀和抚慰神灵，取悦和吸引祖先，引诱和安抚灵魂。审美和实用功能并不相互排斥，众多案例令人信服地表明，一件物品的审美性可能是它发挥正常功能的必要条件。在其他情况下，艺术表现形式唯有丑陋才有效果。书中提到，在非洲视觉艺术中，有三个主要的语境需要有意为之的丑陋：展现恶行、营造视觉恐怖和制造幽默氛围。

附录3"艺术人类学与跨文化比较——范丹姆学术研究之路"，是方李莉对范丹姆的访谈。文中提了9个问题，涉及范丹姆的年少艺术经验、学习艺术人类学的历程、欧洲艺术人类学的方法论和关注点、世界艺术研究的视野和方法、人类学界对当代艺术的研究、中西艺术人类学研究的差异等问题。范丹姆针对这些问题，做了颇为详尽的回答，提供了相当丰富的信息，对于我们理解西方审美/艺术人类学的历史与理论颇有助益。同时，也使我们可以更为深入地了解范丹姆其人其学。

三

本书其他章节内容不再赘述，在此我想指出该书值得关注的两个方面。

一是生物进化论。

提及进化论，我们会首先想到达尔文，想到赫胥黎，想到严复翻译的《天演论》，想到"物竞天择，适者生存"与"优胜劣汰"等这些早已深入人心的"口头禅"。在19世纪末20世纪上半叶，在亡国灭种的危难边缘，进化论的观念激励着中国人奋发自强、维新与革命。此后，带有强烈进化论色彩的唯物史观又长期支配思想界。那种把马克思主义庸俗化、简单化、教条化了的思想观念，一度主宰了人文社会科学界的教学和研究，让人早生厌意。再者，受后现代思潮的强烈影响，人们变得反感、反对宏大叙事，相信一切东西都是不确定的、碎片化的、被文化或社会建构的。由此，目前的中国学界很难对进化论燃起兴趣。

不过，应该看到，由于神经科学、基因科学、心理学等科学的发展，近几十年来，进化论在西方又成为一种虽说边缘却有影响的思潮。以美学而论，我在国外亚马逊网站上，以"evolutionary aesthetics"为关键词搜索，结果出现众多相关图书。如：

Eckart Voland 和 Karl Grammer 的《进化论美学》(*Evolutionary Aesthetics*, 2003)、Vladimir Petrov 等人主编的《进化论和对美学、创造性与艺术的神经认知方法》(*Evolutionary and Neurocognitive Approaches to Aesthetics, Creativity and the Arts*, 2007)、Barbara Creed 的《达尔文的屏幕：进化论美学、电影中的时间和性展示》(*Darwin's Screens: Evolutionary Aesthetics, Time and Sexual Display in the Cinema*, 2009)、Denis Dutton 的《艺术本能：美、快乐和人类进化》(*The Art Instinct: Beauty, Pleasure, and Human Evolution*, 2009)、Riza Ozturk 的《哈代悲剧叙事中人类伦理的进化论美学》(*Evolutionary Aesthetics of Human Ethics in Hardys Tragic Narratives*, 2011)、《进化论和生物学给音乐、声音、艺术和设计以灵感：首届国际学术研讨会论文集》(*Evolutionary and Biologically Inspired Music,*

Sound, Art and Design: First International Conference, 2012)、Anjan Chatterjee 的《审美的大脑：我们对美的渴望和对艺术的欣赏是如何进化而来的》(The Aesthetic Brain: How We Evolved to Desire Beauty and Enjoy Art, 2013)、Katya Mandoki 的《不可或缺的审美过剩：人类感觉的进化》(The Indispensable Excess of the Aesthetic: Evolution of Sensibility in Nature, 2015)、Rachelle M. Smith 的《美的生物学：人类魅力背后的科学》(The Biology of Beauty: The Science behind Human Attractiveness, 2018)、Richard O. Prum 的《美的进化：达尔文忘记的择偶理论如何塑造了动物世界和我们》(The Evolution of Beauty: How Darwin's Forgotten Theory of Mate Choice Shapes the Animal World and Us, 2018)、Christiane Nüsslein-Volhard 和 Suse Grützmacher 等人的《动物之美：生物美学进化论》(Animal Beauty: On the Evolution of Biological Aesthetics, 2019) 等。

以上列举的几本图书都出版于最近几年。再早一些的著作，如进化论美学领域比较知名的美国学者迪萨纳亚克（Ellen Dissanayake），出版有《艺术是为了什么？》(What Is Art For?, 1990)、《审美的人：艺术来自何处及原因何在》(Homo Aestheticus: Where Art Comes From and Why, 1995, 中译本 2004)，她近年又出版了《艺术与性行为：艺术是如何出现的》(Art and Intimacy: How the Arts Began, 2012)，一以贯之地从生物进化的角度来解析美和艺术的发生。新西兰学者斯蒂芬·戴维斯（Stephen Davies）近来出版《艺术物种：美学、艺术和进化》(The Artful Species: Aesthetics,

Art, and Evolution，2015），在波兰克拉科夫召开的第19届世界美学大会上，曾设专组讨论此书。①

请允许我再掉掉书袋，从手头的几本书中，复述或摘抄几则有趣的相关材料：

> 美国心理学家海因斯在1992年做了一个实验，她向88只绿长尾猴（雌雄各半）分组展示了6种不同的玩具，观察哪一种玩具玩得时间最长。结果表明：雄性猴子玩球和警车的时间是雌性的2倍，雌性猴子玩布娃娃和厨房用锅的时间是雄性的2倍。图画书和毛绒玩具狗在猴子中的受欢迎程度相当。总起来说，雄性猴子和男孩一样，比女孩更爱摆弄东西。对于此一实验，人们至少明确了一个问题：不同性别的个体对于不同玩具的偏好，并不仅仅由家长和电视广告决定，也就是说，并非仅仅是社会文化的建构，生物学也在发挥着作用。②

> 艺术就像是山雀喊喊喳喳地鸣叫：展示智慧的方式，性交能力的象征。美妙的歌喉赢得勇士的心或者抱得美人归，无论是雄

---

① 最近几年，国内学界关于神经美学方面的专著和译著也时有出现，如丁峻等人的《当代神经美学研究》（科学出版社2018年版），约翰·奥尼恩斯的《神经元艺术史》（梅娜芳译，江苏凤凰美术出版社2015年版），加布里埃尔·斯塔尔的《审美：审美体验的神经科学》（周丰译，河南大学出版社2021年版），罗伯特·索尔索的《认知与视觉艺术》（周丰译，河南大学出版社2019年版）和《艺术心理与有意识大脑的进化》（周丰译，河南大学出版社2018年版）。——译者著
② [瑞士] 雷托·U.施耐德：《疯狂实验史Ⅱ》，郭鑫、姚敏多译，生活·读书·新知三联书店2015年版，第212—213页。

性还是雌性,也无论是英雄还是狗熊。音乐和羽毛赢得性的能力。难怪硬摇滚歌手吉恩·西蒙斯的名字也与基因拼写相同。①

虽然不同的文化对美的品位各有不同,但有一点是相同的:权势名望就是美。身份地位的标志在变,身份地位的吸引力没有变,哪怕富有的小青年认定,身份地位的真正标志就与布满沙砾的街道有关,那也不会变。第三世界的男人喜欢女人丰满白皙。工业化国家的男人喜欢女人身体纤瘦,皮肤棕色。不管身份地位高的标志是什么,我们都得设法勾搭上它。

然而,有一个女性美的标准是坚如磐石的——实际上,就是骨骼与脂肪之比。几乎所有的文化都达成了共识,意见近乎一致。不管什么地方的男人都欣赏一样的腰部与臀部之比:0.7比1,也就是说,腰的大小正好是臀部大小的70%。②

拿居住在热带雨林的雅诺马马女人的照片给美国男人看,他们挑出的最漂亮的女人跟雅诺马马部落里的男人挑出的一模一样。美洲男人和亚洲男人不约而同地对最撩人的美洲和亚洲女人达成一致意见。……中国、印度、英国的男人对哪些是辣妹看法相同。女性美永远是身体健康、会生儿育女的标志。男

---

① [美]乔·库尔克:《精子来自男人,卵子来自女人》,张荣建、贺微、唐宁译,重庆出版集团、重庆出版社2009年版,第46页。
② [美]乔·库尔克:《精子来自男人,卵子来自女人》,张荣建、贺微、唐宁译,重庆出版集团、重庆出版社2009年版,第167页。

人想要成熟的女人。①

在这个对遗传学着迷不已的年代,当"思维、大脑和行为"取代"种族、阶级和性别"成为学术界的口头禅,当"认知"成为一些人文学科圈子的魔咒,我们希望能用某种确定的办法来测量"天才"也就不足为奇了。从人体测量学到颅相学,从"杰出"到智商,从浪漫主义的理想化到由委员会来指派天才,从"心理测量学"和"历史测量学"到DNA和认知谱系图,这个世界似乎是要把天才的秘密特质一扫而光。我们不仅不满足于给这些特质一个名字(诸如怪异、聪慧、原创性、僭越、傲慢、着魔和悲怆),还要想尽办法去分类、推算、罗列和比较,就像天才是一个可以识别的对象,而不是极度主观和难以捉摸的品质似的。②

以上罗列与引述的书目和文献,篇幅稍长。我意在表明,范丹姆所倡导的生物进化论,在西方有其思想基础和学科背景,值得引起我们重视。

范丹姆之强调生物进化论,是以他对人类学的整体性理解为基础切入的。他对人类学有几个层面的解释,其中之一是近

---

① [美] 乔·库尔克:《精子来自男人,卵子来自女人》,张荣建、贺微、唐宁译,重庆出版集团、重庆出版社2009年版,第168页。书中还有大量很有意思的观点。
② [美] 玛乔丽·嘉伯:《赞助艺术》,张志超译,中国青年出版社2013年版,第173页。

乎"原教旨主义"的。16世纪的德国人文学者首次使用了人类学（anthropologia）这一术语，指对"人的本质"的研究。其时，人的本质被视为由肉体和灵魂、物质和精神构成，乃身心合一的。因此，人类学指的是研究人的所有方面，既包括解剖学和生理学，还涉及社会文化行为，以及人的精神。当在这个层面上使用人类学时，范丹姆的审美人类学研究，既关注人的生物层面，亦关注人的精神（文化）层面。前者解释的是人类审美普遍性的问题，后者解释的是人类审美特殊性的问题。

的确，人类的审美现象存在很多的共通性和普遍性，诸如上引材料中提及的男孩和女孩的审美偏好，自然、身体、艺术等审美对象中所呈现出的某些形式美法则。对此，范丹姆《语境中的美：论美学的人类学方法》在第三章"美学中的普遍主义"有专门论述。书中引用众多心理学家、人类学家、艺术学家的经验性数据，总结出了对称、平衡、清晰、光滑、明亮、朝气等审美原则，认为它们具有跨文化的审美普遍性，能够引起所有人的审美愉悦。对此应做何解释？范丹姆基于相关研究，认为对称、平衡和清晰能够让人产生秩序感。这种秩序感，一方面能够使人象征性地体验到一种秩序和稳定，那是与威胁人们生存的混乱相抗后获得的，另一方面有助于人们更好地认知外部世界。[1] 回归到人的生物性来对这些审美问题加以解释，无疑是令人信服的，也是

---

[1] Wilfried van Damme, *Beauty in Context: Towards an Anthropological Approach to Aesthetics*, Leiden: E. J. Brill, 1996, p.103.

有必要加以瞩目的。

二是审美人类学的具体研究方法。

人类的审美活动一方面存在着共通性，另一方面更存在着特殊性。即便形式上体现出同样的审美偏好，其背后所蕴含的社会文化语境、审美理想和价值观念也可能具有天壤之别。正如方李莉所说："当我们进入人们具体日常生活的审美经验的研究，甚至用人类学田野考察的方式，进入一个个具体的审美经验的研究后，我们就会发现以往那种传统的、大一统的、放之四海而皆准的审美原理或本质是很难完全成立的。每个民族与每个民族之间，每个个人与每个个人之间，在审美的体验和标准上有一定的相同之处，但与此同时还存在有他们与众不同的群体经验和个体经验。"[①]

因此，对审美的特殊性进行解释和探讨，乃审美人类学的题中应有之义。

范丹姆将文化人类学的研究方法归结为三点：经验性、语境性和跨文化比较。这三点从宏观着眼，体现出了鲜明的人类学学科特性。那么，当一名人类学家深入某一具体文化之中，对其审美活动进行研究时，有哪些具体的研究方法可以运用？在其运用过程中又有哪些细则需要考量？

在本书第四章，范丹姆依据丰富详赡的个案研究文献，总结了四种方法：艺术批评研究、艺术家研究、审美词汇研究、艺

[①] 方李莉：《审美价值的人类学研究》，《广西民族学院学报（哲学社会科学版）》2004年第5期。

术品研究。他重点论述了前三种方法。对于其中涉及的具体问题，他都详加剖析，比如，以艺术批评研究而论，范丹姆讨论了这样一些问题：如何观察艺术批评，需要观察哪些方面？如何引导当地人进行艺术批评？应选择何种身份的人作批评？其中会面临什么样的困难和问题？凡此诸种，他条分缕析，娓娓道来。在具体的审美批评实践中，他着重强调了对当地所用审美词汇的考察，并主张寻求本土学者的帮助，让当地人参与到其研究中来。此外，他还倡导要将当地各种口头文学视为重要的参考资料。无疑，范丹姆所概括的相关方法和注意事项，在实际研究过程中极具可操作性。

在具体研究中，对于从艺术品自身推导审美属性的方法，范丹姆表示怀疑，指出其中有诸多不利因素。外部研究者的认知往往与当地人的理解大相径庭。他举了一个非常具有说服性的例子。据美国人类学家费尔南德斯的研究，非洲芳族的雕像以其对称性得到欣赏，在西方人看来，对称性体现出了一种静态。实际上，在芳族人眼中，对称性增强了雕像的动感和活力，这种活力才是雕像受到青睐的真正原因。因此，范丹姆提倡，在具体研究中，最好综合运用以上多种方法，以期得到特定文化或社会的可信的审美图景。在他看来，一旦这种图景确立起来，作为孤立的分析对象的审美偏好与其他社会文化领域之间的关系，就会得到更为深入的研究。

四

我们移译此书，自然希望能为国内的相关研究提供参考与借镜。其参考价值，或可体现于两个领域。

一是美学和艺术学研究领域。

1750年，德国哲学家鲍姆嘉通创建"美学"这一学科。19世纪末20世纪初，美学引入中国，至今已逾百年。20世纪五六十年代和80年代，中国曾有过两次美学热，盛况空前，催生了大批研究者。80年代末，中国社会发生转型，美学热遽然变冷，美学研究者或"逃向"其他领域，或结合时局，开拓新的领地，如90年代的审美文化，21世纪以来的日常生活审美化、生活美学、环境美学等。

有一点不变的是，美学在诞生之初就归属哲学，以思辨为业。西方的美学大家，无一不是哲学家，诸如康德、黑格尔、海德格尔、尼采、克罗齐、维特根斯坦，晚近的福柯、德里达、罗兰·巴特、列维-斯特劳斯等，莫不如是。中国的美学专业设在哲学系，同样继承了这一思辨传统。作为现代性进程的一部分，我们不仅引入了美学这样一门学科，而且更接纳了西方的概念范畴、话语体系、致思方式乃至价值观念。当以这样一套知识系统来回望、审视、清理中国传统和本土的美学资源，进行美学理论体系的建构，以西释中，往往会有"水土不服"的现象。有些时候，研究者立意做成"中国风格"的，实际上还是不乏西方色彩。

美学自身有一定的封闭性，正如一位西方学者所论："一方面，美学话语在界定自身范围时似乎规定了兴趣范围、探究方式和程序方法。另一方面，它又似乎对与其规则、修辞或语法不一致的探究方式漠然置之，而美学就是依照这些规则、修辞和语法探讨其主题、得出结论的。"[1]美学所固有的思辨性和难免的蹈空性，加重了其自身的困境与危机。如何破解这种僵局？美学研究者做出了很多尝试，我以为，范丹姆提出的经验主义、语境主义和跨文化比较的视野，能对中国美学和艺术学研究提供一些新的思索。

实际上，范丹姆的这些观点，中国学者多少已有所论。如国内审美人类学的代表学者王杰和海力波，在2000年的一篇文章中指出："中国美学的理论根基，应该建立在中国经验的文化人类学解释的基础上，这包括中国特有的生产方式、生活方式、社会组织制度，以及由此制约的心理习惯和审美习俗，这些都决定着中国人的思维方式、情感特征和表达方式。"[2]他们强调的是中国经验和中国语境。

在艺术学领域，李心峰是国内最早进行艺术学学科建构的学者。他借鉴日本的艺术学研究，结合本土理论实践，在20世纪80年代末90年代初即形成了相对成熟的艺术学体系，尝试进行元艺术学、民族艺术学（实际上相当于今天的艺术人类学）、比较艺术学等领域的理论建构。李心峰所谓的比较艺术学，其中就包括对不同文化、民族、地域艺术的比较，他已充分注意到文化人类学与比

---

[1] ［美］于连·沃尔夫莱（Julian Wolfreys）：《批评关键词：文学与文化理论》，陈永国译，北京大学出版社2015年版，第9—10页。
[2] 王杰、海力波：《审美人类学：研究方法与学科意义》，《民族艺术》2000年第3期。

较艺术学之间的相互促进作用。①此外，李心峰提出的"开放的艺术"的观念尤为值得重视，在他看来："开放的艺术可视之为一种通而不隔的艺术。在艺术世界的内部与外部之间，艺术的价值与其他人类价值之间，本地域、本民族、本文化圈艺术与其他地域、民族、文化圈的艺术之间，在艺术世界内部不同艺术门类、风格、流派之间，打破壁垒，消除界限，相互沟通、交流、影响、渗透，而又不丧失自我，这便是开放的艺术。"②这种宏阔的观念里面，就涵括了跨文化比较的视野。

我们可以借鉴李心峰先生"开放的艺术"之说，倡导"开放的美学"。"开放的美学"强调跨学科性和跨文化性。范丹姆所主张的经验主义、语境主义和跨文化比较，应用于"开放的美学"，并不是号召美学研究者走出书斋，进入田野，上山下乡，从事民族志调查。美学的思辨传统根深蒂固，源远流长，此前虽有格罗塞美学应当结合人类学文献的倡导，此后又有实验心理学的尝试，但都非主流，难被广泛接受。毋宁说，这一观念是主张美学研究者应持有一种开放的视界，目光既能向后，投向纵深的历史；亦能向下，投向现实丰富生动的审美经验和审美活动；更能向外，除了紧盯西方，还要临近或遥远的异域，投向那些被忽视却应该值得关注的少数民族文化、非西方文化。在跨文化比较中，我们更能见出同中之异、

---

① 参见李心峰《比较艺术学的功能与视界》，《文艺研究》1989年第5期。
② 李心峰：《开放的艺术》，《文艺争鸣》1995年第1期。

异中之同，更能确立自身的特异性。[①] 范丹姆在"序曲"中提出的"中间美学"，表达了类似的观点。

将研究视野深入具体的社会文化语境之中，以此为背景理解审美活动和审美范畴，依据广泛的文献（包括田野文献）进行跨文化的比较，在这些研究的基础之上，进行中国自身的美学和艺术学理论体系的建构，或能有新的收获。

二是艺术人类学领域。

近年来，国内的艺术人类学研究发展迅猛，越来越多的研究者对其发生兴趣，投入这一领域。不过，由于研究者的学科背景、研究取向等方面的原因，相关研究亦不可避免地存在着不少问题。比如田野作业不够扎实，对具体社会文化语境的探讨不够深入等。

在这些以具体的艺术个案为对象的论著中，我感觉有一个比较大的问题，或者说倾向，就是几乎全都在关注研究对象的创作过程、社会功能、传承和保护，再有就是艺术品本身的风格特色。而对研究对象的"美"，对象之美呈现在哪些方面，对于社区成员有

[①] 当然，国内美学界已开拓了诸多新的领域，已有诸多相关研究。如上面提及的生活美学、环境美学、生态美学，还包括都市美学等。除了西方美学的研究，亦有学者进行其他文化中美学的研究，如叶渭渠、唐月梅的《物哀与幽玄——日本人的美意识》(广西师范大学出版社 2002 年版)，李心峰的《日本四大美学家》(中国文联出版社 2021 年版)，邱紫华的《东方美学史》(上、下)(商务印书馆 2003 年版)和《印度古典美学》(华中师范大学出版社 2006 年版)，邱紫华与王文革的《东方美学范畴论》(中国社会出版社 2010 年版)，彭修银的《东方美学》(人民出版社 2008 年版)等。邓佑玲的《中国少数民族美学研究》(中央民族大学出版社 2011 年版)则是国内为数不多的少数民族美学的研究之作，另有数部具体少数民族美学的研究著作，兹不赘举。张法的《美学导论》(中国人民大学出版社 2011 年版)以及诸多论著，则很好地贯彻了跨文化比较的视野。

何功能，社区成员如何评价对象之美，其背后体现出了怎样的社会文化语境和价值观念等诸多问题，少有关注。而这些问题，恰恰是范丹姆的书中所关心和强调的。

上述研究倾向，一方面与国内非物质文化遗产保护运动的促进有关，作为一种国家行为，非遗保护客观上极大地促进了相关研究，但其富有功利性的问题域，不可避免地限定了研究者的研究视野，引导研究者一股脑地关注传承与保护、开发与利用的问题；另一方面"美"确实是一个不容易言说的领域，范丹姆的书中对此亦多有所论。英国学者盖尔（Alfred Gell）在《艺术与能动性：一种人类学理论》（*Art and Agency*：*An Anthropological Theory*）等论著中就力倡为艺术祛魅，把美逐出艺术人类学的研究领地，将艺术视为一种具有社会能动性的"物"。盖尔的观点影响很大，如英国汉学家柯律格（Craig Clunas）的《雅债：文徵明的社交性艺术》（*Elegant Debts*：*The Social Art of Wen Zhengming*）就是践行了这一观念。不过，这一观点亦引起很大争议，在西方多有文章争鸣。罗伯特·莱顿和范丹姆都不同意这一观点。我们对其亦很难产生认同，如果艺术离开了美，它的"能动性"还会存在吗？日本柳宗悦所倡导的民艺运动，其精髓所在，不正是对"民艺之美"的发现和体验吗？

实际上，国内艺术人类学研究者，亦对审美问题有所强调。如周星，他明确提出："在笔者看来，除了对种种艺术现象的跨文化研究，艺术人类学的对象范畴还应该涉及'美'在不同文化中的建构以及'美'和艺术之在人类内心的意义。"[1]他近年撰写的《汉服之"美"的建构实践与再生产》[2]《"萌"作为一种美》[3]等论文,就很好地践行了他的艺术人类学观。方李莉对于艺术之"美"亦非常看重,她以艺术人类学视角写成的《中国陶瓷史》(齐鲁书社2013年版),有大量篇幅涉及对陶瓷之美的探讨。此外,尚有诸多学者发表有相关成果,恕不一一列举。

总之,我们还是呼唤在国内审美人类学和艺术人类学研究中,多一些对"美"的普遍性、特殊性与复杂性的关注和探讨,以人类学作为一种基础性的方法,拓展出关于美和艺术研究的新向度和新空间。希望本书能为国内美学、艺术学和人类学等相关研究注入一些新鲜内容。

---

[1] 周星:《艺术人类学及其在中国的可能性》,《广西民族大学学报(哲学社会科学版)》2009年第1期。
[2] 周星:《汉服之"美"的建构实践与再生产》,《江南大学学报(人文社会科学版)》2012年第2期。
[3] 周星:《"萌"作为一种美》,《内蒙古大学艺术学院学报》2014年第1期。

初版序言

[荷] 范丹姆

2013年10月31日晚,我有幸为山东大学文艺美学研究中心的研究生做了一场讲座,题目是"审美人类学:对视觉偏好的跨文化和跨学科研究"。讲座结束以后,在问答环节之前,主持人程相占教授用中文做了一个评议。其间,我听到程教授说了一个英文术语"审美物种"(aesthetic species)。我在讲座中没有使用这一术语,我真希望用了它。因为它恰如其分地总结了讲座的精髓:我们人类确实是审美的存在,每天都会经历视觉上的好恶,比我们最初所认为的更为关心美的创造、使用和评价。为了更好地理解人类的这一突出特征,我建议我们应该运用各种审美学科的数据、视野和方法,不仅包括那些传统上关注审美的学科,最突出的是哲学,还包括将人类视为生物进化过程中所产生的有机体的新学科。总之,让我们以目前能得到的各种方法来考察人类的审美之维,让我们将人类视为一个审美物种来进行研究。

当晚,我们散步回到我的住处,程教授提出,我的讲座主题相关的书,值得译成中文出版。我并没有这样一本书,不过那次深夜对话,让我有了将先前发表的从人性视角研究审美的文章结集出版的想法,这本书,的确是将人看成了审美物种。现在,这一想法变成了现实，我十分感激程相占教授的最初提议。

我和程相占教授认识，是由于李修建的介绍。2013年，我参加由中国艺术人类学学会组织的学术会议，李修建为我联系了一系列讲座，程教授供职的山东大学文艺美学研究中心即是其中之一。这段旅程令人难忘，我对李修建的周到安排，始终心怀感激。我同样要感谢他精心翻译了本书的大部分内容，除了第三章，本书其他部分都是由他译出的。第三章的译者是云南大学的向丽教授，这章的篇幅很长，我对她花费时间和精力来翻译此章表示诚挚的谢意。

我要感谢下列刊物和出版社，他们慨然授予版权，允许我将发表过的文章结集出版。

第一章，"恩斯特·格罗塞与审美人类学的诞生"（Ernst Grosse and the Birth of the Anthropology of Aesthetics", *Anthropos*, Vol.107, No.2, 2012, pp. 497–509, © Anthropos Institute）

第二章，最初题为"日常美学人类学：人类、'日常之美'及其跨学科研究"（The Anthropology of Everyday Aesthetics: Human Beings, 'Ordinary Beauty', and its Interdisciplinary Study, in Janusz Przychodzen et al., eds., *L'esthétique du Beau Ordinaire dans une Perspective Transdisciplinaire*, Paris: L'Harmattan, 2010 (Epistémologie et Histoire des Sciences), © L'Harmattan），为了更显清晰，以及与本书其他部分一致，我做了少许修改。

第三章和第四章原是我的书中的章节，"语境中的美：论美学的人类学方法"（*Beauty in Context: Towards an Anthropological Ap-*

proach to Aesthetics, Leiden: E. J. Brill, 1996, © Royal Brill）

第五章，最初发表时题为"世界美学：生物学、文化和反思"（World Aesthetics: Biology, Culture, and Reflection，in John Onians ed. *Compression vs. Expression: Explaining and Containing the World's Art*, New Haven: Yale University Press, 2006, © Sterling and Francine Clark Art Institute），原先对三个案例研究的讨论，扩写为该章的"美作为一种社会文化现象"的评论。

第一章和第三章的中译版已经发表于广西民族文化艺术研究院主办的《民族艺术》，我要对他们表示感谢。

导论部分"作为一门跨文化和跨学科研究的审美人类学"，是专为本书所写。

新版序言

[荷]范丹姆

获悉本书初版很受欢迎，要增补再版，实在令人惊喜。本书译者李修建博士请我为新版写一序言，就本书内容谈一谈近来的思考。我颇费时日，仔细揣摩，想就某些问题做些澄清，并提供一些新观念。我有了一些想法，不过颇为零散，不成体系，需要将其连缀成篇，不负序言之名。当我下笔成文时，不想远超当初预想，我为本书构建了一个新的框架。我想，与其写一篇冗长拖沓的新序，或者重写导论部分，不如将这些长篇思考当成新版的"序曲"（Prelude）。原来的导论篇幅较短，仍然保留，尽管两篇文字或有重复，但看待问题的角度并不相同。读者可以跳过导论，只看序曲，不过可以看看导论第三部分"阅读本书"。

在思考新序中提出的问题时，我经常想起我在2015年本书首版面世之后承担的一个项目。应芝加哥艺术学院之邀，我在2018—2019年为一本书撰写了一篇关于非洲美学的论文，那本书是为2021年在该学院开幕的一场展览准备的。这一写作任务回溯到了我学者生涯中应对的第一个话题——撒哈拉以南非洲的视觉美学，我的硕士学位论文和早期一些论著即以此为题。我对这个题目的研究是以对现有文献的比较分析为基础的。大体说来，我利用了艺术史家和人类学家的著作,他们对某一非洲文化进行研究时,考察了其审美问题。在准备写作芝加哥艺术学院的这篇论文的过程中,我对之前以及新近出版的相关文献做了梳理与反思,重新看待那些从事我想称之为"审美民族志"(the ethnography of the aesthetic)的学者们的研究成果及其研究视角。参与这项工作的人员劳心费力,研究一个如此难以捉摸的课题,众所周知,这一课题在任何情况下都不易调查。此外,有些学者可能认为它对文化研究并不重要。不过,研究美学问题的民族志学者时常向我们表明,这一主题会让人窥见某一文化的价值体系和世界观的核心所在。学者们孜孜不倦,付出艰辛努力,记录并分析当地的审美观,正如本书所示,这些学者对于研究更具普遍意义的人类审美而言,也做出了重要贡献。

我对审美民族志的重新认识和重燃的兴趣,对本书新版至少有三个影响——其中两个与新写的"序曲"有关。第一,对这一领域的重新认识使我意识到,我在本书初版对民族志研究中丰富多样的审美数据选取不够,代表性不足,尽管我也依据了大量民族志案例,但更多是对审美的理论性思考。因此,新版增加了新的一章,通过民族志案例研究,阐述了审美在一些非洲文化中的社会文化功能。

第二,重新审视非洲和其他地区的审美民族志研究之后,我更加确信,这些研究从根本上探索了审美研究的新途径。这些民族志学者发展出的新视角也催生了新的数据——其他类型的美学研究所欠缺的经验性和语境性数据。这些新数据主要关注民众的"生活美学"（lived aesthetics）。这种生活美学既指民众真实的审美偏好，亦指人们将审美融入各种现实生活情境中的方式，包括关于审美本质和审美效果的共同观念。这些研究视角新颖，能够卓有成效地解释和处理美学问题，积累了大量激动人心的数据，但在宏阔的美学世界中，它们都没有被纳入视野，更别说充分认识了。基于这种状况，我在序曲中高扬了审美民族志研究以及从更为成熟的学科视角探讨其所具有的丰富潜力。

第三，重新沉浸到审美民族志的世界，再一次将学科标签和主题描述这一棘手的概念问题凸显出来。将"人类学"和"美学"以某种方式唤起的世界连接起来，是一次令人兴奋的知识之旅，但任何踏上这一旅程的学者都面临重负，他们必须一次又一次地解释这两个歧义纷呈的关键术语。

至于"美学"，我此处不在艺术哲学的意义上使用它，这种意义很是常见，特别是在当今国际人文研究中。相反，我把美学（aesthetics）视为一个研究审美（aesthetic）的学术领域。显然，这就提出了如何描述审美的问题，众所周知，这是一个非常困难的问题。在英语中，"审美"（aesthetic）经常被用作"美"（the beautiful）的同义词，或者作为形容词，指所有与"美"有关的事物。将"aesthetic"译成"审美"，以及本书书名的翻译，皆反映了这一情形。然而，在各种欧洲语言和中文中，在更为专业的意义上，"aesthetic"指的是一系列情感性的感性认识。比如，"敬畏"的体验，甚至是美的对立面——"丑"的体验（其中亦涉及一种情感心理状态，尽管是否定性的）。我很喜欢审美这一术语的扩展含义，因为所有人类的确都会面对广泛的定性的感性体验——我在此称之为感性知觉的情感评价形式（affective-evaluative forms of sensorial percipience），并以视觉为主。因此，在本书中，"审美"指的是所有这些各个不同的感性经验，尽管确实以"美"为核心。它还涉及这些经验在人类生活中可能产生的所有事物——从创造并使用能够体现和唤起这些经验的物品和事件，到对这些经验以及它们承载的社会文化活动的地方性意见。我们的研究对象就是这个暂时界定的审美，本书将从人类学的角度对其进行研究。

我撰写新的导论文字（本版序曲）的主要动机，就是想为读者"一劳永逸"地澄清意义多元的"人类学"是如何与审美研究相联系的。这个问题确实相当复杂，因此可能让人感到困惑。这个问题基本上可以归结为以下事实：1. 学者们至少在三种不同的意义上使用人类学这一术语，尽管它们彼此相互关联；2. 本书认为，人类学的这三种意义都与审美研究相关——同样，它们彼此相互关联。不过，读者不必对这些评论望而生畏。我们将解决问题，并在这个过程中磨砺我们的思维。事实上，为了理解目前的概念问题，大家不妨暂停一下，问问自己：在一本探讨审美的书中，我们期望人类学这一术语意指什么？

对许多学者以及外行来说，人类学首先指的是民族志。或者至少，在他们眼中，人类学这门学科从根本上是以民族志为基础的，这两个术语几乎同义。与之相反，有的学者认为，民族志和人类学实际上是对立的。在这种情况下，民族志（字面上是对民族的描述）被视为强调文化多样性，而人类学（字面上是对人类的研究）则被认为关注人类的共性。尽管如此，就本书旨趣而言（我们将有足够的机会来考察文化特殊性和人类普遍性之间的相互作用），这两个术语之间的关系可以（以一种知识史上可接受的方式）暂时概括如下：民族志是人类学事业的一部分，它通过对全球现存的文化或社会生活的全面调查，帮助我们理解人类。

对本书论点至关重要的是，民族志实践为社会文化现象的研究提供了一种特殊的视角。我把这种独特的视角称为"民族志方法"，并将其与人类学方法相区分。这种民族志视角或方法的基本特征是经验主义和语境主义。经验主义在这里主要指的是采用人们对某一话题的口头意见，但也可能包括民族志学者自己对当地生活和文化的观察。语境主义指的是民族志学者在描述和分析研究对象时，会将其视为更大的社会文化背景的一部分。就我们的研究对象而言，民族志方法，指的是对某一文化或社会中关乎审美问题的地方经验和社会文化的记录与考察。

这种注重经验性、语境性且集中于特定群体的"审美民族志"，是许多学者在谈论"审美人类学"时首先想到的。[鉴于这种概念上的调整，我承认"审美民族志"（ethnography of the aesthetic/aesthetics）这种说法至少在西方学术话语中是不存在的；但请注意，在 20 世纪 70 年代和 80 年代，有时会用"民族美学"（ethnoaesthetics）表达大致相同的观点。]民族志方法确实成为审美人类学的关键所在，它也为审美人类学研究的兴起提供了基础。但我要说的是，"审美人类学"的概念远不止于此。

针对世界各地文化的民族志，产生了大量语境性和经验性数据，随后可在区域层面进行比较，最终可在全球范围内进行比较。当把跨区域比较加入研究之中，便可称之为"人类学方法"了。审美的人类学方法，指的就是对民族志确立的经验性和语境性数据进行跨文化比较研究。

这是一种更为系统的人类学方法，有些学者在看到"审美人类学"时，可能首先会想到这种方法。这种更具体系性的人类学方法，超出了民族志本身的实践，意味着对更具理论性的话题进行学术反思和辩论。在用经验性、语境性和比较的方法研究审美问题时，人们可能会想到各种概念、认识论和方法论的问题。

本书的论点之一是，如果跨文化比较表明个别研究的结果能够指向人类审美的更大倾向时，审美民族志研究的价值便会得到极大提升。我们在序曲中甚至提出，如比较所示，民族志的研究视角和数据对于理解人类生活中的审美至关重要，因此它们可能成为关注中心，借此可对该主题进行多视角或多层面的考察。我认为，从审美民族志的核心位置来看[我将其称为"中间美学"（aesthetics from the middle）]，可能会有效地关联起其他学科视点，比如从进化生物学到分析哲学。本书将介绍这些学科观点，并探讨它们与审美民族志研究的关系。

考虑到这些不同的学术方法及其与民族志的联系，我希望最终会产生一个清晰的跨学科研究方案，以研究我们人类特有的审美问题。为如此宏阔的项目呈现一个临时性纲要，并指出其学术价值，或许可视为本书的最终目的。不过，说到底是审美民族志研究促使我试着构建这一公认的雄心勃勃的研究计划。

人类学最基本的观念，就是对我们的物种——智人（homo sapiens）的研究；还有就是人类学即民族志，以及人类学是从民族志发展出来的一种特殊方法。在这一最基本的解释中，人类学一般指对人类的考察，通常侧重于人们的社会文化生活。这种人类学远远超出了民族志和对其结果的比较研究，因为它还涵盖对文化（包括民族志研究并不涉及的历史文化）以及人类的生物进化史的考察。正是这种宏观而正确的人类学概念，为旨在对"审美的人"（homo aestheticus）进行跨学科考察的协同研究项目提供了依据。这样的项目可以称为真正的"审美人类学"。无论人类学作为民族志，还是作为一种方法，都会为人类学对审美问题的最终关注提供至关重要的助益。但是，其他学科——它们的视角、数据和见解——显然也需要全面研究作为审美存在的人类。

这种广义上的审美人类学，颇可使我们从人类整体的角度放眼具体的时空，重新审视美学。因此，我们可从"卫星视角"探讨"审美的人"，这提醒我们留意人类审美的进化起源、审美偏好中的普遍性和文化相对性、审美在人类社会文化中的地位和作用等基本问题，美学成为一个专门研究领域后的一百余年间，显然没有关注这些基本问题。

这些年来，我看到大多数学者在谈论"审美人类学"时，并不对人类学持这种宽泛的理解，不过我还是如此建议。认识到这一事实无法更改（第一版导论的标题仍然表明了我先前的尝试），我将在序曲结尾为我构想的宏大项目提出一个替代性概念——将避免使用"人类学"，我承认，这在当代学术话语中容易引起歧义。我在此不便提前透露，但序曲的标题指示了我们的前行方向。在这一旅程中，三种意义上的审美人类学将继续给我们提供指引，带来启示。

据我所知，从跨文化和跨学科的视角探讨审美——在逻辑上将人类学是研究人类的理念运用于我们的主题——还没有被系统性地提出或发展。考虑到这一项目的庞大浩瀚，这种状况不足为奇。然而，当代学科领域的各种发展——新型研究的出现，每种研究都触及了这一综合性项目的某个方面——促使人们开始沿着这些路径思考。即便有人认为，拟定这样一个包罗万象的研究框架不过是一种智力操练，很难取得什么成果，但这样一个框架至少可以帮助我们更好地对在本书占据核心地位的以民族志为基础的审美人类学研究进行定位，特别是在学科的意义上。

目 录

序曲：美学作为一门人文科学 / 1

导论：作为一门跨文化和跨学科研究的审美人类学 / 44

一、人类学和美学 / 46

二、人类学方法 / 48

三、阅读本书 / 52

第一章 被遗忘的开端：恩斯特·格罗塞与审美人类学的诞生 / 57

一、恩斯特·格罗塞：学术形成期 / 59

二、作为对跨越不同时空的民族进行比较研究的人类学 / 66

三、作为研究艺术的情感特质的美学 / 69

四、以人类学方法研究美学：三个主题 / 75

小 结 / 81

第二章 日常生活中的美：人类审美的普遍性 / 85

一、人类、进化与审美 / 88

二、人类学和审美：探索"审美的人" / 91

三、人类学和审美：偏好的民族志 / 94

小　结 / 103

第三章 人类学和美学 / 105

一、人类学方法大纲 / 107

二、美学以及人类学研究的障碍 / 121

三、一种断言：非西方文化中美学表达的缺席 / 143

四、关于非西方美学实证研究的回顾 / 150

小　结 / 161

第四章 人类学家的工作：对审美偏好的经验性研究 / 165

一、艺术批评研究 / 166

二、艺术家研究 / 182

三、审美词汇研究 / 196

四、艺术品研究 / 204

小　结 / 210

第五章　世界上的美：美学的普遍主义和文化相对主义 / 213

一、美作为一个研究主题 / 218

二、世界上的美 / 222

三、世界美学 / 226

四、美作为一种社会文化现象 / 229

五、美作为人类有机体的反应 / 244

六、美作为反思的对象 / 258

小　结 / 262

第六章　功能美学：非洲社会文化生活中美与丑的融合 / 264

一、审美效能：美的宗教功能 / 264

二、丑的审美 / 270

小　结 / 281

附录1　通过人类学研究美学：我的学术之旅 / 282

附录2　审美人类学：经验主义、语境主义与跨文化比较

　　　——审美人类学访谈 / 309

附录3　艺术人类学与跨文化比较

　　　——范丹姆学术研究之路 / 322

新版译后记 / 363

序曲：美学作为一门人文科学

当我为写新版序言而思考本书的内容时，突然想到，它有一个内在的呼吁：呼吁大家更认真地将审美作为人类的基本维度加以审视。书中举例说明了审美在世界各地不同文化中的多种表现形式，希望读者进一步认识到审美现象在人类生活中具有普遍性和相关性。随着这种认识的提升，审美作为学术研究主题的重要性也会更加彰显。

不少博雅之士首先会把审美与纯净的艺术世界关联起来，认为这些艺术很可能会让观者产生崇高或高尚的体验。这一标准显得严格而狭隘，如果降格以求，落到更为日常的水准，我们就会发现，审美其实无处不在。我们会判断一个人的长相漂亮或不漂亮，评价自然环境令人愉快或不愉快，谈论我们看到的房子和公共建筑好看或不好看，等等。

我们不仅被动地体验审美，还会主动表达我们感觉的好恶。例如，当我们创造或获取吸引我们的视觉对象，即是如此。事实上，如果可以选择，我们喜欢置身于赏心悦目的事物之中——从厨房用具和家具到墙上挂的画——并避开那些让我们感到不快的东西。我们也会在各种私人和公共场合使用审美之物，通常有特定的目的。

我们打扮自己，美化生活空间，给访客留下好印象，或装饰神龛，安抚超自然神灵。在这些例子中，我们运用审美影响他人，而他人也可能试图影响我们。例如，人们此处可能会想到各种形式的视觉宣传，这些宣传利用我们的美感传达一些信息——政治的、宗教的或商业的。寥寥几个案例和观察——从日常的到非凡的，从世俗的到宗教的——已经表明，审美与人类的生存紧密交织在一起。

本书认为，人类生活和文化中的各种审美表现形式最终都要回到我们鉴赏性的感性经验中去。有人指出，这种情感评价经验非常古老（它们有着深刻的进化根源），无处不在（它们可能是日常生活的一部分），它们在众多个人性或集体性领域不可或缺（它们常常是个人和公共事业的重要组成部分）。这些经验以及它们激发出的各种行为，特别是审美物品和审美事件的创造和语境性使用，有时也会反映于个人的沉思冥想之中——许多文化会把审美视为思想的食粮。这些人的思考结果会以不同的方式表达出来，诸如谚语、说教故事、学术论文。

因此，本书认为，审美在人类生存中更为广泛，与各种社会文化活动更为相关，但这种普遍现象却在学界遭到冷遇——至少哲学界外的人对东西方艺术美学不甚关心。如果说人文科学的目标是促进人的自我理解，那么审美在我们的研究中理应占据更为显赫的位置。

我们呼吁把审美当成人类的一种基本现象，更为严肃地加以看待，随后的第二个呼吁，就是希望引起学界重视。本书还提倡借鉴所有相关学科以阐明人类的审美。美学研究仍然更多与哲学有关，尤其是人文学科，但今天，从神经科学到社会学，其他众多学科也在探讨审美问题。每个学科都关注这个多面现象的一个特定维度，并以自己的范式加以研究。本书提出，这些学科不仅有助于阐明审美问题，它还表明，在考察"审美的人"提出的各种问题时，这些学科还可以富有成效地展开合作，有些事例证明了这种学术融合的价值所在。除了高扬全人类和跨文化的视野，本书还呼吁在审美研究中持一种真正的跨学科方法。

一、人类学与美学

有诸多学科涉猎审美问题，在此重点关注"人类学"的贡献。在人类学的框架内研究审美意味着什么？人类学以何种方式处理审美问题，可以增进我们对人类生活这一突出特征的理解？

回答这些问题的一个关键所在是，不同的人对"人类学"有不同的理解，无论是现在还是过去，无论是中国还是西方的知识传统，都是如此。本书也会在多个意义上使用"人类学"。要澄清对人类学的争论，需要具体语境，在此我利用写作这一序曲的机会，就本书所用的人类学这一术语做些介绍性的评论。我还会思考人类学的各种观念对审美研究的影响。

本书将重点关注人类学的一种解释，大多数人类学家都赞成这种解释。根据这一我们将详细讨论的解释，人类学是以嵌入调查为基础的一个研究领域，俗称"田野调查"——研究者在世界各地的各种现存文化或社会中进行调查。传统的研究对象是小型的无文字社会（通常为乡村语境），但今天，它的研究对象还可能包括大型社会，尤其是（城市语境的）各种亚文化。

不过，本书的最终目的是倡导一种更为宽泛的人类学概念。在这一解释中，人类学与其词源一致，意指对人类的研究。如果我们打算把审美作为人之为人的一个维度来审视，那么这种宽泛的人类学概念——用更人文主义的说法，这种对"人之意义"的追求，就适当地充任了我们将要探讨的总体的知识框架。

在这一字面正确的人类学概念的语境中，审美研究显然需要关注整个人类——任何时空中的人类。不过，随着研究的推进，这类研究显然也需要涉及整个人类：它需要处理人之为人的相互关联的各种层面的问题，它们都有助于对审美作为人类存在特征的理解。对审美的系统考察，首先，最基本的一个层面是把人类当成进化了的神经生物学存在，他们的器官能够感受独特的体验；其次，还需要将人类视为社会文化的存在，他们体验审美，并把审美融入生命展开的集体构造之中；最后，任何系统性的审美研究都必须把人类作为反思性的存在，他们思考审美的本质及其在人类生活中的地位。于是，对"审美的人"的综合性研究，将各个层面的数据和见解整合在一起。简单来说，第一层面对应"进化美学"，第二层面对应"语境美学"，第三层面对应"哲学美学"。后面会对这些领域做更深入的介绍，但这里需要指出，"语境美学"主要是从人类学界的工作获得启发的。

这使我们回到了人类学最常见或最熟悉的解释，无论对实践者还是圈外人都是如此，在大家看来，人类学是社会文化研究的一个分支，它以长期的实地调查为根基。地方调查成为这种人类学的基础，通常称为"民族志"。民族志旨在对当代现存的特定群体的生活方式进行经验记录和语境分析。对特定群体如何体验并组织其世界的记录和阐释，传统上是由文化局外人实施的（如今也有文化内部人士）。这些外部观察者一般会深入当地社区，在当地生活相当长时间，学习其语言，尝试并研究其习俗、社会和政治组织、世界观等，持有局内人的眼光，优先考虑文化参与者的口头意见。学者们由嵌入式考察所获得的经验和成果，很大程度上决定了他们对人类学所提供的人类事务的看法。

以民族志为基础的人类学的确常常关联某一特定的视角，以此考察社会文化现象。这一视角使人类学的学术方法迥然有别于其他关注人类及其创造成果的学科。我认为，这种人类学方法有三大特点。民族志实践本身提供了两个关键部分：经验主义和语境主义。更具理论倾向的学者——无论是民族志学者还是"摇椅上的人类学家"——可能会在民族志提供的数据基础上，加入第三个部分，即跨文化比较。可以说，这是人类学的三个特征。诚然，它并没有涵盖所有需要在上述宽泛的人类学概念范围内提出的问题，这种方法是在过去150年发展起来的，这一领域现在通称为文化人类学（或社会人类学、社会文化人类学），外界都认为上面三种方法是这一领域的典型特征。这种人类学的方法可以与哲学、社会学或心理学等其他方法相提并论,一同分析。

经验主义、语境主义和跨文化比较这三种方法单独运用,尤其是结合在一起时,使得人类学的方法明显有别于其他学科的研究方法,特别是哲学的方法(它们往往既非经验主义的、社会文化语境的,亦非跨文化比较的)。

对于人类学的三种方法,我在此想简要论述从民族志实践中得出的经验主义和语境主义的意义。之所以这样做,是因为我认为,我们对审美在人类生存中的普遍性和重要性的学术认知,首先要归功于"审美民族志学者"。正是通过民族志的经验性和语境性视野,实践者们才得以卓有成效地以此开展审美探讨,从而让人们清楚地看到审美在人类生活中的广泛性和重要性。民族志学者已经证明,审美与社会各阶层的日常生活都息息相关;他们提醒我们注意,随处可见的日常现象都有可能成为审美评价的对象;他们还提高了学界对大量社会文化现象的认知,在这些现象之中,审美起着至关重要的作用。

事实上,本书(至少序曲部分)除了上述两个呼吁,也向那些将"民族志镜头"指向审美的研究者表达称颂之意。民族志学者通过详细记录各种各样的审美现象和审美观念,并将其纳入他们所研究的人群的生活之中进行研究,事实上,他们一起提出了一种全新的审美研究方法——我将其称为"第三种方法",这种方法超越了现有的和比较的视角,但最重要的是,通过关注人们真实的审美体验并将其融入他们的生活，拓展了这些视角。然而，我们也要看到，如果要充分探究这一新方法的丰硕成果，仍然需要其他学科的帮助。我想说的是，以民族志学者的视角和数据为中心，我们将延伸到其他关注人类审美问题的学科。在此之前，我们需要对这些学科以各种方式关注的主题——人类审美——略述片言。

二、作为审美基础的感性经验

本书倡导开阔的跨文化和跨学科的方法，要求我们首先把审美视为一个基本而宽泛的概念。这种对审美的基本解释可以概括如下。人类的进化使其能够通过感官来认知世界，尤其是通过视觉。当我们的大脑处理感知数据时，我们可能会以一种漠不关心或中立的方式体验这些过程的结果——我们可能只是把这些感知结果当作注意（notice）。但是，我们对感知数据的反应往往有一个定性维度，亦即伴着一些难以定义的情调或情味，让我们的感官意识富有了色彩。一些学者甚至认为，无论情感在感知过程中的参与程度多么微不足道，我们的感性体验绝非完全没有情感色彩。

视觉领域中定性的感性经验，用一般性的术语来说，可能是积极的或消极的，亦即，令人愉悦的或令人不快的。让人感到愉悦的视觉刺激通常表现为美丽、有吸引力、好看或漂亮。让人感到不快的视觉体验，通常会将刺激物视为令人反感、恶心、令人厌恶或丑陋。积极和消极的感知反应都有一定范围，从轻微到强烈不等，因此它们可能转瞬即逝，也可能经久难忘。

快乐和不快的两极划分颇为明晰，围绕它们有各种评价，如喜欢和不喜欢，吸引和反感，除此之外，视觉刺激还可能诱发其他定性体验。如世界各文化中的审美词汇所示（此处指的是它们对各种感性认识的修饰），人类可能经历一系列情感体验。其中既有微妙幽玄的体验，如一些视觉刺激所诱发的禅悦状态，也有异常强烈的体验，如被艺术品散发出的力量打动或震颤。还有的定性体验似乎混合了积极和消极的情感形式。如苦涩而甜蜜的忧郁情愫，或因视觉敬畏产生的恐惧和喜悦相掺的感觉。人类的定性感性经验的确范围广阔，常常难以言表，远远超出了"美"和"丑"。

三、审美研究的多学科性

谁人研究这些定性的感性经验，以及它们可能造成的各种社会文化现象？哪些学科把审美作为人类的一个特征加以考察？

在人类思想史上，一些我们可以笼统地称之为哲学家的人，一直在思考审美问题。在世界各地的各种传统中，思想家们怀着好奇去探究我们周围的世界：他们提出问题，予以分类，思索各种自然和社会文化现象的起源、性质和目的。这些反思和分析之中常常涉及审美现象，尤其是思想家自己文化中的审美现象。世界各地来自不同文化和知识传统的哲学家思考了定性感性经验的本质，并对引发这些经验的对象的属性进行了思考。他们讨论了一系列问题，比如，审美对象对人类心理和行为功能的影响（例如，有人认为，体验美的对象会提升我们的道德水平，抑或反之，会削弱甚至腐蚀我们，等等）。哲学对审美的思考持续至今，哲学家处理审美问题所用的概念和进行的分析日益复杂。

然而，在过去的一个半世纪，许多更为专业化的学科也在研究审美问题。这些学科不再像哲学那样追求普泛性的知识和见解，它们皆以各自的方式，将经验数据作为分析和解释的起点。除了哲学之外，对审美感兴趣的学科还有心理学、社会学以及最近的进化心理学和神经科学等。每门学科都在一定程度上有自己的审美观念，就这一主题提出不同的问题，并用不同的方法回答这些问题。审美及其学术方法的各种概念化，通常与各相关学科的总体性质、目标和研究方法相一致。本书后面会有说明，但作为介绍，我们可以考虑语言研究中的类似情况。作为研究对象，在进化语言学家、神经语言学家、心理语言学家、社会语言学家、语法学家和语言哲学家看来，语言的含义稍有不同，他们会提出不同的问题和方法。

四、民族志与中间美学

上面所列涉及审美的学术领域，缺少当代学术版图中的一门主要学科：人类学。在概述人类学对审美研究所做的贡献时，我们可以从民族志形式的人类学开始切入。一些民族志学者在对某一社区的生活方式进行经验记录和语境分析时，也对审美问题饶有兴趣。

他们可能会研究视觉上引人注意和令人反感的东西，以及他们采用怎样的评价标准；他们可能会调查审美何时何地出现在社会文化生活之中，以及审美在不同的语境中扮演何种角色；他们可能会记录和分析当地人如何表达并思考审美。民族志学者关注现实生活偏好问题，将审美理解为社会文化中各种形态的组成部分，由此可以说，他们研究的是我所说的民众的"生活美学"。

在西方学术界，审美民族志研究兴起于20世纪下半叶。此处无法论述这一学术发展史，但值得注意的是，进行这些研究的，不仅有训练有素的人类学家，还有艺术史家，偶尔还有其他学者，他们在传统上由西方人类学家涉足的地区进行当地研究。此类民族志研究的出现，致使诸多文化中的审美问题有了文献记录，在此之前，国际学界并不了解也不关注这些文化的审美观——尤其是撒哈拉以南非洲的文化，还有大洋洲和美洲土著等的文化。这些民族志研究拓宽了地理文化意义上的审美研究范围，从而让那些以往被忽视的文化登台亮相，表达它们的审美观。此外，通过以新颖而鼓舞人心的方式对审美进行解读和探讨，这些研究也为考察人类生活中的审美问题提供了创新性的视角和新鲜的数据。

新出现的审美民族志做出了卓越贡献，为了理解这点，我们需要考虑到，审美研究以前只包括两个方面。一个是哲学美学，思想家关注精英阶层对所谓的美术或高雅艺术的体验等问题的话语领域；另一个是实验心理美学，科学家研究常人对简单的几何形状等视觉刺激的积极或消极反应。德国心理学家古斯塔夫·费希纳

（Gustav Fechner）在19世纪下半叶引入了后一种研究方法，称其为"自下而上的美学"。费希纳将这种自下而上的方法与他所说的"自上而下的美学"进行了比较，后者指的是对精英艺术及其品质的非实证性思考，他认为这是他那个时代哲学方法的典型特征（今天的哲学美学依然如此）。

审美民族志研究关注的是被体验并融入丰富的民众生活中的审美，可以说处于上述两种方法之间：它们呈现了一种"中间美学"。从这一中间立场来看，审美民族志研究既有自下而上的方法，也有自上而下的方法，下面还会说明。但更重要的是，这一中间美学填补了这两个对立观点留下的巨大空隙。民族志学者既不思考纯化的经验（哲学家的"摇椅美学"，以反思性和思辨性为特征的美学），也不关注对基本视觉偏好的某种人工实验（心理学家参与的"实验室美学"是一种基线美学），他们所做的是"嵌入美学"，突显民众的生活美学：考察人们日常生活中的审美评价与选择，研究审美如何融入社会文化之中，探讨审美在文化共享话语中如何被谈论与讨论。

五、经验主义：记录人们的审美偏好和审美观

民族志学者在尝试了解某一文化的审美时，时常以系统地记录人们对当地艺术形式（尤其是视觉艺术）的偏好为起始。为了确立视觉艺术偏好，学者们通常采用审美排名竞赛等经验性方法。这种

方法通常要求个人根据自己的喜好对一系列特定的当地艺术形式做出等级评价，然后要求他们详细说明如此偏好的背后原因。这些方法可能会确立在特定的社会文化背景下引起审美愉悦或反感的视觉特性，它们还可能需要记录人们在评价审美对象和审美事件时用言语表达或明确说明的标准。理想状态是，人们能够记录评价者列举的所有理由，他们以此解释在特定的背景下这些审美标准的重要意义。这种对审美偏好和审美标准的系统研究，常常作为对审美问题进行更为详细探究的基线，我们将在下面简要回顾。

民族志学者通常小心翼翼地将不同行业的人作为经验研究的对象。他们意在确立一个群体的审美偏好、审美标准和审美观点，而不只关注那些可能被视为当地审美专家的个人，如艺术家或艺术赞助人。学者们运用这种方式，探讨特定社区如何广泛地体验和表达审美。通过这一研究策略，民族志方法能够表达人们的审美感受和审美观念，而传统的美学研究却大大忽视了这些方面（在民族志实践中，通常还会让美学研究中容易忽视的文化走上前台，发出声音）。这是促进民族志方法应用于文化语境之中（而非民族志学者所做的那些传统研究）的又一个理由。因为这种方法可以极大地弥补我们对诸多文化中审美知识的欠缺，在此之前，这些文化中的审美观念只有通过社会上层人士的反思性著作才能获悉。

因此，审美民族志研究与"自下而上"的美学具有一定的关联：他们与实验心理学家皆侧重非思辨的归纳法，把从普通人那里获得的经验数据作为深入分析的基础。然而，与实验心理学家不同的是，民族志学者关注的是对艺术品以及现实生活中遇到的其他品评对象的审美偏好。不同之处还在于，民族志学者直接关注人们在评价审美对象时所使用的具体的审美标准。有鉴于这些差异，对视觉偏好进行系统的民族学研究之后，对审美问题所做的更具一般性的讨论却不见于实验心理美学之中，这点毫不为奇，说明两种方法存在另一个差异。

在审美评价研究中富有特色的当地视觉艺术形式——至少体现在"传统"社会之中——通常会有一些人形之物（如拟人化的形象和面具）。于是，可以很自然地把研究延伸到人们对实际的人脸和身体的视觉偏好，还包括发型、衣着和其他形式的身体装饰。这种对身体偏好的研究，如"身体美学"的研究，使学界更为关注审美问题，因为它被融入了人类日常生活之中。

此外，由于民族志学者参与了研究对象的日常生活，因此他们有机会看到数量惊人的物品和事件，以及人们对其做出的审美评价。稻田的布局、饮食的供应、舷外发动机的视觉图案，凡此种种，都是司空见惯的，皆能成为审美评价的对象。民族志美学处于中间形态，关注生活美学，由此，我们进入了哲学美学和实验心理美学都不会解决的审美表达和审美评价领域（至少在传统上是如此，"民族志的目光"现在也进入了非人类学的研究领域，并可能使"日常美学"这样的新探讨成为哲学美学的分支）。

对于尚未成为民族志研究主题的文化或社会而言，人们对各种各样的物品和事件进行审美评价的系统数据实际上是缺乏的。为了鼓励对人们的审美偏好和审美观点进行更多的实证研究，如在中国各种语境中进行研究，本书有一章论述了此类调查中可能采用的方法和程序。这种研究方法主要基于民族志学者在小型农村社会的经验，但稍做调整，亦可适用于当代城市背景（如目前比较流行的"城市艺术人类学"的研究框架）。

一些更具针对性的研究会关注民众的审美词汇。此类研究往往以审美偏好研究中出现的评价性概念以及明确表达的评价标准为出发点。考察的重点是核心审美术语的语义范围及其所应用的各种社会文化领域，也可以重点探讨这些术语与特定文化思想体系中其他关键概念的关系，如那些涉及道德和本体论的概念。

此类研究经常考察审美概念是如何体现于谚语之类的口头表达之中的。可以把谚语视为反思性个体所做的对地方性审美思考的高度提炼。这些思想家尖锐地表达了自己的想法（很快成为谚语，思想家变得匿名），此后，人们在公共话语中使用这些谚语，进而广为传播——这是审美如何渗透到社会文化生活中的又一个例子。也可以用其他口头形式表达对审美的地方性思考，如赞美诗、故事、传说和神话。这是一个尚未被充分探索的领域。不过，的确存在这种引人入胜的口头表达，如西非的"哲学故事"，动物是主角，以寓言的形式探讨"审美主观主义"或"审美相对主义"等思想。

尤其是对人文主题（关注价值、意义以及各种表现方式）感兴趣的人类学家和艺术史家，已经超越了对民众的审美偏好的经验记录，并大胆地探讨审美概念以及审美在各种形式的地方话语中的表达和反映方式。在解决这些问题的过程中，研究人员越来越多地与专事相关文化的口头艺术或世界观研究的国内外学者对话或合作。这种合作或对话有时会导致——主要源自相关文化的人文学者的参与——对审美的概念化及其融入当地思想体系做广泛而细腻的分析。

当专注于对某一文化的关键审美术语及其如何嵌入此文化的世界观进行概念分析时，人文导向的民族志学者的学术兴趣和研究目标更接近于传统的哲学美学，而非心理美学。在探求与思想有关的问题时，审美民族志似乎很自然地与"自上而下的美学"相联系，意味着这个领域可能"向上"延伸，从而与审美反思的既有传统有机地关联起来，这在东西方文化传统中最为显明。然而，民族志学者探究的是口头文化传统中的审美问题，而哲学家是基于各自的文字传统思考审美问题，二者之间的学术交流仍然很少。

不过，双方都能从这种交流中获得教益。例如，对当地审美思想感兴趣的民族志学者，可以利用哲学家在这类问题上的专业知识改善他们的概念分析方法。审美哲学家在分析和思考过程中，可以采用民族志学者的概念和其他成果。结合口头文化传统的数据，哲学家能够凌迈自己的思想传统，得以考察全球文化传统中审美的概念化等问题。事实上，世界上任何地方的审美研究者之间的学术对话，都会促进"跨文化比较哲学美学"的进一步发展。这一研究领域通常被称为"比较美学"，目前主要以东西方的比较为主。

除了对世界文化的审美思维方式进行文献记载和比较分析，哲学家们还可以为我们理解人类的审美提供创造性的思考成果——新颖的分析和实质性的见解。此外，哲学家致力于对人类活动，特别是智力活动进行批判性思考，并在此方面训练有素，他们可以从跨文化和跨学科的视角密切关注整个审美研究项目的假设、概念和方法。

六、语境主义：社会文化生活的审美和结构

在更广阔的地方思想领域内分析关键的审美术语，会被视为一种"概念语境主义"：在更大的语义背景和知识框架中考察核心审美概念，审美术语，及其所指涉的观点和实践，都在概念上被语境化了。由此，我们得到了审美民族志研究的第二个重要特征——第一个特征是经验主义——社会文化语境主义。

民族志学者认为任何现象都不孤立隔绝于文化其他方面，而是与其他领域息息相关。这种语境主义或整体主义的视角，对文化局外人来说非常自然，他们在进行地方研究时，为了搞清楚一些挑选出的现象，会把它们置于更大的社会文化整体中进行研究。除了将审美术语和审美现象整合到更为广泛的地方概念框架之中的概念语境主义，审美民族志的社会文化语境主义至少还有另外两种主要形式。

第一种可以称之为"功能语境主义"。在研究一个社区的社会文化实践时，民族志学者往往会询问人们为什么要从事某些活动。

因此，他们可以记录人们行事的目的或功能（如果有的话）——人们通过某些行为想达成什么目标，人们为何以及如何认为这些行为有助于实现这些目标。

就我们的主题而言，民族志学者以此确立了审美可能在个人和集体的各种各样的事务中发挥关键作用。例如，人们发现，美可以用来光宗耀祖，确保先人福佑后代，也可以用来安抚恶灵。有意为之的丑可以在战争中威慑敌人，或是充当权力工具，秘密社会以此恐吓外来者。总之，民族志学者把审美作为构成社会文化生活的许多制度和活动中不可或缺的重要组成部分。这些制度和活动可能涉及道德、宗教、政治、教育、娱乐等。

在本书第一版中，对审美研究中的"功能语境主义"——"功能美学"的观念——未做充分展开。因此，我们在增补版中补充了一章，提供了若干案例，表明审美以多种方式功能性地融入了社会文化活动之中——审美有助于实现个人和社区的各种目标，当地是如何看待这一问题的？（这种关于审美功能的观点本身就构成了一种哲学，即关于审美能够完成什么、如何完成、为何完成。）

最后，民族志者在解释某一社会文化现象时所采取的特殊形式——社会组织、宗教、贸易等特定文化形式，通常也会运用语境视角。对于特定社会文化现象的特殊性，可以解释为相关文化中其他社会文化现象对其影响所致。这种语境主义可以称为"解释语境主义"：社会文化语境被用来解释特定现象的特殊性。

就审美而言，这种社会文化语境主义可用以解释审美偏好的特定的文化维度。如果某一文化对于视觉愉悦和视觉不快的观念具有鲜明的文化特征，那么通过揭示社会文化环境中的某些因素影响了人们的审美经验，便可解释这些独特特征。这种对审美偏好的文化相对主义的阐释性语境方法，将在本书第六章着重呈现。我们会看到，一个社区的视觉偏好取决于这个社区的社会文化理想。我们还会看到，这样的语境性解释实际上只讲了一半——它们提供的是"邻近"解释，而非"最终"解释，后者意味着亦能解释根本性的原则、机制或过程。不过，民族志学者常常把他们对某一文化的独特性所做的语境解释看成充分解释（有时称为文化主义：用文化解释文化）。因此，这里所用的"解释语境主义"（explanatory contextualism），可能用略显谨慎的"阐释语境主义"（elucidatory contextualism）更为恰切，让我们的想法更加中庸，即它揭示的是特殊性，而非更深层面的充分解释。

七、比较主义：确立模式

民族志意义上的人类学，推重经验主义和社会文化语境主义，因此，民族志学者先要收集原始的文化数据，然后在其社会文化背景中进行描述和分析。这两个特征与地方研究直接相关，除此之外，我们还需要考虑人类学的第三个特征，一个超越民族志本身的特征。人类学因其面向全球的跨文化比较视角，在学界往往显得与众不同。尽管世界各地的文化极为多样，跨文化比较仍有可能为人类事务确立一些模式。

民族志研究通常只聚焦一种文化传统，而不关注此类其他研究成果。审美民族志调查诚然如此。这种对地方性的强调意味着只有将单个文化的相关成果汇聚起来，并通过跨文化比较的视角加以系统地看待，民族志数据对于我们理解"审美的人"的价值才会变得清晰起来。

例如，只有通过最基本的比较（只是系统的民族志数据汇编，以提供临时性的综述），审美之于人类存在的渗透程度才会变得明显。只有把民族志报道并置在一起，我们才能认识到审美出现在我们日常生活中的频率有多高、审美评价的场合有多广泛、审美功能性地融入各种社会文化活动有多寻常、公众对审美的性质与效果如何发生兴趣，表明它多么富有规律。对民族志数据进行更系统的跨文化比较，可能会出现对人类审美更明确的概括和主张，如审美偏好的普遍性和文化特殊性的议题。

在人类学中，最好比较那些民族志学者在世界各文化中确立的语境化的经验数据。20世纪初以来，人类学理论家就一直认为，只有在这一时期崭露头角的专业民族志学者提供的数据，才能作为人类学跨文化比较所依据的有效原始资料。

正是通过跨文化比较，社会文化人类学才最接近其研究人类的既定目标，但应该注意到，必须依赖训练有素的观察者收集的数据这一认识论要求，却在时间和空间两个方面对人类学比较设置了方法论上的限制。不仅因为专业民族志是晚近出现的现象，而且专业民族志学者所考察的几乎只是世界上规模相对较小的传统口头文化。(19世纪的民族学是当代社会文化人类学的先驱,的确允许在比较工作中纳入所有人类文化,这意味着专业民族学背景之外的人提供的文化信息亦可作为有效数据进行比较)

尽管系统的跨文化比较常被突显为人类学的一个学科特色,其实它在人类学界十分少见。相反,人们更多强调民族志学者所研究的离散的社会文化星群的特殊性——时常是假想的不可比较性。这意味着将跨文化比较可能给认认真真收集的民族志数据带来的附加值——二阶意义——抛之脑后。虽然比较分析有时会使文化的特殊性更加突出,但通过比较,在人类事务中确立跨文化模式或反复出现跨文化规律时,最能体现出其附加值。因为这些共性,或涉及表面现象,或涉及深层的原理和过程,会极大地帮助我们理解人类及其组织生活的方式。[1]

就审美而言,民族志提供的语境化的经验数据可能会激发各种各样的跨文化比较研究,每种研究都集中于审美在其社会文化背景中的不同维度。从更实用的角度来看,比较的主题包罗甚众,如审美在各种社会文化环境中承担的功能——它如何与超自然实体沟通,如何帮助传达个人和集体身份,如何促进各种形式的宣传,等等。从更为概念化的角度说,比较也可以处理审美与伦理、审美与

---

[1] 学者们有时使用"nomothetic"(制定法律)一词来指建立模式的工作,过去称之为"laws"(法律),与这一术语相对的是"idiographic"(个别的),指对某一文化的特殊性的描述。

本体论等主题之间的关系。

我本人所做的跨文化比较研究与此不同，主要关注与审美偏好和审美标准有关的语境化民族志数据。就此我提出了美学研究中的两个基本理论问题，我利用了与此重大问题相关的一系列数据，学界此前对这些数据未做分析。这两个基本问题涉及审美偏好中的普遍主义和文化相对主义这一古老问题。

就普遍主义而言，审美偏好和审美标准的跨文化比较研究表明，世界各地无不依循一些审美评价标准，如对称、平衡、清晰和适度的新颖。结果同样表明，在评价人类以及表现人类的艺术形式时，世界各地的人们有着同样的喜好，如视觉上显得年轻，还有健康。在思考这些成果的认识论价值时，必须顾及民族志在时间和空间上的局限，不过这些结论似乎也得到了其他数据组的支撑。其中包括古往今来世界各地艺术品的视觉特性，以及文人传统和书面证据中对人类身体和各种艺术的审美偏好。

世界各地的审美偏好除了表现出基本的普遍性，也具有文化上的相对性。文化人类学中的这种普遍认知得到了文化史研究的支持。然而，无论是相关研究领域，还是其他学科，实际上都缺乏有效的跨文化解释，可以系统地阐述审美偏好的文化相对性。

不过，对民族志提供的经验数据和语境数据进行的比较分析，为解决这一美学研究中长期存在的问题带来了希望。本书讨论了三个田野调查个案，民族志学者既记录了它们独特的视觉偏好，又提供了大量关于它们文化其他方面的信息。考察这些丰富的材料可以看到，这三种文化所确立的不同审美偏好，与各自特定的社会文化理想息息相关。根据这三个案例中反复出现的跨文化关系进行推衍，我们提出，不同的社会文化理想产生了不同的审美偏好，从而揭示了审美偏好中的文化相对论现象。

八、生物进化视角：解释模型及其超越

确立以跨文化比较为基础的模式之后，对于任何系统性分析来说，下一步要做的主要工作就是解释这些模式的存在。针对审美偏好中普遍性和文化特殊性的比较结果，我们需要追问：我们如何解释全人类共有的审美标准和对某些视觉属性的偏好？为什么不同的社会文化理想导致了不同的审美观念？

文化人类学强调文化特殊性，这没有问题，但对于不同文化之间的共性，它并没有提供多少解释模式。事实上，一些人类学家一直否认人类存在普遍性。人类学对文化特殊性的强调，意味着越来越重视民众之于当地社会文化环境的社会化或濡化，每一种环境都被视为与众不同的。在考虑解释人类文化之间的相似性时，文化人类学这门学科提供最多的，似乎（我忽略了列维－斯特劳斯的结构主义，它早就不受待见了）是让世界各地的人至少能够共享一些社会文化经验，尽管他们成长于不同的文化或社会之中。

就审美而言，有人提出，跨文化共有的经验可以解释一些跨文化共有的视觉偏好。例如，经验告诉所有人，健康是好的，疾病是不好的。然后，所有人共有的这些濡化形式，会让人们对健康的身体符号做肯定评价，而对疾病的视觉符号做负面评价。

然而，我发现，为了解释审美的普遍性，援引共同的社会文化经验存在局限性。即便这种解释策略富有启发（事实并非总是如此——例如，在解释全人类对新奇事物的偏好时，它似乎作用不大），它却忽略了潜在的心理过程，特别是感知过程中的情感因素。这些局限促使我转向其他学科，以期为人类审美偏好的共性找到更恰当更周全的解释模式——不仅某些视觉上的共同偏好，而且涵盖不同文化中重复出现的潜在原则或机制，它们在不同的社会文化语境中发生作用时，就会体系性地产生表面上的差异（"主题的变化"）。

我在探求审美普遍性的解释模型时，考察了将人类作为一个整体的学科，原则上说，人类学是这样的，但人类学更多关注文化的特殊性，那些学科则强调人类在基本层面上的共同点。在研究过程中，我考察了知觉心理学、人类行为学和神经科学的可能意义。我最终发现，进化心理学最能解释人类审美偏好中反复出现的特征。进化心理学通过人类共同的生物进化史来解释人类经验和行为的共性，本书后面还会详述。

为了阐明人之为人的独特之处而诉诸一个或多个"生命科学"，这样的想法不受主流人类学的欢迎。如果指出生物进化视角有助于解释人类事务，这样的提议经常遭到人类学家的明确反对，他们强调，只有"文化"才能解释人类的行为、情感和思想（我们称之为

"文化主义")。然而，如果人们意在全面而系统地考察人类的特征，那么显然要用生物进化的方法讲述整个故事，本书所示的审美案例就是如此。

在研究"审美的人"时，这些与人类进化相关的学科有很大意义，不独用于解释比较民族志的发现。首先，这些学科对于研究人类审美问题也做出了独立贡献。举例为证，进化心理学家发现，女性的杨柳细腰，以及艺术作品中的此类女性形象，为全人类共同欣赏。进化心理学认为，对这种女性体型的偏好是人类（无论是男性还是女性）与生俱来的，由人类的进化而来，因其关乎生育能力——本书将会详加阐述。例如，动物行为学家业已证明，人类婴儿以及动物幼崽特有的大脑袋和大眼睛往往会唤起成人的款款柔情，从而对其关爱呵护。顺便提一下，人们对这些视觉特征与生俱来的反应，被世界各地的漫画家有意无意地利用：在创作人类（或动物）形象时，漫画家通常会给他（它）们画上一个大圆头和一双大眼睛，使其看上去呆萌可爱。

在探索人类审美之维的过程中，这种"向下"的拓展——结合不同学科，是对自下而上的美学的当代补充，不仅为人类对特定视觉刺激的情感反应提供了新鲜数据，还为民族志成果提供了解释模型。将生物进化科学纳入"审美的人"的研究，还开辟了新的知识视野，提出了新的问题。因为面对审美，这些科学引入的问题，民族志和哲学等学科都没有提出过。在生命科学提请我们考虑的问题中，最基本的是与审美在人类生活中的进化起源有关的问题。我们的祖先在什么时候以及为何会发展出美感？这些感觉的出现和发展能被认为是一种适应吗？也就是说，这些感觉是否因有利于生存和繁殖而具有了进化优势？

九、审美研究的跨文化和跨学科方法

我们先是阐述了这本书的新框架，强调民族志研究对于人类审美维度的系统分析具有重要价值。这些对"审美的人"的研究，既不是高高在上的思辨，也不是处于根底的生物进化论和实验方法，而是中间视点：根据人类社会文化中被经验性和语境性记录下来的五彩斑驳的生活美学考察审美问题。

审美民族志，包括对其结果的比较分析，的确为研究"审美的人"提供了颇富价值的数据和见解，凡此诸种，皆有助于更好地了解当地文化、价值体系和艺术。但我们也应看到，从更广泛的角度来审视人类审美，民族志研究亦有其局限，这种局限既体现在时空意义上，亦显露于学科方法上。由于民族志关注世界某些角落的活生生的社会，空间和时间上的限制要求我们参与到社会文化和历史研究领域之中，以便获取跨越时空的其他文化传统的民众生活美学的数据。对生活美学的研究是民族志的专长及其重要的创新性贡献。后面还会对这些邻近领域做一评述。

就学科方法而言，民族志带有"社会科学"的特点——对特定群体的审美观做经验性记录和语境性研究——可能会朝着两个方向深入拓展。如上所述，民族志——考虑到跨文化比较的参与，更准确地说是以民族志为基础的人类学，向下可能与生物进化方法相连，后者可能为比较民族志的成果提供解释模式，尤其是人类审美偏好的共性这一问题。不过，这种生命科学方法也能为"审美的人"的研究单独提供相关新数据，它们可能会拓宽审美在人类进化中的起源和作用等相关问题的范围。向上来说，民族志的研究兴趣只要涉及（以更人文的方式）对审美本质的思考，就需要哲学以及相关人文学科的参与，这些学科所处理的问题是常规的民族志不去关注的。但是，正如生物进化方法一样，当涉及更为宏大的"审美的人"的研究之时，哲学会深度参与其中，甚至超越与民族志的任何密切联系。哲学家不仅可以记录和分析各种有文字的文化对审美的思考，而且可以加上自己的反思，对全面研究人类审美问题的前提和方法进行批判性思考。

这些总结性的观察表明，对"审美的人"的探求渊深复杂，殊为不易，仅靠民族志远远不够，尽管民族志提供的视角和数据十分关键。我们如何阐释这种对人类审美研究的扩大观点？我们如何界定和综合理解这一将审美作为人类特征的学术领域？

本书各章写于不同时期，没有按时间顺序进行编排。读者会注意到，对于本书大力倡导的跨文化和跨学科的审美研究方法，我已经用各种标签做了界定。

我曾提出用"世界美学"（world aesthetics）一词指称对"审美的人"的全面考察，这一想法受到了20世纪90年代提出的"世界艺术研究"（world art studies）一说的启发。英国艺术史家约翰·奥尼恩斯（John Onians）提出了这一概念，他认为视觉艺术研究不仅需要全球视野，还需要跨学科的方法——奥尼恩斯本人致力于将神经科学的方法用于艺术研究。类比"世界艺术研究"，我提出了"世界美学"，意指将审美作为一种全球性现象，进行跨学科研究。然而，事实证明，这一术语在应用过程中有一个缺点——世界艺术研究亦是如此。由于突显了限定词"世界"，许多人想当然地认为，世界艺术研究和世界美学都涉及全球性的跨文化视角，但不一定涉及两个领域所预设的广泛的跨学科方法。

后来我又想返回"人类学"这一标签，其字面意义非常适合眼下的研究。这次我深受启发，抓住这个词最初在欧洲学界的两种用法（后来我才知道，以下内容不是西方文化人类学标准历史的一部分，原因将会非常明确）。"人类学"（anthropologia）是在16世纪由德国人文主义者首次引入欧洲的，这个标签——希腊新词，意指"人类研究"——主要指对"人类本性"的研究。读者将会看到这一概念对本书的价值，尽管人类本性的概念变动不居，并且富有争议。本书基本认为，审美经验、审美与人类活动的交织，对审美的各种表现形式进行思考，都是人类本性的一部分。

从古希腊哲学开始，学者们就已经重视对人类本性的考察，在欧洲文化视野大开，尤其是"发现"美洲大陆之后，它更成为一个日益紧迫的问题。从16世纪开始，跨文化研究逐渐在欧洲兴起，我们今天所说的民族志的先驱们做了部分基础工作（"民族志"一词,连同"民族学",都是18世纪创造的,"民族学"指的是对诸民族的比较研究,其中包括民族志没有研究的民族)。慢慢积累起来的关于欧洲以外文化的知识,也会影响欧洲对人类本性或者说"人类状况"的思考,这些思考尽管并不总是纳入"人类学"的标题之下,最初提出"人类学"就是为了系统地考察这个问题。

对我们来说,早期使用的人类学概念有两个有趣的特点。文艺复兴时期的人文主义者在探讨人性时,根据古希腊哲学家亚里士多德的观点,认为人类的两个主要特征——"肉体和灵魂"密不可分。由此发出提议,在思考人性时,人类学应该考虑到人之为人的生物学基础。这种"心物"合一的观念后来被许多西方思想所抛弃(被笛卡尔二元论所取代,本质上将灵魂、心灵或精神与肉体分离)。虽然某些圈子确实存在整体性的人类概念(主要是在医学、某些心理学和几种哲学之中),但只有在达尔文的进化论出现之后,才得到更广泛的认知。

以生物学为基础的人类与人性概念引领下的人类学,在今天仍然富有启发意义:如果适当更新,它可能会转化为一种人类学形式,用今天的术语来说,这是一种关于人类意义的自下而上的跨学科研究——它需要以进化的神经生物学为基础向上审视人类的状况。这种整体性的人类学概念,似乎适合作为一个全局性的知识框架,以跨学科的方法研究作为人类基本方面的审美问题。

从其生物学基础来看,人类学研究人类本性的观念,并没有为现代文化人类学提供更多东西。首先,在这一领域,人们越来越怀疑普遍人性的整体观念，特殊论者认为其太过本质主义，他们强调人类文化的多样性，他们宁愿谈论复数的人性。其次，即使人们接受关于人类本性的说法，也认为其生物进化基础与此无关，因为人类学真正重要的问题是似乎无穷无尽的人类状态，即"文化"的概念。

我们确实发现，生物进化意义上的人性概念在当今从进化论角度研究人类的领域中，以非常现代化的形式运作着——这些领域通常不用人类学的标题（而是用进化心理学之类的标签）。当我们从生物进化史的深层时间来看待人类时——在30万年到20万年以前，智人渐渐出现于非洲（他们的祖先也繁衍了现已灭绝的进化近亲，如尼安德特人和丹尼索瓦人）——会更少犹豫地假定人类存在共有本性（一种"物种本性"），并将其视为基本的生物学基础。如果念及人类进化的历史，并考虑到直至几千年前，人类都还过着狩猎—采集的生活，就会以不同的方式来看待人类本性与文化多样性之间的关系，观点就不会那么激进了——这种进化论的观点最多不过是在近几十年才进入文化研究领域的，而且也只是勉强如此。

因此，我们应该记住，从生物进化的角度看待普遍人性，同样也会关注人类创造各种文化的能力，它也不否认人类的繁荣发展有赖于文化。人类作为社会性存在，为了群体生活需要，塑造了（依赖生态的）社会文化星丛，这就是人类的进化之道。这也意味着我们是在与风云变幻的社会文化环境的交互作用中进化的：当我们在特定的时间和地点成长时，我们得以进化，以相对偶然的形式适应

序曲：美学作为一门人文科学

并融入此一环境——这些形式并非无穷无尽，而是在人性的限度之内（人们可以将此与我们在早期社会化或文化融合过程中进化出的学习任何人类语言的能力相比较）。

今天，至少有一个人类学的分支在认真看待人类的本性及其生物学基础等问题。20世纪初出现的"哲学人类学"，其致思和研究路径处于西方知识传统的长河之中，即将人类视为有机体，在此语境下反思人的意义。这一学科的研究者大多被视为哲学家，但人类学家也参与其中（包括"摇椅人类学家"和"田野人类学家"）。一些学者的确关注高度哲学性的话题，他们认为这门学科思考的是与人类状况及其概念化有关的基本问题——深刻的"形而上学"和认识论问题，在对人类进行任何合理的学术研究之前，人们认为需要首先解决这些问题。

今天，至少有一些学者还在高举哲学人类学的大旗，以一种综合的方式研究人性的某些基本问题。这类研究旨在运用多学科的方法进行综合性研究，考察人类的多个面向，如伦理人、宗教人、语言人、音乐人、图像制作人、讲故事的人等。现在，跨文化和跨学科的观点都提醒我们在使用这些大范畴时要怀着小心——它们可能警告人们不要把人性分得太清楚，因为它们的结构或描述在文化和学科上可能带有偏见。因此，最好将这些广泛的类型——包括审美的人——视为可以引发学术对话并进行改善的临时性的分析起点，包括人类的审美维度和伦理维度，或者二者加上人类的音乐维度等交织在一起的讨论。但是，文化人类学对文化差异的强调可谓根深蒂固，在此背景之下，它可能会以更激进的形式导致所有普遍性的分析范畴丧失效力，但至少有一种人类学认真对待这项任务，如其名称所示，追问关于人之为人的"大问题"，这很恰当，并且令人欣慰。这些问题，既包含特殊性——人类文化多样性需要系统的阐释（不仅仅是描述、捍卫或颂扬），亦涉及普遍性，以及它们之间的相互关系。哲学人类学重视普遍性，甚至将其视为基础，为人类及其社会文化生活的极端相对论思维提供了一剂良药或一种平衡。

总而言之，可以把哲学人类学界定为对人之为人的思考，它还涉及众多经验学科——灵长类动物学、行为学、民族学、跨文化心理学等，这些学科为我们了解这一主题或其构成维度提供教益。处于这种知识框架中的学者，在理解人类生命形态之时，可以经由这样的路径：从人类生物学，到社会和文化科学，再到哲学，逐级上升。哲学人类学家通过整合多个学科的数据和观点，可以提供开阔的分析，从而形成理由充分的综合陈述，并进而对与"人的意义"这一首要问题相关的诸多特征进行反思。在这种知识框架之内——在人类学这个特殊概念之内——对作为人之为人的一个维度的审美进行自下而上的考察，可以说是真正的"审美人类学"（anthropology of aesthetics）。我们没有使用更为烦琐的"哲学审美人类学"（philosophical anthropology of aesthetics），这种说法由于突出了哲学，可能误导大家。

使用"审美人类学"这一术语表示对人类审美的跨文化和跨学科的探索，尽管从历史和概念的角度来看颇有道理，但我逐渐意识到，社会科学和人文领域的大多数学者，甚至其他领域的学者，都不太可能对这一术语做如是理解。因为"审美人类学"似乎与当代注重经验和语境研究的学术领域，即我所说的审美民族志密切相关。在这种阐释语境中，"审美人类学"还包括借鉴民族志提供的数据所做的比较工作，以及对其他理论性问题的思考。

最近，就在写完这本书之后，我考虑为书中涉及的概念取一个合适的名字，我冒出一个大胆的想法，只用"美学"（aesthetics）一词来表示本书涉及的跨文化和跨学科项目。我之前没有这样想过，因为很显然，"美学"这一学科标签确立已久，它通常与哲学美学相联系，或者等同于哲学美学，挪用这样一个标签，似乎显得异常傲慢，或者至少很不礼貌。我想声明，仔细想来，这一提法似乎并不牵强，更不离谱，原因如下。

首先，"美学"这一学科指的是系统地考察作为多面现象的审美的研究领域，这种说法并非不合理。其次，尤其在我们这个时代，这一领域的发展方式是全球性的，在时间和空间上皆是如此，它还将所有涉及这一主题的当代学科的方法和数据整合在了一起，这同样合情合理。最后，在人类科学中，对人之为人的某个方面进行系统研究的分支学科，以类似包容的方式予以概念化，这种情况并不少见。语言学、音乐学、宗教研究以及诸如此类的学科，原则上或理想上，指的是一种综合性的研究领域，不仅具有全球性视野，而且具有多学科视角（语言学包括神经语言学，音乐学下分社会音乐学，宗教研究涵盖宗教心理学等）。考虑到对众多研究领域如此综合的概念化，每个领域都系统研究了人类的某个主要特征，人们由此可以提出，"美学"作为一个领域，囊括了将审美视为人类一个维度进行研究的所有相关学科。

根据这一提议，"美学"变成了一种人文科学。它被重新概念化，从"哲学的一个分支"（到目前为止，大多这样定义"美学"），或其他学科（神经科学、心理学等）的一个分支领域，成为自立门户的一门学科，在应对关乎人类存在重要问题的诸种研究领域之中，占有一席之地。人文科学的概念也有其自身的问题，因为它的定义纷繁，尽管人们至少认同人文科学（human sciences）不能等同于人文学科（humanities）。在此，我将使用"人文科学"一词来统称系统性的知识生产形式，每一种形式都涉及人之为人的一个维度，如上所述——作为语言存在的人，作为音乐存在的人，等等。就像语言学或音乐学等其他人文科学一样，美学把人视为审美的存在，以跨文化和跨学科的方式进行研究。

在最宽泛的意义上，人类学指对人类的研究，那么各种人文科学都可以被视为人类学的分支。但是，我们不用"语言人类学"指称对人类语言之维的研究，这在今天的学术话语中必然导致误解，而是用"语言学"（linguistics）取而代之。同理，"美学"作为人类科学的一个学科名称亦是如此，可以被称为"美学人类学"，根据传统的解释，这虽然合理，但令人困惑。

在思考将"美学"这一标签用于人文科学中一个离散的研究领域时，我想起我在《语境中的美：论美学的人类学方法》（*Beauty in*

序曲：美学作为一门人文科学

Context: Towards an Anthropological Approach to Aesthetics）一书中的一些观察，那一章收入本书第三章。我引用了英国哲学家迪菲（T. J. Diffey）在1986年提到的一个观点："美学是一个多学科或跨学科的领域。在我看来，并不存在单数的美学学科。"迪菲认为，"出现了诸如哲学美学（美学是哲学的一个分支）、社会学美学、心理学美学等，但是不存在单一的美学本身"。美学作为一个研究领域源于哲学，并且仍与哲学息息相关，有鉴于此，这些观察思想开阔，令人耳目一新（值得注意的是，在此后几十年里，无论是哲学家还是其他学者，都极少探讨美学的跨学科性质）。

我在《语境中的美：论美学的人类学方法》一书开始引用迪菲的观察结果，既然没有哪种学科方法能够独占美学这一标签，那么人类学的方法就可能派上用场，形成一种"人类学的美学"（anthropological aesthetics），此处用的是迪菲提出的术语。这种独特的人类学方法结合了经验主义、语境主义和跨文化比较，不同于当时兴起的所有美学研究方法。

迪菲把美学概念化为一个跨学科领域，其结果是形成了一种"饼状图"：可以想象成一个由各种学科方法组成的圆状物，图表的每个部分都对一系列问题——图表的核心——有自己独特的研究范式，一些学者对这些问题达成了共识，它们尽管多有变化，不过都可以说属于美学领域，它们形成一个共同主题，每个学科都可以以自己的方式进行研究。

今天，我对迪菲的评论有了不同理解，注意力转到他的结论性意见上：不存在美学这样的学科。在学术大观园中，无论过去还是现在，都找不到一门跨学科，能够包罗并俯瞰审美研究的所有相关学科角度；找不到总括性的领域，为研究这一主题提供综合性的知识框架；找不到促进跨学科交流与合作的平台；找不到鼓励人们把众多学科从不同角度研究"审美的人"取得的学术成果糅合在一起的论坛。

由于缺乏这样一门跨学科，促使人们尝试性地勾勒出美学的轮廓，将其视为人文科学中一个具有凝聚性的跨学科领域——其中不仅包括一系列学术方法，还促进了它们之间的合作。这一领域的视觉形象，与其说是饼状图，不如想象成"蛋糕图"，它由三层组成，层层积累，互有关联。每一层都涵盖一组相关学科，每个学科都处理人之为人的一个特定层面，彼此有所关联。在我看来，这三个层次是：作为生物进化存在的人类，作为社会文化存在的人类，以及作为反思存在的人类。这些层次涉及的学科群，我分别命名为"进化美学""语境美学"和"哲学美学"。

（一）进化美学

美学是人文科学中一个包罗万象的研究领域，进化美学则构成其宏伟大厦的基础。由于重点话题、核心问题和方法论的不同，审美研究的生物进化方法呈现不同的形式，可以明确区分，对于参与其中的人尤其如此。不过，这些研究方法密切关联，相关研究者都将其归因于自然选择的进化论，他们都认为人类和所有其他生物一样,都是生物进化的产物。事实上,这些学者似乎认可,进化了的人体和大脑为"审美的人"提供了最终框架。事实上,我们物种的生物进化状况——特别是我们的神经系统——使人类生活中的任何审美体验或审美表达成为可能,同时也为其设了限制,无论如何定义"审美"都是如此。我们要研究的每一种审美现象,最终都要以人类进化的神经生物学组成为基础,并受其约束。

我们看到,进化美学可能首先解决了人类为何会有美感这一基本问题,它还参考人类共同的生物进化史以解释我们共有的基本视觉偏好。这类关于人类审美"为什么"的问题,似乎与所有进化方法都有关系,但要靠进化心理学这一学科来解决。事实上,"进化美学"这个标签经常专指上述学科中涉及审美的那一部分,从这个意义上说,它也被称为"达尔文美学"。但是,当我们从更宽泛的意义上使用"进化美学"指称所有"自然主义的"审美研究方法时,也可能把注意力转向其他相关研究领域。其中一个相关领域是神经美学,人们在此更多会关注"如何"的问题:进化的人脑以什么样的方式——神经解剖学和神经生理学——对特定的刺激做出定性的反应?(神经科学、进化研究以及知觉与认知心理学的经验分支,有时被统称为美学研究中的"认知科学")

另一个紧密关联的学科是行为学(亦被称为行为生物学),特别是人类行为学。这一领域与进化心理学密切相关(进化心理学是一门相对年轻的学科,很大程度上源于人类行为学)。诚然,行为学关注人类的行为,在此处是审美行为,无论是制造和使用审美对象，还是能够产生情感视觉反应的任何行为。至于质性感性经验的这种行为的后果，我们在上文提及幼儿对某些头形之物表现出关心或保护行为的例子。还有一些例子，如人们会有意接近或避开周边自然环境中的某些视觉刺激，如可能的栖息地、食物或配偶，这是一些基本的行为反应（这也是生态美学的研究领域，因为它关注人类如何在与生态环境的互动中进化，特别是对各种自然刺激的情感反应）。人类行为学也可能研究创造和使用审美物品的条件和环境，还会关注这些物品对感知者产生的行为影响。

从生物进化的角度来看，为了让此类审美物品充实这一简略的草图，也可以转向考古记录，以便讨论哪些物证标志着人类的进化程度，已能制造表达和诱发审美感受的物品。人们提出的候选物有对称的手斧，它在年代上先于智人，还有贝壳珠和几何形的雕刻物，它们都与人类有关，可以追溯到现代人类离开非洲迁徙到世界各地之前（这些遗留下来的物品是由坚固耐用的材料制成的，但早期人类很可能也会用木头之类更易腐烂的媒介创作审美物品，他们还会把羽毛和花朵等脆弱易逝的东西作为审美之物，比如用于身体装饰）。学者们可以推断早期人类社会中创造和使用审美之物所具有的社会文化意义。考古学、感知神经心理学、进化心理学、人类行为学和民族志等不同学科，可能会提出这些推测（吸引配偶、身份差异或社会联结）。

（二）语境美学

说到审美在人类生活中的作用等问题，就把我们带到了上面提到的第二个层次，即审美与人类作为社会文化存在的关系。探讨这一层次的学者来自多个学科，我将其称为"语境美学"（这里的"语境"特指社会文化语境，但生态环境也可能参与其中，尤其是与社会文化语境发生互动时）。审美与社会文化的融合呈现庞大而多样的话题，语境美学的研究者可以沿着多条路径介入，其中之一是考察社会文化环境对审美体验的影响。人们的视觉偏好在很大程度上受到文化的制约，我们对这一观念进行了探讨。再提一个角度，语境美学可以考察审美在人类生活各领域的展开。它还可以关注审美在一系列社会文化领域中的多种用途、功能和意义，这些领域包括宗教、政治、教育、社会、经济、娱乐等。

语境美学发展的最大动力无疑来自民族志世界——来自人类学家和艺术学者的工作，他们对地方美学进行了深入研究。这些学者研究的是活生生的社会，优势明显，能够真切地观察并探究审美在社会文化环境中的"运作"。至关重要的是，在研究过程中，可以利用人们对各种审美问题的观点和意见，诸如他们真实的视觉偏好、他们眼中的美的事物所具有的宗教效力等。

一般而言，社会学家也对民众的生活美学感兴趣。这些学者通常研究的是大型社会及其各种亚文化，尤其关注"大众文化"。不过，审美社会学似乎与审美民族志有所不同。尽管二者都关注社会文化的整合，但民族志是对民众口头表达的审美偏好和审美观进行系统的实证研究，社会学通常不做此类研究。例如，在社会学中，大众文化的品味似乎是根据与特定的文化消费群体息息相关的文化项目推论出来的。大体而言，这些关于不同的实证方法的评论，也适用于视觉文化研究和媒介研究等新近出现的学科，它们还考察当代大型社会各部分的文化现象，在研究过程中，有时也会关注人们是如何在审美上与这些现象关联起来的。

有些学者，特别是文化史学家，尽管对审美的社会文化语境化感兴趣，却没有机会在当代社会开展研究。在严谨的实证和以观察为基础的分析等方面，语境美学和审美民族志或有契合之处，然而，语境美学向历史的潜在延伸，意味着二者并不完全等同。不过，在现有社会以外所做的语境美学研究至少可以践行民族志的精神。有的环境不便广泛应用民族志方法，语境美学研究应该放开眼界，寻找任何能够揭示审美及其融入社会文化组织的实物和文本证据。诸如查找关于民众审美偏好的线索，探寻它们是如何与社会文化语境相连的；整理所有可用数据，以探讨在特定的历史文化中，审美是如何在各种制度环境中展开的。

（三）哲学美学

如果不考虑审美现象对思想领域的影响，对人类审美的研究便不完整。由此，我们到了探究"审美的人"的第三个层次，即将人类视为反思性的存在。对审美的思辨研究属于"哲学美学"，除了哲学家，其他一些人文学者也参与其中。

有人指出，世界各文化传统中的哲人智者，在思考生命和宇宙时，也会思考审美的本质、审美与其他现象之间的关系以及各种审美表现形式在不同语境中产生的影响等问题。在某一文化传统的概念框架内记录并分析这些思考，本身就很有价值。如果想到某个文化对审美的系统性反思，可能会影响该文化中审美对象的创造、评价和使用——它们也会激发这些反思，这种特殊主义的研究就更为相关。

在世界各地的文化中，审美被概念化和反思的方式多种多样，这些反思与审美实践的关系亦各有不同，审美哲学的跨文化比较超越了地方性思考，使我们能够探索相互之间的共性和差异。在这个过程中，此类比较研究也会提升我们的概念化能力和分析问题的敏锐度，让我们在更宽泛的意义上研究人类的审美问题。例如，当人们研究世界各种思想传统中的审美词汇时，个中好处确凿无疑；对人类所产生的审美概念化的认知，可以让我们更好地认识到人类广泛的定性感知经验；在研究人类的审美维度时，这反过来会让我们提出更尖锐的问题，进行更细致的分析。

十、对整一美学的思考

最后一项观察表明，我们解析的几个层次可能彼此关联甚密。哲学美学比较研究可能产生的一系列明确的情感心理状态，可以促使我们以进化美学中更基本的术语来考察这些多样的状态——毕竟，无论涉及怎样的社会文化影响，这些不同形式的质性意识都是由进化的人脑实现的。

事实上，我们已经碰到了学术集群交叉的几个例子，因此存在潜在的跨学科融汇和合作。例如，有人指出，当进化论学者对人类何时开始创造和使用审美物品发生兴趣，考察这些物品在人类早期社会的生产和使用情况，如它们的社会义化条件及其意义等问题之时，进化美学的研究就进入了语境美学的关注领域。相反，上面多次指出，对语境调查获得的经验数据进行比较研究，可以得到人类审美偏好的某些共性，语境美学在对这些共性进行解释时，可能会转向进化美学。同样，语境美学在进行概念的语境主义（审美术语和审美实践在概念上是语境化的）时，也会演进为哲学美学。一方面，它在研究产生和使用审美现象之间潜在的相互联系时，也可以跨越集群边界；另一方面，会对这些现象进行反思。相反，这也意味着哲学美学不必孤立于语境美学，正如它可以转向进化美学，从根本上探讨世界各种传统在思考审美问题时所突显的反复出现的定性心理状态。

任何一个系统研究"审美的人"的项目——无论是沿着上面概述的方法还是其他方式——都可能让人望而却步。在这个学术高度专业化的时代，没有一个人能够掌握上述如此多样化的研究集群。我们并不强人所难，我认为关键是认识。首先要认识到目前存在不同的审美研究方法，每种方法都对应着特定的分析层面。这种对人类审美的多角度认识，可能会导向跨学科合作，如果这种合作富有成效，有的学者就会乐于踏上跨学科的行程。

如果专精某一方法的学者积极撰写综合性的研究论著，这些论著能被其他学科的审美研究者关注到，那么这种认识及其可能带来的合作将会大大加强。人们可以把这类调查视为研究提纲，理想情况下，是由某一学科方法针对审美的某一方面进行研究所产生的知识史、假设、目标、分析概念、方法、程序、数据和见解。[众多研究领域都会发表年鉴（annual reviews），让业内人士及学术发烧友及时掌握各分支领域的最新动态。诸如美学年鉴——或者更现实地说，五年一次的评论——也许有一天会做这件事儿，供那些对审美问题有共同学术兴趣的学者参考，尽管他们各自的研究主题和学科视角颇有差异]

关于认识的问题，上面对美学是一门多层次但又统一的人文科学的概述也让我们认识到，审美研究仍然面临一系列基本但迷人的问题——诸如审美在人类进化中的起源、审美在人类社会文化生活中的作用、世界各地的哲人对审美进行知识把握的尝试等。人们对语言、音乐、道德、宗教、社会组织或政治等人类生活的其他重要维度进行了深入的研究，相较而言，对审美的系统研究——将美学作为一门系统的人文科学——才刚刚开始。

本书并不好高骛远，但还是有相当宏大的目标，提出一条中间路线，即以民族志为基础的方法考察人类审美问题，我们希望本书对此有所促进。本书展示了基于实证的语境美学所提供的丰富可能，该美学研究民众的生活美学，关注人们是如何体验审美的，它是如何融入个人和集体生活的，以及它如何为集体共同思想提供滋养。无论在原则上还是在精神上，这种语境美学都适用于民族志学者传统研究以外的文化语境。目前为止，这种方法所产生的珍贵材料——其中一些在本书中有涉猎——似乎兑现了它的承诺。

尽管如此，这种中间美学所产生的关于民众生活美学的丰富数据，似乎很自然地涉及了自下而上的美学和自上而下的美学。如此一来，民族志对审美的研究，虽然本身颇具价值，但也可以为美学作为一门系统的人文科学的发展铺平道路，其目标是对作为人之为人的一个维度的审美进行跨学科研究。

导论：作为一门跨文化和跨学科研究的审美人类学

在人的面部和身体、自然、艺术和设计之中，存在所有人都认为具有吸引力或漂亮的视觉特征吗？反之，存在所有人都认为看上去令人厌恶或丑陋的对象吗？如果存在这种视觉偏好的共识的话，那么我们应该如何解释这些审美普遍性？

人类在视觉趣味上的喜好和厌恶，像文化史家和文化人类学家所提出的那样，很大程度上是由文化或他们所属的时间阶段所决定的吗？如果真是这样，我们应该如何解释审美偏好上的文化相对性？

这些关于人类审美偏好的普遍共识和文化差异的基本问题，又引发了其他一些疑问。有人可能会问，自然环境而非社会文化环境在对视觉偏好的形成中起到了怎样的作用？还有人可能会想，个体经验和偏好是如何纳入情感性视觉反应的全球一致性和时空多样性这一宏大的问题框架的？任何此类问题都会引发审美乃人之为人的基本维度的关注。事实上，由此引发的最基本的问题或许是：为何人类会有审美偏好？我们为什么首先会体验到美和丑？有人或许认为这是一个宽泛的哲学问题，而其他人将其视为一个基本的生物进化问题。

哲学和科学都源于好奇和提问。上面涉及的基本问题，由对人类作为审美存在的认知兴趣所引发，或许会导致持续的研究和争论。探讨这些问题的适当的学术环境，首先应该是美学这一学科。不过这一学术领域很少关注"审美的人"这一基本问题。至少在西方学界，美学几乎只关注西方传统之内的"艺术和美"（将"艺术"而非"美"作为主要分析对象）。

除了没有全球性或跨文化的视野，美学还被描述为缺少跨学科的角度。无论西方还是其他地区，美学都几乎被纳入哲学范畴，甚少关注其他学科的成果。在西方，无论是18世纪确立的美学，还是其古典时代的知识先驱，全都主要对艺术、美和崇高的本质和条件进行思考。即使在20世纪，美学这一学科同样极大地忽视像文化人类学、心理学甚或艺术史等相关领域所提供的经验性数据和视野。美学的研究重心是概念分析，它对历史上权威思想家的艺术观表现出经久不息的研究兴趣，审视并评价它们，因此，美学这一学科或许可以更为恰当地称为哲学美学，或更好地称为艺术和审美哲学。

本书所提出的"审美人类学"（anthropology of aesthetics），最好描述为从跨文化与跨学科的框架进行美学研究的一种尝试。这一框架可以系统性地提出一些基本问题，对人类生活中的审美所做的任何有条理的考察，都应该进行回答。因而，具有不同意义的"人类学"，完全可以用来作为一种综合性的研究方法对审美问题加以研究。

一、人类学和美学

此处所用的人类学这一术语，在其基本的字面意义上，指的是对人的研究。这一单词"anthropologia"的最初意义来自古希腊语"anthropos"（人），由16世纪的欧洲人所创造，帮助他们建构一套思想，能够就人类的审美提出一些既明确又中肯的基本问题。除了探讨审美偏好的普遍性和文化相对性，广泛的"审美人类学"还应提出如下基本问题：人类审美感觉的起源和本质，审美对象的创造、使用、评价和效果的社会文化环境，以及世界各文化对审美的反思或思想。在此需要指出，对人类审美之维如此综合的研究思路，需要跨学科的研究方法。

一些手册和学院网站上仍将人类学描述为对人性的研究。不过，在20世纪，人类学这一术语，尤其是狭义地指"文化人类学"时，更多特指对世界上仍然过着传统生活方式的小型社区的研究。在此语境中，人类学家主要指的是那些通过与当地人共同生活和劳动，获得关于这些社会或文化的第一手知识的人。人类学家的工作被称为民族志田野调查或参与式观察，一般要持续一年以上，至少要学会当地语言。在西方，从20世纪早期以来，对小型社会的实地调查成为人类学家的学术"通过仪式"（后来拓展至在其他语境下的"嵌入"研究）。

西方人类学家——或民族志学者，这一术语在此语境下更为合适，不过用得较少——绝大多数在撒哈拉以南非洲、大洋洲各地和美洲土著之中从事研究。他们亦在中亚和东南亚等地区进行考察，不过很少涉及其他地区，包括欧洲和中国。中国的人类学家除了探讨汉民族的民间传统，似乎更多是以少数民族为研究对象。

就此而言，"审美人类学"指的不是关于"人性和美"的大问题，而是由人类学家在社会或文化语境内对审美问题所做的调查。人类学家探讨当地的视觉偏好、人与艺术之美的文化标准，以及作为民众审美语汇的关键概念的相关问题。他们还分析审美的社会文化融合，考察诸如美在宗教、社会特权和文化认同中的地位等问题。与这些问题密切相关的，人类学家还会努力记录一个文化中的"审美知识"，比如，人们对美与善、丑与恶之间的关系的认知，或者由创造出与感知到的美所产生的一种崇信效果。

的确，从事"审美民族志"研究的人类学家数量不多。不过，艺术史家，或中国的民俗学家，会对小型社会的审美问题进行同样的研究。这些研究者大多采用20世纪"田野人类学家"发展出来的方法和路径进行当地研究。

尽管这些研究事实上没有寻求与"审美的人"这一更大问题的关联，不过，这种当地研究对于致力调查人类生活中的审美问题的"审美人类学"的发展，具有至关重要的意义。首先，由人类学家和相关研究者所做的经验性研究，长期以来确立了审美感觉的普遍性。到了20世纪，一些学者和外行对这种普遍性提出了质疑，他们认为美的创造和欣赏需要一个发达的或文明的心灵，这在世界许多文化中是不具备的。

除了揭示审美感觉和审美评价的普遍性，人类学家还提醒学界注意到审美在人类生存中的普遍性。人类学家关注社会各成员的日常生活，而非那些文化精英考究的审美实践和优雅的审美经验，从而使我们认识到美在民众生活中如何具有普遍性——不仅包括本书所关注的美的评价问题，还涉及美的创造和使用。因而，人类的视觉外貌，除了面部和身体，还包括发型、服饰，以及对自然形体的其他修饰，皆在日常的基础上进行审美评价；家庭居室和公共空间常被加以美化，日用餐具也会大加修饰或精心设计；美丽的鲜花常用来装饰祭祀先人或神灵的圣坛，当其凋谢之时便被替换；等等。尽管暗示了大量的物品会被生产、使用，并以审美术语进行评判（大多数超出了传统的艺术领域），不过，正是这些日常之美，而非制作精良却不具备共同视觉审美属性的事物，证明了审美在人类生活中是一个多么基本的特征。相比审美的普遍性和对人类的任何综合性研究的理论重要性，对人类审美的学术关注的确非常不足，尤其是从跨文化和跨学科视角的关注，更显其少。

二、人类学方法

将审美解释为普通人日常生活的一个特征，除了其自身独特的表现，还可视为人类学带给美与相关现象研究的一个典型视角。不过，人类学家通过发展出的一套独特方法，同样有助于探讨这一具有民主化倾向的审美。这一方法主要有三大特点，对此在随后章节中有更多探讨。这里对它们与其他学科视角之间的关系做一简要介绍。这一与众不同的人类学的审美研究方法，可以视为对"审美人类学"的第三种解释，另外两种，一是对"审美的人"的综合性研究，二是调查世界上小型社会的审美问题。

人类学家在研究审美问题时所用方法的第一个特点，就是强调经验性数据乃进行深入研究的起点。一旦集中起本书涉及的各种方法，针对视觉偏好和其他审美现象的经验性发现，既可以进行归纳性的概括，更可以做解释性的推理。后者亦包括对这些概括本身的解释性分析。经验性数据尽管在哲学美学中是缺乏的，却是实验心理美学和神经美学的突出特征，它们还是并不多见的社会学美学的组成部分。人类学家力图确立的经验性数据的特征和区别在于，它们是民众关于自身的审美偏好和审美观念的口头报道。正是实地研究的出现，最终使得人类学家能够较好地依赖这种地方性的意见。这种以口头观点为主的方法论，取代了以往根据视觉艺术的表达推测一种文化的审美观念的人类学规则。

田野调查对社会文化语境主义的发展起到了至关重要的作用，我们今天将其视为人类学方法最显著的特点。早在18世纪和19世纪，西方"摇椅上的学者"在研究远方的异域社会时，时或得出一个结论，即文化的某些维度只有依据其他维度（政治和宗教、经济和社会，等等），才能见出其意义。因而这些学者帮助我们认识到，不同的社会文化元素是如何在因果层面上相互关联的。20世纪以来的田野实践强化了这种语境意识，因为人类学家通常会沉浸到陌生的文化中,将其视为一个联系在一起的复杂整体加以研究。将单一的现象整合进更大的社会文化语境之中,进行描述和解释,成为人类学研究的普遍图景。

就审美而言,这种语境意识尤其注重探讨社会文化环境对文化成员的审美偏好的影响。不过,语境主义者的考察亦涉及审美对象的功能、作用和效果,以及在社会文化生活中的评价。宗教领域的一个例子是,美如何用来取悦献媚于上帝、祖先或神灵。在研究审美问题时,人类学家对社会文化语境的强调与其他学科所用的方法明显不同,尽管有人认为社会学家也同样强调语境。

20世纪,文化人类学与地方研究的结合日益紧密,这使得语境主义的重要性变得模糊,不过,早期欧洲的摇椅人类学或民族学研究还有另一个重要特征,即跨文化比较。20世纪前后,对世界各地社会文化现象的比较主要依据的是由非专业人士收集的十分肤浅的数据,基于对这一状况的批判性分析,人类学家将注意力转移到了创建世界各地文化的数据,直至获得足够充分的资料,他们才进行跨文化的比较。此外,随着研究空间转向田野,这种对异域文化语境的持久而高度的介入,使得人类学家越来越强调其他生活方式的独特性。因之,描述一个文化的独特性很快被视为要比进行跨文化比较更具意义。20世纪晚期的一些后现代人类学家甚至宣称,人类的文化差异巨大,对它们进行比较没有理论意义。

尽管如此,文化人类学在今天仍然宣扬自己是唯一提供了对人类文化进行跨文化比较的视野的学科,尽管社会文化现象的系统性比较如今已经很少了。考虑到比较在人类学中的重要地位，人们还应该记住人类学研究总是（至少是含蓄地）涉及人性的一致性和多样性。这种对人类的共同性和差异性的认识，主要就是跨文化比较的产物。

在审美研究中，运用跨文化比较的方法，可以使人们开始关注在对"审美的人"的追问中所提出的一些大问题。因此，根据这一方法处理审美人类学的经验性数据时，人们能够提出哪些视觉偏好是世界各文化中的人们共有的、哪些不是。就后者而言，对不同的审美偏好在其语境中进行跨文化比较，可以揭示一些潜在的模式或重复性的原则，它们在变化的社会文化环境中系统地产生了不同的偏好。

不过，接下来对审美领域所确立的任何普遍性或跨文化的模式所做的解释，最终则会超出对经验性和语境化的数据的跨文化比较本身。因为后一类型的分析，仅仅关注文化层面，而非作为进化生物学的人的更为基本的层面，后者可能最终需要对人所共享的是什么进行更为全面的解释。

对人的生物进化本质的观察，使我们回到人类学作为对人类物种的综合性研究这一宽泛的概念。16世纪德国的人文学者首次使用了"anthropologia"这一概念，指的是对人之为人的所有层面的研究，从解剖学和生理学到社会文化行为，以及人的心灵或精神。事实上，一些学者提出，所有这些层面都是互有关联的，应该进行综合研究——用现在的学术语言来说，这种对人的研究需要一种跨学科的方法。不过，西方传统很快就放弃了这种对人及其研究的整体性观念，认为社会文化现象与人的精神活动是和人的生物机体截然分离的。

不过，对人的整体性研究，又被那些喜欢用生物进化论的方法研究人类心灵和社会文化行为的学者提了出来。这些新近的方法展现出各不相同的形态和侧重点，这反映于它们的各种学科命名上（如进化论心理学、人类行为学、生物文化人类学等）。从我们的视点来看，这些受达尔文主义启发的方法，在试图解释人类情感、思想和行为的普遍共通性时，考虑到了人类共享的进化遗产。当这些相似点在一种浅表的层面呈现自身时，当它们采取了潜在于文化差异之下的重复的形式原则时，它们就会这样做。如此一来，这些生物进化论方法在尝试解释审美领域的任何普遍性规则时，也会证明是有用的。

本书坚持对人的整体性视野，支持对其进行跨学科的研究。"哲学人类学"这一术语有时用于指定这样一个研究领域，它关注"人类的本性"这样的大问题，广泛借鉴各个学科的研究成果。不过，"哲学的"这一修饰词在此具有误导性，因为并不是所有的"哲学人类学"都是跨学科的。

三、阅读本书

本书对人性和美的研究，至少可以从两条不同的路径阅读。对将审美视为人的一个多维面向进行广泛的探究怀有兴趣,并对跨学科研究得出的一些结果感到好奇的读者,可以先从比较综合的第五章开始。纵览该章之后,如果对相关话题产生了兴趣,可以再看之前的章节。第五章内容比较丰富,介绍了三种当代的研究路线,每种都采取了全球性或跨文化的视野。这些研究基于不同的学科背景,侧重于人类审美的某一方面。它们分别关注审美在人类进化史中的起源,审美与相关社会文化语境的系统性关系,以及世界各文化传统中的审美的方法论反思。

其中,最为基本的问题定位于生命科学,考察审美经验以哪种方式基于人类物种的生物进化。这一研究被称为"进化论美学"——连同相关的"神经美学",其将审美经验作为人类大脑的活动——乃是作为人类普遍现象的审美研究的最新进展。

第二类研究属于社会和文化科学,涉及人类学方法的运用:从跨文化比较的视角来考察视觉偏好的经验性和语境化数据。除了确立审美评价的普泛性标准,这类研究还通过探讨具有文化变迁性的视觉偏好与不断变化的社会文化语境之间的系统性关系,以阐明美的概念的文化相对性。

第三条研究路径属于人文学科,探讨审美如何作为一个反思的对象,并分析各文化传统中的系统性思想。这种对审美哲学的跨文化考察,传统上称为"比较美学",如今亦用"跨文化美学"(transcultural aesthetics / intercultural aesthetics),它作为哲学美学的一个分支,促进了全球性的视角。

此外，第五章提出，这三种研究方式可以用多种方式进行关联。例如，进化论思想的解释模式可以很好地用在审美评价的普遍性上，人类学研究表明了这种普遍性的确存在。该章还提出，这些不同的研究路径可以整合到一个包罗甚广的学科中，人类审美的各种维度都可作为其研究对象。该章建议，这一新的跨学科可以称为"世界美学"。这一命名类比了"世界艺术研究"，后者同样宣扬全球性视角和跨学科方法，主要研究视觉艺术，与视觉美学的研究领域有所重合。

第五章所提出的整合性的方法，或可被恰切地称为"审美人类学"(anthropology of aesthetics)，此处的"人类学"指的是对人类的跨学科研究。不过，我在此章有些犹豫使用这一标签，因为在当代西方学术界，尤其是社会科学和人文学科领域，人类学这一术语首先指的是对欧洲之外的当代小型社会的研究。中国的知识传统或许没有如此负累，或许更倾向于接受人类学的词源学意义，即将人作为一个整体进行研究。

除了先读第五章，读者亦可从头开始，逐章翻阅。第一章主要介绍德国学者格罗塞的先驱性工作。在1891年发表的一篇纲要性文章中，格罗塞首次提出了"审美人类学"，既提出了所要研究的问题，亦给出了解决的方法。格罗塞提出的三个基本问题是真正人类学的，因为它们是从将人视为一个整体的视角而提出的：所有人都会经验到审美愉悦，这是人类的一个特征吗？我们应该如何解释对艺术的趣味随时空而不同的事实？人类是何时开始给事物加上审美维度的?

为了回答这些问题,格罗塞建议运用他所说的"民族学方法"(ethnological method)。这一术语反映了当时的德国学界将其与意指体质人类学的"anthropology"所做的区分,"ethnology"指的是对不同时空中的民众或民族的比较研究。格罗塞提出,民族学的跨文化比较方法可以很好地用来对与世界各地的审美偏好有关的经验性数据进行分析。格罗塞的著作完成于专业化的田野调查逐渐引入民族学或文化人类学之前,他对于审美研究中何者构成经验性数据的观念有别于后来的学者。他的方法的经验性基础不是由明确表述的当地观点构成,而是由民众的视觉艺术组成。根据这些视觉艺术,研究者就会推断出这些民众的审美偏好或审美原则。

需要看到,格罗塞的研究方案从来没有被后来的学者所实施,他本人对此亦没有详细说明。几十年后,人类学才开始零星地思考审美问题。在那之前,人类学家似乎没有注意到格罗塞提出的方法论起点。甚至过了一个世纪之后,格罗塞提出的基本问题(尤其是前两个对审美偏好的普遍性和文化多样性的关注)才在人类学界被系统地提了出来,他们用的方法在本质上和格罗塞的一样。我在此提一下我出版于1996年的著作《语境中的美:论美学的人类学方法》。格罗塞的论文更是最近才被发现。人们只能想一想,如果格罗塞的奠基性论文没有湮没无闻,而是引导着19世纪以来的讨论、应用和完善,那么"审美人类学"该是怎样的一种冬景啊。

第二章涉及对审美作为一个学术分析对象的解释。本章阐述了上面所介绍的观念，即从人类学的视角来看，审美是人类生活中无所不在的一部分，这既基于审美创造、使用和评价的宽广对象，亦根据人类生活中频繁发生的各种审美面向。为了论证这一如此宽泛和日常的审美观，该章试图表明，根据世界各地的民族志例证，视觉审美领域远远超出了西方哲学美学传统所关注的绘画与雕塑等精英艺术的生产和无功利反思。

第三章以更多细节解释了审美人类学研究方法的三个特点，对此上文已简要提及。它还涉及了这样一个问题，即为什么人类学家似乎很少研究美和丑的概念问题。为此，该章加了一些更具知识史意义的评论，时间集中在 20 世纪的发展。在该章最后对学术史作了一些梳理，不过绝不是该领域的全部历史。

第四章对人类学家和艺术史家就审美的经验性研究中所发展出来的各种方法做了一个调查和分析，他们主要集中于小型社会的研究。这些方法几乎全部集中于收集与审美偏好和审美观有关的口头评论，包括谚语等口头艺术形式中所表达的观点。在考察审美时，依赖口头艺术有其理论缺点。尤其在分析审美经验时，口头评论只是个体所经历经验的次要的合理化或归纳性的反思。不过，在了解一个社会或文化中民众的审美偏好及其对审美的本质和功能的看法时，口头表达的观点是极有价值的。

第一章 被遗忘的开端：恩斯特·格罗塞与审美人类学的诞生

在学术史上，"人类学"和"美学"这两个概念的结合是相当晚近的事。只是20世纪70年代以来，几位西方学者，主要是人类学家，才开始将这两个概念以一种系统的方式联结在一起。可以想见，当学术先驱将这两个内涵丰富的概念联结到一起时，就注定会出现多元性的结果。不过，大多数学者是将"人类学"视为一种独特的方法，而"美学"则被当作运用人类学视角进行研究的学科。这种研究更多属于在西方社会人类学和文化人类学之下所进行的传统的文化研究。此外，所有这些研究全都强调视觉方面，并且倾向于"美学"（指由各种视觉刺激物所引起的定性经验）和"艺术"（指图像的创作和语境性应用）的合并。[1]

---

[1] 重点参考雅克·马凯的《审美人类学导论》[Jacques J. Maquet, *Introduction to Aesthetic Anthropology*, Malibu: Undena Publications, 1979 (2nd rev. ed.; Orig. 1971)] 和《审美经验：对视觉艺术的人类学透视》(Jacques J. Maquet, *The Aesthetic Experience: An Anthropologist Looks at the Visual Arts*, New Haven: Yale University Press, 1986); Ursula Kubach-Reutter, "Überlegungen zur Ästhetik in der Ethnologie und zur Rolle der Ästhetik bei der Präsentation völkerkundlicher Ausstellungsgegenstände", *Eine Studie zur Museumsethnologie*, Nürnberg: GFP-Verlag, 1985; Sylvia Schomburg-Scherff, *Grundzüge einer Ethnologie der Ästhetik*, Frankfurt: Campus Verlag, 1986; 范丹姆的《语境中的美：美学的人类学方法》(Wilfried Van Damme, *Beauty in Context: Towards an Anthropological Approach to Aesthetics*, Leiden: Brill, 1996);（转下页）

杰里米·库特（Jeremy Coote）和安东尼·谢尔顿（Anthony Shelton）对20世纪末人类学中的这些研究雏形进行了反思，他们在1992年指出"在艺术人类学内部，好像出现了一种'审美人类学'，也可以将之视为艺术人类学的补充"[①]。实际上，他们设想的是"一种未来的审美人类学"[②]，其轮廓还有待确立。这篇文章并没有考察以后的发展情况，它本应关注近来在中国学界出现的"审美人类学"。[③]相反，它建议将人类学和美学之间的明确关联延伸至19世纪末期。

1891年，德国哲学家、民族学家和艺术学家恩斯特·格罗塞（1862—1927）发表了一篇名为《人类学与美学》的文章。在这篇纲领性的论文中，他力图提升这两个领域的多方互动。然而，格罗塞的论文并没有得到后来那些将人类学和美学结合在一起的学者的关注（这一疏忽，更多是由于这篇文章的发表年代与对这一话题重

（接上页）亦可参见乔普林主编《原始社会的艺术和美学：一种批判性的人类学》（Carol F. Jopling ed., *Art and Aesthetics in Primitive Societies: A Critical Anthropology*, New York: Dutton, 1971）；奥登主编《人类学和艺术：跨文化美学读本》（Charlotte M. Otten ed., *Anthropology and Art: Readings in Cross-Cultural Aesthetics*, New York: The Natural History Press, 1971）；库特和谢尔顿主编《人类学、艺术和美学》（Jeremy Coote and Anthony Shelton, eds., *Anthropology, Art and Aesthetics*, Oxford: Clarendon Press, 1992）。

① Jeremy Coote and Anthony Shelton, eds., *Anthropology, Art and Aesthetics*, Oxford: Clarendon Press, 1992, p.7.
② Jeremy Coote and Anthony Shelton, eds., *Anthropology, Art and Aesthetics*, Oxford: Clarendon Press, 1992, p.8.
③ 比如，《柳州师专学报》2008年第3期发表的以"美学与人类学研究"为题目的一组文章。

燃兴趣的间隔已久,而非有意忽视)。[1] 本章将解说并分析格罗塞的原作。首先介绍格罗塞的学术生涯,重点介绍他1891年的文章发表之前的学术形成期;然后讨论他所使用的"人类学"(ethnology)和"美学"两个概念;最后概括格罗塞认为这两个领域在方法论上结合之后,必须处理的美学中的三个基本主题。这三个主题分别关注审美普遍性的可能性、审美偏好的文化相对主义的阐释以及人类审美或审美活动的起源。本章提出,这些观点是从经验的、语境的和跨文化的视角提出的,并且认为,格罗塞是第一个提出应用系统的人类学方法研究美学的学者。

一、恩斯特·格罗塞:学术形成期

恩斯特·格罗塞于1862年出生于普鲁士的施滕达尔县。在当地的文科中学毕业之后,他分别在柏林大学、慕尼黑大学和海德堡大学学习。帕梅拉·埃尔布斯-梅(Pamela Elbs-May)是格罗塞的传记作者,她于1977年写成的硕士学位论文即以格罗塞为题,后来又出版了有关格罗塞生平和事业的著作。根据其书,格罗塞接受了广泛的人文课程教育,最终可被视为一名哲学家。[2] 在格罗塞的

---

[1] 2009年,本人在网上搜索"Ethnologie und Ästhetik"(人类学和美学)时,在Kokorz(2001)的参考文献中发现了格罗塞的文章。
[2] Pamela Elbs-May, "Ernst Grosses Wirken an der Freiburger Universität und seine Museumtätigkeit", in E. Gerhards et al., *Als Freiburg die Welt entdeckte: 100 Jahre Museum für Völkerkunde*, Freiburg: Promo Verlag, 1995, p.173.

著作《艺术的起源》英译本"编者序言"中,译者和编者弗里德里克·斯塔尔(Frederick Starr)注意到格罗塞"学习哲学和自然科学"①,可能依据的是作者本人提供的信息。

不管怎样,从格罗塞的著作中可以明显看到,他知道达尔文的生物学,对诸如实验心理学等新科学兴趣盎然,对其"客观的"而非"推测的"方法尤为赞赏。事实上,在格罗塞的学术形成阶段,自然科学正蒸蒸日上,它所秉持的经验主义和"客观主义"对像格罗塞这样的学者颇具吸引力,并将他们带入人类学这一生机勃勃的领域。这些学者通常有医学背景,其科学态度意味着激烈地反对人文学科的立场。②在某些情况下,摒弃的不仅是人文学科的解释学或阐释学的路径,而且还包括其传统的研究主题。尽管格罗塞接受的是人文学科教育,并且对其主题展示出终生兴趣,但他却是将自然科学的方法视为革新人文学科的人物之一。以此观之,新的科学观应以经验为基础复兴人文学科,从而使其摆脱推测性的特点,并且承担探讨人类文化事务的合法性模式或规律的任务。

格罗塞1887年提交给哈雷大学的博士学位论文的题目"文学科学:目标及方法"(The Science of Literature: Its Goal and Its Procedure),已经明确显示了他对人文主义的话题与系统的科学方法的双重兴趣。用斯塔尔的话说,这一研究试图"表明以自然科

---

① Frederick Starr, "Editor's Preface", in E. Grosse, *The Beginnings of Art*, trans. F. Starr, New York: Appleton, 1897, p.v.
② Andrew Zimmerman, *Anthropology and Antihumanism in Imperial Germany*, Chicago: University of Chicago Press, 2001.

学方法研究诗歌史的必要性和可能性"①。特别要指出，在他的论文中，格罗塞力图为文学成为一门经验性和普遍性规律的学科奠定基础。他提出学者应将文学作品与精神生活、性格，甚至作者的生理状况，以及创作作品时的各种物质与社会文化环境变量进行系统的结合。考虑到这种研究的复杂性，格罗塞建议，在进行更为复杂的个案研究之前，不妨先从最简单的环境中的最简单的文学表现形式（比如一首儿歌歌词）入手。这种研究方法还能更好地考察文学出现以及发展的总体状况。在格罗塞后来有关美学和视觉艺术的著作中，同样使用了类似的自下而上的研究方法。

在博士学位论文中，格罗塞将自己视为"语境"文学研究传统中的一员，这一传统的代表有赫尔德（Herder）、孔多塞（Condorcet）、斯塔尔夫人（Staël）、孔德（Comte）和丹纳（Taine）。这些学者不把文学作品看成艺术创作，而是将之视为"时代和气候"的产物。不过，格罗塞尤其受到了英国哲学家和社会文化进化论者赫伯特·斯宾塞（Herbert Spencer，1820—1903）的著作的影响。具体而言，他相信斯宾塞提出的"进化的伟大法则"能够主宰自然万物，亦可应用到文学上面。②事实上，格罗塞在论文中将自己定位为哲学唯物主义者，在他后来的著作中，这一立场就远不醒目了。

在给弗莱堡大学提交的资格论文中，格罗塞继续对斯宾塞的

---

① Frederick Starr, "Editor's Preface", in E. Grosse, *The Beginnings of Art*, trans. F. Starr, New York: Appleton, 1897, p.v.
② Grosse, *Die Literatur-Wissenschaft, ihr Ziel und ihr Weg*, Halle [Inaugural–Dissertation], 1887, p.35.

"不可知"的概念进行批判性分析。凭借这一研究,他在 1889 年得到了大学任教资格证书,在弗莱堡大学担任无薪老师。格罗塞在 1890 年出版了《赫伯特·斯宾塞的不可知论原则》一书,书中表明斯宾塞的认识论有前后矛盾之处。①

作为任教资格的一部分,格罗塞需要做一次"试验讲座"。埃尔布斯-梅提到,这一讲座名为"人类学对美学的意义"。显然,本文所探讨的文章即以 1889 年的此次讲座为基础。在试验讲座之后,格罗塞的第一次讲座课程便专注于"原始艺术",这使他成为目前为止在欧洲或其他地区讲授此一课程的第一人。

格罗塞在他的"文学科学"中,只是间接地提到了人类学,尽管这一研究具有原则性的普遍视野,不过他在随后的年代里,对这一处于发展中的领域更为通晓。格罗塞似乎尤为熟知同时代的盎格鲁—撒克逊进化论人类学(他的著作和斯宾塞之间的联系似乎是可信的)。例如,他在 1891 年的论文末尾亲切地提到了进化论学派的代表人物摩尔根(Morgan)、卢伯克(Lubbock)和泰勒(Tailor)。

埃尔布斯-梅指出,没有证据表明格罗塞上过人类学的课。不过她认为,他可能是在柏林跟随阿道夫·巴斯蒂安(Adolf Bastian,1826—1905)学过人类学,因为他曾为这位德国人类学领

---

① 詹姆斯·伊沃拉奇(James Iverach, "Review of Grosse's 'Herbert Spencer's Lehre von dem Unerkennbaren'", *The Critical Review of Theological and Philosophical Literature*, Vol.1, 1891, pp.97-101)对该书的评论中,赞扬了格罗塞所做的明晰而公正的分析以及尖锐的批评。

军人物的"纪念文集"①出过一份力。②格罗塞在著作中的确没有引用过巴斯蒂安的观点，不过很明显，他所使用的人类学概念与这位柏林学者多有相同之处。事实上，在 H. 格林·潘妮的评价中，"在19 世纪 80 年代早期，巴斯蒂安的人类学视野已被德国学者广泛接受"③。基于亚历山大·冯·洪堡（Alexander von Humboldt, 1769—1859）的世界主义视角和自然科学方法，巴斯蒂安将人类学提升为一种非推测性的比较科学，它研究全世界的文化，运用经验归纳法探究人类本质。格罗塞的人类学工作具有类似的世界主义和科学态度。不过，格罗塞的盎格鲁—撒克逊进化论视角却遭到越来越多的批评，这迥异于巴斯蒂安和他的绝大多数德国同人，巴斯蒂安对于文化多样性问题，坚持一种历史特殊论的方法。④

考虑到学生时代的格罗塞对人类学的任何兴趣的参考资料的基

---

① E. Grosse, "Über den Ethnologischen Unterricht", in *Festschrift für Adolf Bastian zu seinem 70*, Geburtstage, 1896, pp. 598–604.
② Pamela Elbs-May, "Ernst Grosses Wirken an der Freiburger Universität und seine Museumtätigkeit", in E. Gerhards et al., *Als Freiburg die Welt entdeckte: 100 Jahre Museum für Völkerkunde*, Freiburg: Promo Verlag, 1995, p.173.
③ H. Glenn Penny, "Bastian's Museum: On the Limits of Empiricism and the Transformation of German Ethnology", in H. G. Penny and M. Bunzl, eds., *Worldly Provincialism: German Anthropology in the Age of Empire*, Ann Arbor: University of Michigan Press, 2003, p.101.
④ 潘妮在《文化的对象：帝制德国时期的民族志和民族志博物馆》（H. Glenn Penny, *Objects of Culture: Ethnology and Ethnographic Museums in Imperial Germany*, Chapel Hill: University of North Carolina Press, 2002, pp.17-29）中对巴斯蒂安的观点进行了简洁阐释。亦可参见 Chevron, *Anpassung und Entwicklung in Evolution und Kulturwandel. Erkenntnisse aus der Wissenschaftsgeschichte für die Forschung der Gegenwart und eine Erinnerung an das Werk A. Bastians*, Wien: Lit Verlag, 2004; Fischer, Bolz and Kamel, *Adolf Bastian and His Universal Archive of Humanity: The Origins of German Anthropology*, Hildesheim: Georg Olms Verlag, 2007。

本匮乏,埃尔布斯-梅提出,哲学家阿洛伊斯·里尔(Alois Riehl, 1844—1924)很可能影响到了他对于人类学主题的关注。里尔是一位实证主义者,1882年至1896年任弗莱堡大学的哲学教授,经常讲授人类学课,那一时期,格罗塞亦在此担任教职。[①]

格罗塞对于人类学的兴趣亦可从他的著作《家庭形态与经济形态》中见出。在该书导论中,他声称知识的积累尚不允许写一部非推测性的"家庭发展史"。实际上,他批判了进化论学者路易斯·H. 摩尔根(1818—1881)在1877年出版的《古代社会》,批评它持有的简单的线性发展观,以及缺乏经验性的例证。格罗塞建议代之以集中于建立家庭组织方式和经济组织类型的常见关系。他以世界各地的各种社会为基础,认为这种关系不仅存在,而且在每个案例中所观察到的家族形式皆是最适合于当地的经济条件和需要的。在他1887年的论文中,已经明显地体现出了"语境的结构主义"方法,这篇专题论文又展示了格罗塞的文化研究所具有的"功能主义"倾向,此乃斯宾塞的另一特点。

格罗塞为何会有兴趣将艺术和美学作为人类学调查的主题?十分有趣的是,我们发现,弗莱堡大学从1860年开始进行了一项人类学收藏。格罗塞早在15岁看到橱窗里的日本物品之后,就一直对日本艺术充满兴趣,他在1889年成为弗莱堡大学人类学博物馆

[①] Pamela Elbs-May, "Ernst Grosses Wirken an der Freiburger Universität und seine Museumtätigkeit", in E. Gerhards et al., *Als Freiburg die Welt endeckte*: *100 Jahre Museum für Völkerkunde*, Freiburg: Promo Verlag, 1995, p.174.

的荣誉馆长。

1894年,格罗塞荣膺弗莱堡大学哲学和人类学杰出教授之职。有段时间,柏林大学想聘请他为该校的人类学家,尽管直至1926年格罗塞方才获得弗莱堡大学全职教授的职位,他还是一直待在了弗莱堡,并于1927年终老于此。不过,他的教学亦有所中断,第一次是游历欧洲,接着是在1907年至1913年长期待在日本和中国。1900年,他以弗莱堡大学的艺术理论讲座为基础,出版了《艺术科学研究》(*Kunstwissenschaftliche Studien*)一书。在格罗塞逗留"远东"之后,他的研究重点放在了东亚艺术上(比如,于1922年对东亚传统绘画的研究)。

格罗塞最著名的著作当为《艺术的起源》,该书出版于1894年,被翻译成了数种语言。[1]很偶然的是,在此书中,他从未提及1891年的论文,这或许是该论文为人所忽视的一个原因。艺术史家和知识分子史研究者乌利希·普菲斯特雷尔(Ulrich Pfisterer)最近对格罗塞的著作重燃兴趣,认为该书乃是"一部极为杰出的成果"。在对1900年左右德语世界的艺术研究的新发展的分析中,普菲斯特雷尔观察到,格罗塞的书名产生了一些误导。事实上,格罗塞的著作并不像同时代的许多著作一样以进化论的术语探讨"装饰"的起源,该书"实际上……尝试以一种严格的客观而科学的方

---

[1] 除了上面提到的英文版(1898、1899、1900、1914、1928年重印),该书还有俄文版(1899)、法文版(1902)、西班牙文版(1906)、日文版(1921)和中文版(1937年版,1984年再版)。

法为基础,更新艺术学学科",格罗塞的努力包括跨越时空的全球性视角以及跨学科的研究方法。

对格罗塞1894年的著作的简单描述,已然表明书中某些观点与他三年前发表的美学论文有相同之处。不过,除了"客观科学"所可能具有的冷静与理性,我们还应加上一位青年学者的激情,他一腔热忱地为美学研究寻求并促成新机遇。在他关于艺术的著作中,格罗塞回到了论文中的几个主题。不过,两部文献的侧重点并不相同,一个是将艺术学作为主要概念,另一个探讨的是美学,尽管这两个概念之间并非泾渭分明。格罗塞的著作无疑值得在观念史的语境中加以细读。前两章详细的导读从知识史的角度颇有助益,某种程度上因为它们与当代艺术研究中的重要内容——全球性和跨学科——相提并论。此外,有人或许希望将格罗塞的著作作为弗朗兹·博厄斯1927年出版的《原始艺术》的样板来加以考察。不过,本书主要聚焦于1891年的论文,这篇文章不仅提出了与美学相关的一些观点,而且对人类学的观念多有理论性的强调。

二、作为对跨越不同时空的民族进行比较研究的人类学

事实上,我们期望能从19世纪末期的一篇意图关联着"人类学"和"美学"的论文中得到什么,尤其是,结果表明,它以人类学的眼光来探讨美学?从当代英语世界的视角来看,人们可能会注意到格罗塞没有使用"anthropologie"这一术语。对他以及绝大多

数同时代的人来说，这一术语指的是体质人类学，关乎不同人种的观念，他对这一话题并不感兴趣。格罗塞间或会使用"Race"（民族）这一大众用语，不过他没有将民族的概念作为一种解释性的科学工具而对其附加上任何重要意义。相反，他强调人类的生物一致性，其成员共享着心理能力，这种观点符合巴斯蒂安进行探索并为社会文化进化论者所坚持的"人类心理一致性"。

格罗塞的确倾向于将世界文化分成几种类型，大致与同时代进化论者的分类一致，即假设人类文化经历了从"野蛮"到"文明"的进程，不过，他的分类是基于相互关联的生态、经济和社会文化因素，而非种族特征。以上简略提及的格罗塞思想的这一维度，破除了19世纪末德国人类学界被种族观念所笼罩的简单老套的观点。事实上，人们正在努力纠正这种偏颇之见，同样具有误导性的观点是认为彼时的德国人类学研究主要出于殖民的考量（据称，它毋宁说是受到巴斯蒂安的世界主义和科学观的影响）。[1]

根据克拉尔（Adam František Kollár）1783年的定义，人类学（ehtnology, Völkerkunde, Ethnologia）这一概念出现于18世纪末的著述中，指的是一种描述性和历史性的关于"民族的科学"。通常认为，在19世纪中叶的德语世界，随着人类学学会和人类学博物馆的建立，人类学发展壮大，并成为一门独立学科。不过，直到

---

[1] Matti Bunzl and H. Glenn Penny, "Introduction: Rethinking German Anthropology, Colonialism,and Race", in H. G. Penny and M. Bunzl, eds., *Worldly Provincialism: German Anthropology in the Age of Empire*, Ann Arbor: University of Michigan Press, 2003, pp. 1–30.

19世纪末20世纪初,大学里面才设置了人类学教席。格罗塞1891年的文章表明了知识界的兴奋之情,即在世纪之交的学界出现的人类学愿意采用一种世界主义的视角。

对格罗塞而言,人类学就其最抽象的意义来说,指的是对世界各种"民族"进行比较研究,每个民族都要在其环境和社会文化的维度上进行总体性的研究。在格罗塞1891年的文章中,他概要性地回顾了应用"人类学方法"研究艺术理论问题的学者,于此可以清楚地看出人类学的跨文化比较和广泛的语境研究的特点。①关于格罗塞富有启发性的知识史实践,即聚焦于艺术而非美学的研究,本人已有专文论述。②此处提一下他所涉及的学者足矣,他们是杜博[Jean-Baptiste(L'Abbé)Dubos,1670—1742]、赫尔德(Johann Gottfried Herder,1744—1803)和丹纳(Hippolyte Taine,1828—1893)。格罗塞指出,这些学者全都运用了一种跨文化的比较视角,尽管尚处于萌芽时期,但突出了不同民族的艺术的差异。然后更显拙稚的是,他们试图引用诸如"气候"等环境或语境因素(杜博、赫尔德、丹纳),以及"当地风俗和精神"的混合(赫尔德、丹纳)去解释这些差异。

这些初步的讨论表明,格罗塞以一种真正的全球性的跨越不同时空的观念来进行跨文化比较。他的观察囊括了欧洲诸民族(实际

---

① Ernst Grosse, "Ethnologie und Aesthetik", *Vierteljahrsschrift für Wissenschaftliche Philosophie*, Vol.15, No.4, 1891, pp.393-396.
② Wilfried van Damme, "Ernst Grosse and the 'Ethnological Method' in Art Theory", *Philosophy and Literature*, Vol.34, No.2, 2010, pp. 302-312.

上，丹纳将他的比较限定于欧洲），关注过去与现在的文化（比如，杜博谈及的"墨西哥人"）。对格罗塞来说，人类学的比较视野就不仅仅限定于他所称的全世界的"欠发达民族"或"处于文化低级阶段的民族"。尽管如此，他将这些民族视为最后的"人类学宝藏"，并且指出早期的文化比较研究者或是忽视（杜博、丹纳）或是低估（赫尔德）了他们的艺术和文化。格罗塞宣称，更为糟糕的是，在他所处的时代，人们对它们依然视而不见。他声称，尽管人文学科的所有其他分支都成功地融合了人类学最有趣的材料，而"美学"却顽固地拒绝考察这些材料。[1]

三、作为研究艺术的情感特质的美学

在1891年的文章中，格罗塞在两种相互关联的意义上使用"美学"（aesthetik）这一术语。他对这一概念做了一个定义。他写道："美学是对发生于内部和外部经验世界的审美感受和审美活动的研究。"[2] 他在康德和斯宾塞意义上解释审美感受，指出审美感受是快乐和不快的感觉，它和其他感受的区别在于不假外求。他意在指出，审美感受不是由任何观念或功能的考量引发的，一个物件只凭其形式本身即能引起美感。审美活动是那些能够直接或伴生审美

---

[1] Ernst Grosse, "Ethnologie und Aesthetik", *Vierteljahrsschrift für Wissenschaftliche Philosophie*, Vol.15, No.4, 1891, p.392.

[2] Ernst Grosse, "Ethnologie und Aesthetik", *Vierteljahrsschrift für Wissenschaftliche Philosophie*, Vol.15, No.4, 1891, p.398.

感受的活动，这些活动首先在艺术品中显现出来。"美学的目标，就是考察审美感受和审美活动的本质、条件和发展。"①

格罗塞亦在相当不同的意义上使用"美学"，将其作为艺术研究的理论之维，虽然艺术的地位被设想为首先是例示并激发审美感受。在文章末尾可以看到这样一个例子，在格罗塞讨论"艺术和文化"的关系的段落中，将其视为艺术学的首要课题。他提出"美学"应该指导这一领域的研究，识别并敏锐地提出问题，让它们引起学术界的注意，并提出解决问题的方法。在后来的著作中，他使用"艺术哲学"这一术语表示给艺术研究提供理论指导的研究领域。

自从鲍姆嘉通（Alexander Baumgarten，1714—1762）在18世纪中叶提出"美学"（aesthetica）这一概念以来，"美学"实际上被赋予了多样性的意义。对鲍姆嘉通来说，美学之意义相当不同，属于对感性认识的研究。康德采纳了这一认识论，不过在他的后期著作中，美学指的是对优美和崇高的研究，而不限于或不再主要是对艺术的研究。黑格尔将美学等同于"艺术哲学"，这种解释尤其使与艺术有关的理论问题被纳入"美学"名下。格罗塞1891年的文章中对美学的第二种用法同样体现出了这种倾向。

尽管格罗塞对美学的明确界定突出了"审美感受"和"审美活动"，但他的文章只是间接地提及了这两个方面。相反，他将重点

---

① Ernst Grosse, "Ethnologie und Aesthetik", *Vierteljahrsschrift für Wissenschaftliche Philosophie*, Vol.15, No.4, 1891, p.398.

放到了"审美产品",即能够体现和激起审美感受的物品上面。生产和使用这些物品的人的审美偏好,便可通过这些人工制品的视觉特性推断出来。考虑到格罗塞在具体时空中的跨文化视角,这种方法论立场意味着他将审美情感和以一种特定的媒介表达审美情感的能力视为人类的共性。事实上,格罗塞假定存在全人类的审美需要以及普遍的艺术冲动,从而产生了绘画、雕塑和装饰,以及歌曲、舞蹈和诗歌。此外,他始终如一地将这些人类表现方式视为艺术(kunst),而不管它们产生的时间和空间如何。尽管在这种语境中对"艺术"的应用被当代某些人嘲讽为一种西方概念帝国主义,不过将之看作具有解放价值显得更为恰当,它表明认识到了生产者的完满人性,并且尊重他们的表现能力(实际上,在涉及欧洲之外的文化时,人们亦反对使用"艺术"这一术语,常常谴责19世纪的西方学者未能认识到这些文化中的表现性作品的艺术性或审美性。从中亦可见到同样的批判态度)。

通过强调人们可以形象化地考察被认定为艺术的对象,以便确立当地的审美偏好,格罗塞的方法明显有别于20世纪下半叶的实证研究所采用的认识论和方法论,为20世纪末新生的"审美人类学"(anthropology of aesthetics)提供了基本材料。因为这些研究不是集中于艺术或审美对象本身,而是文化成员对这些对象的描述性的可评估的反应。[1]

---

[1] 参见本书第四章对人类学探讨审美偏好的认识论和方法论的分析。

不过，格罗塞对人工制品的强调与当时的人类学是完全同步的。以新出现的人类学博物馆为主要基础，人类学倾向于将对人工制品的研究作为人类研究的"客观"方法。这一方面最为杰出的代表是巴斯蒂安，他在1868—1873年创立了柏林人类学博物馆，他将博物馆的藏品作为一个实验室，通过各文化生产的物品来对其进行考察。[①]巴斯蒂安将这些物品视为"民众观念的化身"，甚至一个民族的"民众心灵"的"唯一印记"[②]，如此一来，就赋予了这些物品在文化研究中的特殊地位。巴斯蒂安将人工制品作为研究的起点，格罗塞认同这一认识论的价值，尽管两位学者都同意物品需要在其所生产的文化之中进行考察。

和人类学一样，格罗塞将"美学"首先视为一种科学。因此，他强烈反对浪漫主义时期美学的思辨化，而拥护以科学精神为特点的发展取向。事实上，他反对的是从18世纪末盛行起来的哲学美学，格罗塞发展出了实证的方法。他激烈反对浪漫主义时期的"思辨的混乱"，对这些美学家的工作予以特别批判。这些浪漫主义美学家完全无视杜博和赫尔德所探索的实证的和跨文化的研究方法，陶醉于"对艺术本质的神秘幻想"，只关注欧洲艺术中的经典个案。

---

① cf. H. Glenn Penny, *Objects of Culture: Ethnology and Ethnographic Museums in Imperial Germany*, Chapel Hill: University of North Carolina Press, 2002, especial Chapter 1; M. Fischer, P. Bolz, and S. Kamel, eds., *Adolf Bastian and His Universal Archive of Humanity*: *The Origins of German Anthropology*, Hildesheim: Georg Olms Verlag, 2007.
② Paola Ivanov, "Bastian and Collecting Activities in Africa During the 19th and Early 20th Centuries", in M. Fischer, P. Bolz, and S. Kamel, eds., *Adolf Bastian and His Universal Archive of Humanity*: *The Origins of German Anthropology*, Hildesheim: Georg Olms Verlag, 2007, p.238f.

格罗塞强烈谴责这些思辨性的倾向，他声称："美学家的言辞从未像这一时期如此完美，也从未如此空洞。如果说这些混乱和空洞的概念式幻想能被称之为科学的话，那么从所有方面来看，它都是美学科学最为贫乏的时期。"[1]

思辨美学在19世纪继续大行其道，格罗塞提到在他所处的时代还能明显感受到。不过同时，新方法得以发展，将美学视为一门科学的观念受到认真对待。格罗塞感到，作为自然科学复兴的一部分，美学在重整旗鼓，自然科学的从业者亦开始探讨美学问题。其中，他提到了费希纳（Gustav Fechner，1801—1887）所做的贡献，他的《基础美学》（*Vorschule der Ästhetik*）出版于1876年，该书对审美评价进行了实验研究。在该书著名的章节中，费希纳提出需要发展自下而上的美学，反对自上而下的美学。格罗塞对这种新的经验美学表示欢迎，他认为它所探讨的问题相比思辨美学要谦逊适度得多。不过"现代美学"提出的问题至少是可以解决的。这阐明了格罗塞的工作所体现的根本性的方法论。科学必须从简单出发，渐至复杂；如果它连相对简单的问题都没有解决，那么它就不能进行更为复杂的问题。

不过，格罗塞认为，即使是经验美学也没有将人类学提供的数据考虑在内。格罗塞对费希纳的《基础美学》的讨论可以表明他的批评态度。费希纳考察了各种长方形所带给人们的视觉愉悦程

---

[1] Ernst Grosse, "Ethnologie und Aesthetik", *Vierteljahrsschrift für Wissenschaftliche Philosophie*, Vol.15, No.4, 1891, p.396.

度。为了达此目的,他采用了他提出的实验美学的三种方法之一,即应用的方法(另两种方法,为选择的方法和生产的方法,下文将简略提及)。应用的方法考察的是艺术品和其他物品,"假定在这些物品中所发现的最为常见的特征,将会得到使用这些物品的社会成员最为广泛的接受"[1]。费希纳测量了日常使用的各种长方形物体的长宽比,比如画框、书籍和桌子。他得出结论,这些长方形物体的比例通常符合著名的黄金分割,其长久以来被视为具有特别的审美价值。

格罗塞赞扬费希纳认识到美学科学的研究需要从最简单的层次开始着手,不过他怀疑费希纳的结论是否具有普遍有效性。因为费希纳的实验限定于"西欧文化范围之内",那些物品恐怕意在迎合西欧人的趣味。格罗塞提到,费希纳只要量量日本人的立轴画就足以发现,并不是所有文化都会使用黄金分割率。格罗塞注意到费希纳从来没有提出实验研究应该关注欧洲以外的文化,他和其他人也从来没有计划,遑论执行一项囊括全世界所有民族的"审美产品"的研究。格罗塞声称,这种比较研究显然是大有必要的,以免落入仅靠世界上的一个或若干案例即得出普遍理论的陷阱。其中所透露出的信息很是明显了,也就是说,即便是"现代美学",同样需要人类学提供支持。

---

[1] Daniel E. Berlyne, *Aesthetics and Psychobiology*, New York: Appleton-Century-Crofts, 1971, p.11.

四、以人类学方法研究美学：三个主题

我们回到美学，格罗塞认为只有以一种系统的跨文化的比较方法来看待人类学数据，美学问题才能得到正确解决。可以看到，在他的文章的下半部分有三个基本的主题。

第一个主题关注的是如今所称的"审美普遍性"问题。格罗塞一度提出，总有一天，人们只能面对对艺术或审美对象的人类学研究成果进行思考。他认为这点非常清楚，人类学的研究成果，并且只有这些成果，才能使人们最终解决"时常徒劳地重复的老问题"，即美学中是否有普遍性的问题。"普遍有效性，审美感觉的客观条件"指的是审美对象的性质对人类具有普遍的吸引力。此前格罗塞曾表示要提防实验美学研究所得出的"普遍化"的危险，因为其只适合于欧洲，或依据的只是世界上的几个案例，不过，他补充说不应排除审美普遍性的存在。

按照费希纳的应用方法，跨文化比较研究需要在美学中建立其普遍性，应该将其"经验数据"所涉及的人工制品假定为体现了当地人的偏好。然后，对这些物品的视觉特征的深入分析应该能够导向关于其创作时的审美原则的确立。除了认识论，很显然，这种研究方式提出了一些严重的方法论问题。至少有两点需要注意。第一，人们如何确定某一文化中的物品旨在引起审美愉悦？第二，如果这个问题能够顺利解决，那么，物品的哪些性质能够产生审美效果？格罗塞意识到了这些方法论的问题。

如果只是由于这个原因，值得注意的是，他从来没有考虑费希纳为"人类学美学"提供的其他两种方法，即选择的方法和生产的方法。这两种方法分别集中于人们传达审美偏好，以及指导他们创作能够引起愉悦情感的作品的原则。格罗塞提出的方法论聚焦于从一种文化的艺术形式中推导出审美偏好，这使我们想起人类学收藏在19世纪晚期德国人类学中所扮演的角色。格罗塞提出的探讨审美普遍性的研究方法，尽管有疑问甚或成问题，但从原则上说，可以被一名在拥有世界各地的各种丰富藏品的博物馆工作的耐心的研究者所执行。① 此外，这种方法允许格罗塞在一种真正的穿越时空的全球意义上研究审美偏好，包括那些依赖于人们所描述的观点实际上不切实际或不可能的情况。并且，他很可能会认为这些观点要比他所提议的具有"客观性"的研究工作更加缺少科学性。②

不过，使格罗塞更为兴奋的不是审美普遍性的确立，而是人类学的视角揭示了所谓某种审美原则的普遍有效性是错误的。在指出日本立轴的边长并不遵循黄金分割率之后，他给读者提供了一个更为刺激的例子。格罗塞写道，欧洲装饰艺术以对称为特征，从这一现象可以得出结论，对称要比非对称更受人青睐。然而，他声称，在日本，恰恰是非对称成为当地装饰风格的主导原则。尽管在《艺

---

① 亦参见格罗塞《艺术的起源》第148页以后，他本人开了个头，包括分析已经出版的样本。
② 亦可参见齐默尔曼《帝制德国的人类学和反人道主义》(Andrew Zimmerman, *Anthropology and Antihumanism in Imperial Germany,* Chicago: University of Chicago Press, 2001)，他认为19世纪德国人类学的口头或书面资料并不值得信任，应将其当作阐释性的东西而非客观现实。

术的起源》的一个脚注中，他的观点有所缓和，在1891年的论文中他补充说："这一事实即可证明人类学方法对美学的价值要比其他任何理论探索更为优越。"①

人类学提供给美学的第二个主题是"审美相对主义"或"美学中的文化相对主义"。格罗塞没有使用这样的术语，不过他在文章中用了"趣味的民族差异"②的表述。不过，在介绍"民族趣味"时，格罗塞的兴趣发生了某些转移。从对假定的遵守审美原则（比如对称或非对称）的文化变动的探讨中，他继续思考对于给定的艺术形式或艺术风格的偏爱，以及伴生的杰出类型中所体现的文化差异。格罗塞想到的是他视为"长期形成和普遍接受"的一般规律。因而，德国人被说成偏爱音乐，而法国人则更喜欢形式和色彩，所以对绘画和雕塑情有独钟。格罗塞给人的感觉是，仅仅根据某个社会流行的艺术形式或艺术风格，即可推断出对于这种艺术形式或艺术风格的共同的文化偏好。

在谈论审美偏好的文化差异时，格罗塞还增加了历史的维度。这种"历时性的审美相对主义"的考量不仅强化了他的观点，而且进一步强调了他的跨越时间和空间的综合性的比较视野。格罗塞援引的例子出自过去的欧洲，它们并不从文化的角度关注对独特的艺术形式或艺术风格的相对偏好，看重的是特定的艺术领域内的趣味

---

① Ernst Grosse, "Ethnologie und Aesthetik", *Vierteljahrsschrift für Wissenschaftliche Philosophie*, Vol.15, No.4, 1891, p.402.
② Ernst Grosse, "Ethnologie und Aesthetik", *Vierteljahrsschrift für Wissenschaftliche Philosophie*, Vol.15, No.4, 1891, p.405.

的文化变迁。格罗塞指出,欧洲音乐、绘画、建筑和文学的历史足以表明,各个领域中的审美偏好会随着时间发生变迁。因而,格罗塞根据费希纳列举的一个例子,从中看到了欧洲音乐欣赏的转变。11世纪作曲家圭多·阿雷佐(Guido of Arezzo)所调度的和音关系对于当时的听众来说一定是悦耳美妙的,然而今天的听众却觉得颇为刺耳和难受。类似地,在视觉艺术中,形式和色彩亦有相当的变化,例如,从文艺复兴到洛可可到帝国风格——"在数百年间"可以看到明显的差异。如格罗塞的结论所示,尽管他的历史性讨论没有对欧洲内部的地域传统加以区分,不过"民族趣味总是处于不断的变迁之中"[1]。

在确定不同民族和不同时代的审美偏好存在各种差异之后,格罗塞提出,从逻辑上说,下一步该是如何解释它们了。他指出,究竟何种因素决定了一个民族的艺术趣味的问题已被提出好多次了,但是给出的答案皆不能令人满意。它们太过空泛肤浅,仅仅以无比模糊的术语提到环境和文化因素的影响。格罗塞认为,这种情形尽管令人失望,不过他并不感到奇怪。不仅因为这一问题着实困难,而且尝试回答时就要重点探讨欧洲文化,这意味着文化环境通常极为复杂,即使最聪明的研究者也会感到困惑。所以,他建议学者首先应将注意力转向在原始民族中所发现的"相对简单的条件"上面。对"即使是最野蛮的民族的趣味"进行解释亦非易事,不过他

---

[1] Ernst Grosse, "Ethnologie und Aesthetik", *Vierteljahrsschrift für Wissenschaftliche Philosophie*, Vol.15, No.4, 1891, p.406.

认为,当野蛮民族的诸方面条件更为清楚易懂时,研究起来要比文明民族容易一些。只有当这些比较简单的案例解决之后,美学才有可能转移到有着更为复杂环境的"民族趣味"研究上来。

通过将关注重心转到当地语境,格罗塞更加鲜明地贯穿了他的"取消种族隔离"的观点,提出对美学中的文化相对主义采取某种语境方法。为了理解格罗塞心中形成的这一特别的研究方法,我们有必要注意,格罗塞在文章后面不是考察趣味的语境,而是在一种既定的媒介中所表现出的艺术天才具有文化上的变迁性的观念。在对何种原因造成了澳大利亚土著绘画具有特殊品质的初步分析中,格罗塞提出了用今天的术语可以称之为"人类行为生态学"的方法。这种方法尤为关注自然环境和气候对当地物质生存条件的影响,它们继而会影响到社会所关心的个人技能,其中就包括艺术创作的技能。

简而言之,格罗塞提出由于自然环境不适合发展农业,澳大利亚土著被迫依靠狩猎和采集为生。为了更好地搜寻和捕获猎物,男性猎人发展出了敏锐的视觉和良好的视觉记忆能力(以追踪野兽),同时也培养出了矫健而协调的运动能力(以投掷飞去来器和长矛)。这些高度发达的视觉和运动技能也在精良的绘画创作中得到了发展。[1]

不过,格罗塞给出的"发展的"方法论处方让人惊讶之处是,

---

[1] Ernst Grosse, "Ethnologie und Aesthetik", *Vierteljahrsschrift für Wissenschaftliche Philosophie*, Vol.15, No.4, 1891, pp.409-412.

他并不认为遵循这种方法,人们终有一天就会找到答案,至少是信心不足,比如说清楚"荷兰的绘画天才产生"的原因。①

格罗塞认为,借助人类学的帮助,美学这一学科可以提出的第三个也是最后一个主题是"艺术的发展史"。事实上他声称,没有其他美学问题比"艺术活动的起源"更需要将人类学数据纳入考察之列。②如果有人像格罗塞那样倾向于将"艺术活动"等同于"审美活动",那么就要注意前面述及的他的一个观点,起源和进化的问题要遵从他的约定,即美学的任务是"考察审美感觉和审美活动的本质、条件和发展"。格罗塞对人类的艺术或审美行为本身所谈甚少,而是将重点放在了从人类学提供的数据探讨艺术或审美行为。

为了推进以人类学的方法探讨艺术的起源,格罗塞大张旗鼓地宣称"历史的方法"只会将我们带回到第一件作品诞生的年代。正如格罗塞时代的考古发现所示,那显然不是最早的艺术品所出现的时期,因为考古发现的早期艺术品乃为旧石器时代的,这点非常清楚。③不过格罗塞发现诉诸史前史和考古学来研究起源问题并无助益,因为考古学并不能提供艺术品所揭露出的文化环境。

相反,人类学可能会提供给我们大量的语境细节。学者可以借

---

① Ernst Grosse, "Ethnologie und Aesthetik", *Vierteljahrsschrift für Wissenschaftliche Philosophie*, Vol.15, No.4, 1891, p.412.
② Ernst Grosse, "Ethnologie und Aesthetik", *Vierteljahrsschrift für Wissenschaftliche Philosophie*, Vol.15, No.4, 1891, p.413.
③ 参见普菲斯特雷尔(Pfisterer)对当代学术著作以及常见的科学文献对19世纪晚期考古发现的旧石器时代的欧洲艺术品的讨论所作的广泛而深入的评价。

"艺术和文化"之间的关系进行系统性的研究，而格罗塞认为这种关系对于理解任何艺术形式都是极为重要的。如果我们考虑到格罗塞在此采用了古典进化论学派的观点，那么就很容易理解当代人类学研究对于考察艺术的起源问题的意义。格罗塞赞同当时英国的学术氛围，并不认同德国人类学，他声称当今生活于人类过去的各个阶段的野蛮民族能够为当下提供很好的借镜。在这些代表了人类阶段性的文化发展的"活化石"中，当代狩猎民族，比如澳大利亚土著民族，具有独特的地位。据称他们生活于最为简单的经济和社会条件之中，能够为人类文化的开端提供一个窗口，最初的艺术亦是如此。这就是格罗塞在1894年出版的《艺术的起源》一书中所探讨的主题。

小 结

格罗塞1891年的论文的主要贡献，在于提出了人类学能够并且应该为美学中的问题提供解决之道。美学主要被视为一个理论研究领域，研究者阐述相关问题，并提出一套方法论。在格罗塞看来，美学首先关注的是"审美感觉"，尤其是以艺术作品表达出的审美感觉，以及我们在艺术品中所体验到的审美感觉。与艺术相关的主题也可能就是美学的主题，比如，人们认为，不同的文化和不同的时期具有不同的艺术成就。格罗塞看到欧洲对于"艺术和美"的反思有一个理论传统，但是他质疑18世纪末以来形成的"美学"。他特别批判其所关注的问题相当具有局限性（美学是"欧洲中心主义的"），以非经验性的方法论解答这些问题（美学被作为思辨哲学的一个分支）。当时的经验美学本有可能克服后一弊端，然后其后来的发展仍然缺乏欧洲之外的维度。

格罗塞相信，如果美学转向人类学，那么这种情形总的来说就会得到纠正。通过吸收人类学的数据和方法，对艺术的情感性的研究就能超越其过时的欧洲中心论，放弃无价值的思辨特点，从而更接近自然科学的精神。为了成为一门特有的科学，美学应该像人类学一样，以一种全球性的跨越时空的视野形成基本的问题域。为了回答这些问题，它需要依赖于经验数据，其中即包括人类学提供的数据。在对调查中相关现象的明显差异进行解释时，与人类学对语境的强调相一致，科学的美学需要考虑这一现象及其所发生的环境之间的系统关联所提供的解释性价值。

在格罗塞看来，科学的另一特点，就是在研究复杂的问题之前需要先研究相对简单的问题。在美学研究中，无论是欧洲还是欧洲之外的美学，都可以先研究日常使用的简单的器物的审美价值，而非直接面对复杂的艺术品。不过，在问及与艺术品或审美对象与它们的文化环境之间的关系相关的语境性问题时，格罗塞认为最好先从人类学研究的某些社会中的一些简单的条件入手。

总体上感觉，在格罗塞的研究中，他认为人类学应该作为美学的辅助科学。考虑到美学在格罗塞论文中的突出地位，这篇文章叫作《美学与人类学》而非《人类学与美学》或许更为合适。不过，我们还可作出阐释，格罗塞的最终建议是，在成为一门更具科学性的学科的过程中，美学应以人类学为楷模，以经验为基础，以语境为导向，进行跨文化的比较研究。从这个角度说，这篇文章的题目《人类学与美学》就获得了一种新的意义，它强调了人类学对于美学学科的引导作用。

不管怎样，格罗塞之后的美学家并没有诉诸人类学数据，更别说以人类学的视野、方法和路径去研究美学了。作为一门学科，20世纪的美学首先并且主要仍为哲学美学。研究人员对他们归纳出的艺术和经验进行反思，通常不考虑非西方文化，也不考虑更为经验性的学科所提供的数据。[1] 有些研究者追随费希纳的脚步，在心理学领域最终发展出了经验美学或实验美学，不过几乎没有体现出格罗塞所倡导的跨文化的原则。

至于人类学，艺术和美学的人类学研究在20世纪缓慢地发展着，它几乎没有采纳格罗塞所提出的大问题以及比较方法。研究者们更多集中于以"田野工作"为基础的特定研究，尤其是对非洲和

---

[1] 亦有例外情况，如杜威（Dewey）的《艺术即经验》(1934)，他具有跨文化的视角；还有沙尔夫斯泰因（Scharfstein）的《鸟、兽和其他艺术家：论艺术的普遍性》(*Of Birds, Beasts, and Other Artists: An Essay on the Universality of Art*, 1988)，他不仅具有全球性的视野，而且还注意到了"自然科学"所提供的灵感。亦参见沙尔夫斯泰因（Scharfstein）的《艺术无边界：对艺术和人性的哲学探讨》(*Art without Borders: A Philosophical Exploration of Art and Humanity*, 2009)。

大洋洲社会的研究。①

  在深入研究现场的情况下,艺术的起源很自然地不再成为人类学研究的一个课题,其所建构的进化论范式也一并受到了冷遇。不过,格罗塞的更为原创性的建议,即通过人类学的数据和视野对审美普遍主义和审美相对主义进行系统性的研究,尽管其远没有受到进化论的影响,却同样没有被人类学家所接受。本来,格罗塞提出的以物质为中心的方法论就没有被后来从事田野调查的学者所赞同,他们更青睐对于审美偏好的描述性资料。至于对审美普遍性的研究,"现代的"人类学家只有等到积累了足够的描述性的跨文化数据之后,才有可能做出存在这种普遍性的任何结论。然而,文化相对主义主宰了20世纪的人类学,确立普遍性的兴趣明显减小。实际上,20世纪的人类学家和格罗塞一样,对于探讨审美观念的文化变迁满怀兴趣。不过,只是在格罗塞提出了考察审美的相似性和差异性的系统方法,以及语境性的分析趣味的文化多样性等观点之后数十年,人类学家才逐渐开始对诸多文化中的审美偏好问题产生兴趣。在人类学领域对美学中的普遍性和文化相对性的系统研究又重新提上议程,却经过了一个世纪。在那时,格罗塞的纲领性提议和解释性方法已被遗忘了。

---

① 比如,参考墨菲(Morphy)和帕金斯(Pekins)主编《艺术人类学读本》(2006),他们对20世纪艺术和美学的人类学研究情况进行了考察。([澳]霍华德·墨菲、[美]摩根·帕金斯:《艺术人类学:学科史以及当代实践的反思》,蔡玉琴译,李修建校译,《民族艺术》2013年第2期。——译者注)

第二章　日常生活中的美：人类审美的普遍性

苏里南（Suriname）的萨拉马卡人（Saramaka）有两种稻米，一为红米，一为白米。插秧之时，萨拉马卡女人会将两种稻米并置，不为别的，只为好看。日本有一种漆木饭盒，食物被整齐地分成四份，颇具美感。普鲁瓦特（Puluwat）的密克罗尼西亚（Micronesian）岛人每天用大量鲜花装饰身体，花团锦簇，香气袭人。根据美国整形外科医师协会（American Society for Aesthetic Plastic Surgery）的数据，2007年，美国人用于美容的花费达132亿美元。[1]

无论自然、人体、人造物，抑或歌曲、观念，以及其他诸般事物，所具有的美对人们都非常重要。美的重要性，有时会以料想不到的方式发挥出来。人们常常认为，美乃是锦上添花，实际上远非如此。例如，有一篇文章题为《治疗的艺术：医院中的美学如何让病人更为快乐和健康》，作者是弗吉尼亚·波斯特尔（Virginia Postel），他指出，"临床实验表明，良好的医院环境能够增进病人的

---

[1] Sally Price, *Co-wives and Calabashes,* Ann Arbor: University of Michigan Press, 1984, p.32; Kenji Ekuan, *The Aesthetics of the Japanese Lunchbox,* Boston: MIT Press, 1998; Peter W. Steager, "Where Does Art Begin on Puluwat？", in Sidney M. Mead ed., *Exploring the Visual Art of Oceania,* Honolulu: The University Press of Hawai'i, 1979, p. 352; Reuters, "Millions of Cosmetic Procedures Done in US in 2007", March 3, 2008.

健康——更别说提升病人对抗疾病的信心"[1]。美国的土著纳瓦霍人可能不会对美的治疗能力感到惊讶[2],凡是花费时间、精力和金钱进行室内装饰的人,都不会对优美的视觉环境和幸福之间的关系表示怀疑。

人们对习惯上所说的美的感知,可谓囊括甚广:从日常体验到的温和而短暂的愉悦,到不常发生的强烈而持续的快乐。正是后者,那些令人侧目和相对纯粹的体验,令人终生难忘的体验,受到学术界特别关注,尤其是哲学界对审美感知进行了大量探讨。本书所说的"日常之美"(ordinary beauty),可视为对这一现状的一个挑战,以期引起对人类审美经验中被严重忽视的领域的关注。

不过,和一些学者的看法不同,对于发生于"艺术"领域之外的审美经验,我不建议保留"日常之美"这一术语(由此,我更不会像某些人所说的,将这些经验称为"非审美的")。因为,如果这样做的话,就需要给出一个清晰的艺术的定义,众所周知,这绝非易事,尤其是从跨文化的视角。此外,我还要提出,艺术和非艺术会以类似的方式,皆能给人带来日常的和非日常的审美体验。换句话说,"超常之美"并非艺术的特权,"日常之美"亦非只见于非艺

---

[1] 据报道,那些在病房中能够远眺一片小树林的术后病人,要比只能面对砖墙的病人康复得快;接受药物治疗时,住在阳光充足的房间中的病人,要比住在阴暗的房间中的病人,少受22%的痛苦。医院中的艺术能够减少压力,但不能是"乱糟糟的抽象艺术"(Virginia Postel, "The Art of Healing: How Better Aesthetics in Hospital Can Make for Happier – and Healthier – patients", *The Atlantic*, April 2008 issue)。

[2] 威瑟斯庞的《纳瓦霍世界的语言和艺术》(Gary Witherspoon, *Language and Art in the Navajo Universe*, Ann Arbor: Unversity of Michigan Press, 1977)是支持审美在传统治疗仪式中具有治病功能的几部民族志文献之一。

术之中。例如，一处自然景观或一个数学公式，可能让人欣喜若狂，而一件精制的器具或一首口哨吹奏的歌曲，也可能让人不为所动。

简言之，如果给予足够的自主权，我会暂时建议用"日常之美"指代那些相对"低下"（humble）但并非因而就无关紧要的审美经验，无论它们是否是由艺术引发，如上述诸例所示，乃人类日常生活的一部分。因此，"日常之美"的概念可以视为"日常美学"研究的核心。[①] 审美是人类日常生存的一个组成部分，本文将对这一观念进行简单探讨。我们将参考众多学科，不过重点是"人类学"。对于人类学，我们在两个意义上使用它，既指无所不包的人类研究，亦指作为民族志的经验性研究。

---

① 萨特韦尔以杜威1934年出版的《艺术即经验》（*Art as Experience*）为发端，为他所称的哲学中的"日常美学运动"提供了一个简洁的历史（Crispin Sartwell, "Aesthetics of the Everyday", in Jerrold Levinson ed., *The Oxford Handbook of Aesthetics,* Oxford: Oxford University Press, 2003）。亦参见莱迪对哲学中的"日常美学"的描述（Tom Leddy, "The Nature of Everyday Aesthetics", in Andrew Light and Jonathan M. Smith, eds., *The Aesthetics of Everyday Life,* New York: Columbia University Press, 2005）；欧文呼吁哲学界关注"日常美学经验"（Sherry Irvin, "The Pervasiveness of the Aesthetic in Ordinary Experience", *British Journal of Aesthetics,* Vol.48, No.1, 2008, pp. 29-44）；以及哲学家曼多克最近对"日常美学"所做的研究《日常美学：平乏，文化表演和社会认同》（Katy Mandoki, *Everyday Aesthetics: Prosaics, the Play of Culture and Social Identities,* Aldershot: Ashgate, 2007）和斋藤的《日常美学》（Yuriko Saito, *Everyday Aesthetics,* New York: Oxford University Press, 2008）。在人类学界，福里斯特在他的《主啊，我回家了：北卡罗来纳海岸的日常美学》（John Forrest, *Lord I'm Coming Home: Everyday Aesthetics in Tidewater North Carolina,* Ithaca: Cornell University Press, 1988）一书的副标题中，第一个明确用了"日常美学"这一术语。库特借用艺术史家贡布里希的表述"日常视觉的奇观"来宣扬审美人类学，符合对"日常之美"概念的解释，集中于对"非艺术"的评价的感知经验，库特考察了苏丹尼罗特人对牛的视觉评价，尤其是牛的图案、多彩的皮肤和形状各异的犄角（Jeremy Coote, "'Marvels of Everyday Vision': The Anthropology of Aesthetics and the Cattle-Keeping Nilotes", in Anthony Shelton and Jeremy Coote, eds., *Anthropology, Art, and Aesthetics,* Oxford: Clarendon Press, 1992）。

一、人类、进化与审美

德国哲学家康德有过一个著名的发问:"人是什么?"人,当然意味着很多。他们是道德的人、社会的人、政治的人、经济的人,等等(如果允许使用这些西方分析性的范畴的话)。显然,人还是审美的人。在寻求康德之问的解答时,这一维度应该引起我们的注意。描述人类这一基本特征的方式之一,就是指出人们面对外部和内部的刺激时,会做出各不相同、异彩纷呈的情感反应,他们会根据自己的感知辨别刺激物,他们会对某些刺激感到快乐或愉悦,而对另一些刺激感到不快或厌恶,他们希望重新体验一些刺激,而避免另一些刺激。

人类的审美感觉很可能十分古老。一个新的研究领域——"进化论美学"表明,人类在漫长的历史过程中,面对各种各样的刺激物,进化出了以情感为主导的反应,能够快速地区分何者是有利的,何者是有害的,这有助于他们的生存和繁衍。[1] 因此,我们发展出了一种味觉,知道何种食物是甜而肥美的,使我们摄取那些能量充足、富含营养的膳食(尽管在糖和脂肪充足的环境中,如当下的富裕社会,这些偏好变成了不利因素)。此外,对于颜色对比和视觉规律的敏感,可以使我们更好地掌握周围的视觉环境。再举最后一个例子,人们进化出的对于光洁的皮肤和对称的身体的偏好,

---

[1] Eckart Voland and Karl Grammer, eds., *Evolutionary Aesthetics*, Berlin: Springer, 2003.

使得个体能够挑选出健康和生育能力强的配偶。

从最基本的意义上说，人类和其他所有生物共有这些分辨机制，甚至单组织有机体亦是如此，它们对有些刺激表示亲近，对另一些则避之唯恐不及。对有情感的生物来说，情况愈显复杂，需要换种方式复述这些机制，即喜欢或不喜欢某物。即使有同行赞同这种自然主义的、最底层的研究方法，也需要指出，我们在此探讨的最好称之为"元美学"（proto-aesthetics）。① 有人可能会强调，就人类而言，不应忽视康德所区分的"单纯的快感"和"真正的审美愉悦"。除了其他方面，一种"真正的"审美体验必须是"无功利的"——与任何实用性的动机无关——涉及康德所说的自由的协调活动，需要想象力的参与。

毋庸置疑，当面对具体的刺激物，并在特定的心情下，人们会体验到欢欣愉悦的感觉，这的确与单纯的快感大相径庭。此外，许多学者将"审美的"一词限于那些更为纯粹和高尚的状态，实际上暗示了一种质的而非量的区别（in kind rather than degree）。（我想起一件趣事，1997年，我初次上网，参加了一场关于哲学美学的讨论，一位网友提到她在28岁时才有了第一次审美体验②）不过，

---

① Ellen Dissanayake, *Homo Aestheticus: Where the Arts Come from and Why,* New York: The Free Press, 1992, p.55.
② "审美经验"当然是一个非常模糊的概念，它可以指各种各样的感知或意识，甚至包括那些更接近于宗教或神秘的体验。这一概念还包括其他一些体验，其中有的混合了快乐和伤心或吸引和反感。各种传统都给出了一些命名，试图用其把握这些不易理解的经验，如以"美"（beauty）或其他语言中的类似词语——如西方传统中的"崇高"，描述的是融合了愉悦和敬畏或恐惧的经验，日本的"物哀"（mono no aware），指的是一种接近于忧郁的状态。

作为探讨"日常之美"(或"日常美学",当然包括"日常之丑")的起点,一种更为实际的进化论方法或许有所助益,因为它突出了人类(元)审美的绝对古老性和普遍性。

我提出生物进化论的(之所以加上"生物"一词,是因为我要探讨的是有机体或生物体的进化,而非技术或文化之类的进化)视角,并不想做"减法"(reductive),就这个词的消极意义而言,乃是削减一个话题的完整性,将注意力限定于纯粹的本质——这种天然的特征可能更便于分析,不过同时却被视为琐碎的、无关紧要的,总之对于阐明所要研究的复杂话题是不够的。此外,我的提议是想宣扬一种自下而上的研究方法,任何更高级或更复杂的事物,都要基于相对低级或基础的事物之上。[1] 这种方法还表明,即使是最丰富、最崇高、多层面的审美经验,亦发生于一种具体的神经系统之内,同样是生物进化过程的产物。

人类的审美维度需要单独进行分析,对于感知到的刺激所作的评价性、情感性的认知反应要予以特别关注。不过,如上所述,人们对某些刺激的反应也包含了情感色彩,如精神观念,还有一些很难直接描述为感性认知(例如,有人可能会想到破解了数学问题或猜出了谜语,或者掌握了某种情况的恰当象征之时体验到的欣喜)。如果有人如我所建议的,将美学描述从根

---

[1] 的确,如杜威在《艺术即经验》中所说:"为了理解审美的最终状态和公认形式,人们必须从它的原初状态开始,从那些吸引人的耳目的事件和场景开始,当他观看和倾听的时候,能够产生兴趣,获得愉悦之感……"[John Dewey, *Art as Experience*, New York: Perigee, 2005 (orig. published 1934), p.3]

本上关注定性的经验（qualitative experiences）——这本身不是一个特别的议题，不过一旦我们离开感性认知的领域，它的内涵便很有趣——那么，这些非感性的反应，亦应纳入人类审美的范围加以考量。

在这种宽泛的意义上，人类的审美之维经常和其他维度关联密切。在此，人们可能会想到，审美与经济和道德有所纠结。最近对"理性选择的经济学"的批判和对"自然伦理学"的倡导，的确体现出了这点。例如，有人指出，我们所做的道德决定，是以什么是合适、正确或公平的观念为基础的，这种基础，要比我们通常所认为的更为强烈。[1] 如果是这样的话，就会使得这些道德决定带有一种直觉性和情感性的味道，因而和审美评价具有了更为普泛的关联。人类审美之维与其他维度的交织使得在对人类作出任何理解之时，对审美的研究意义更显重大。

二、人类学和审美：探索"审美的人"

上述评论，使我们找到了人类学。由于这一术语的意义众多，在此需要对它的用法做一解释。人文学科的学者通常将人类学等同于文化或社会人类学。在这个意义上，人类学主要指的是对世界上

---

[1] 例如，在格林看来，"人们越来越认识到，道德判断很大程度上根据的是直觉——直觉某一事件的是非对错"（Joshua Greene, "From Neural 'is' to Moral 'Ought': What are the Moral Implications of Neuroscientific Moral Psychology？", *Nature Reviews Neuroscience*, Vol.4, 2003, p.847）。

的小型社会的研究，尤其是由外来学者所做的考察（直到目前，这些外来学者多数是西方人）。对于人类学的这一解释，我在后面还会论及，我将称之为民族志（ethnography）。在此，我首先考虑人类学这一单词的更为基本的词源学意义，即对人的研究。

这也是人类学这一术语的最初含义，它首次出现于德国人文学者群体之中。探讨"anthropologia"的人文学者，意在研究"人的本质"。彼时，人的本质被整体论地视为由肉体和灵魂、物质和精神构成。因此，人类学指的是研究人的所有方面，既包括解剖学和生理学，还涉及社会文化行为，以及人的精神。[①]16世纪的人文主义者试图对人类进行学术性的思考，部分受到了其所熟悉的异文化的启发，这种情况逐渐发生于文艺复兴时期的欧洲，是所谓的航海大发现以及随之而来的一切的结果。在研究人类时，将对这些文化的不断增长的知识考虑在内，与文艺复兴时期的知识所具有的经验性特点是一致的。

在接下来的几个世纪，人类学的内涵不断丰富，有的强调对人类的生理或身体层面的研究，还有的将人类学引向了心理学的方向。[②]不过，仍有一些潮流继续强调人类学最初的整体性特征，将其视为对人类的综合性研究。17世纪中期普及的笛卡尔身心二元

---

① Justin Stagl, "Anthropological Universality: On the Validity of Generalisations about Human Nature", in Neil Roughley ed., *Being Humans: Anthropological Universality and Particularity from Transdisciplinary Perspectives*, Berlin: Walter de Gruyter, 2000, p.27.
② Werner Petermann, *Die Geschichte der Ethnologie*, Wuppertal: Edition Trickster im Peter Hammer Verlag, 2004, p.278ff.

论，最终导致了自然科学（研究物质）和人文学科（研究人的精神）的分离，而人类学的这种观念，提供了统一的或整体性的选择。生物进化论思想在当代人文学科中变得越来越有影响，人类学的整体性观念亦重获青睐。如今，人类学有时亦指"哲学人类学"，指的是根据经验性科学所提供的人类各层面的材料对于人性所做的反思。①

考虑到审美在人类生活中的重要作用，人们可能会追问：人类学的观念是否会发展出一个研究分支，专注于对人类审美现象的研究，再者，这一分支能否与"人文主义人类学"的统一性、经验性和跨文化的原则相适应？有人指出，"美学"这一研究领域的确产生于德国的人类学传统之中。②不过，美学并非是沿着这种广义的路线发展的。18世纪中期，亚历山大·鲍姆嘉通（Alexander Baumgarten）创造美学（aesthetica）这一术语之时，可能对人类学的这一综合性的目标深表赞同。在他看来，美学探讨的是感性认知，在古希腊，"aesthetica"被视为人与世界发生关联的一种基本方式，它结合甚或超越感觉和理智。③然而，康德将"美学"改造成了一种哲学反思，其目标和对象是对美和崇高的经验。黑格尔更是把美学研究从对审美经验的思考变成了对艺术现象（几乎总是欧

---

① Neil Roughley ed., *Being Humans: Anthropological Universality and Particularity in Transdisciplinary Perspectives,* Berlin: Walter de Gruyter, 2000.
② Winfried Menninghaus, *Das Versprechen der Schönheit*, Frankfurt am Main: Surhkamp Verlag, 2007, p.8.
③ Steffen W. Gross, "The Neglected Programme of Aesthetics", *British Journal of Aesthetics*, Vol.42, No.4, 2002, pp. 403–414.

第二章　日常生活中的美：人类审美的普遍性

洲精英艺术）的反思。由于康德和黑格尔重点考察的是人的心灵而非身体，所以与之相关的经验性数据极少受到关注。

20世纪盛行的哲学美学，很大程度上继承了这些德国唯心主义美学观。它具有如下特征：第一，哲学美学研究的更多是"艺术"，而非"美学本身"；第二，如果美学家在质性经验的意义上探讨美学，那么他们探讨的几乎只是艺术经验，尤其是所谓的高雅艺术；第三，哲学美学对于艺术有关的经验性调查毫无兴趣；第四，哲学美学几乎只关注西方文化。相反，本书提出，美学应当涉及广泛的质性经验，不仅涉及艺术，还应包括其他现象。此外，对于这些审美经验，既应进行经验性研究，又应采取不同时空中的跨文化视角。①

三、人类学和审美：偏好的民族志

根据这一宏大的框架，我现在转向大家更为熟悉的人类学，来考察一下这个领域的学者如何为我们研究"审美的人"提供助益。从一个西方人的视角来看，人们更熟知的人类学，可以描述为对那些西方长期视为原始的文化的研究——通常是小型的无文字社会，位于曾被西方殖民过的地区。人类学家［在此或许我们最好称之为民族志学者（ethnographers）］的工作特点，就是他们直接对异文

---

① 可参见本书第五章。

化进行研究。他们的研究基于所谓的"田野调查"——包括与特定人群同吃同住同劳动相当长的时间,学习他们的语言,尝试从他们的视角看待世界。

人类学家或民族志学者如何研究审美问题?这一问题很大,为了集中起见,我在本文仅关注两个相关的主题和方法。第一,我将思考人类学家如何将审美视为一个研究领域,尤其是,在他们看来,审美领域由什么构成?第二,我将简要介绍民族志学者在研究审美问题时所采取的方法。对于第二个问题,我将集中于对"日常之美"的考察,它们出现于日常语言和各种文学与口头艺术之中。

(一)审美领域

人类学家在研究审美时,他们会关注什么现象?亦即,在广泛的人类经验领域里,他们将如何描述审美领域?人类学家在为审美领域划界时,需要注意两种倾向。

第一种倾向,是西方哲学审美观造成的偏见。对此,我指的是一些民族志学者(以及相关的艺术史家)在寻找某一文化中的审美现象时,首先想到的是艺术领域。他们与西方美学家一样,认为这一领域主要由视觉艺术组成。此外,人类学家在这样做的时候,喜欢保留西方对视觉艺术的等级分类,优先考察雕塑和绘画,而非精美的织物或发型。这种观念,在西方艺术和美学思想中由来已久。与这些观念相连的,是在美学分析中,将眼睛作为考察的唯一感官,此外或许还有耳朵。

第二种倾向与第一种倾向有关，即对西方认知偏见的有意背离。根据对异文化的经验，民族志学者注意到，第一，关于审美重要性，其对视觉艺术的等级体系往往不同于西方哲学中的观念，例如，某些文化更看重服饰或建筑，而非雕塑和绘画。关于此点还需指出，民族志观察更表明了，在视觉领域，最重要的审美评价对象通常是人的面部和身体。对人类外表的审美关注，还包括美发、服装，或文身、划痕、身体绘画与饰物等修饰形式。

第二，人类学家已经注意到，世界上许多文化中的审美评价对象并非视觉艺术，而是表演艺术，尤其是音乐和舞蹈，还包括演讲和其他形式的口头艺术。更进一步——这对"日常之美"或"日常美学"的观念有特殊兴趣——审美评价时常集中于那些远非西方人所谓的"艺术"所可涵盖的现象，无论是视觉艺术，还是表演艺术。除了已提到的人的面部和身体，可能成为审美评价对象的产品和活动可谓不胜枚举：准备和供应食物、展示礼物、社会交往、审判等，还有其他诸多现象，都被民族志学者提及。它们在特定的文化环境中，皆能成为审美评价的重要对象。①

在如此广泛的审美领域之中，人类学家还注意到，在某些文化中，人类审美评价的重要感官不是眼睛，而是耳朵。世界各地的民

---

① 在"民族志式的田野工作"的早期，人类学家博厄斯提出"所有的人类活动都会采取给他们以审美价值的形式"［Boas, *Primitive Art*, Oslo: Instituttet for Sammenlignende Kulturforskning, 1927（reprint New York: Dover, 1955）, p.9］。哲学家沙尔夫斯泰因最近亦提出了类似的观点："我们所有自觉经历的生活，都有审美的方向或维度。"(Ben-Ami Scharfstein, *Art Without Borders: A Philosophical Exploration of Art and Humanity*, Chicago: The University of Chicago Press, 2009, p.8)

族志报道提供了诸多例证，一些文化在进行审美评价时，强调的是嗅觉、味觉和触觉。

我认为，在目前的语境中，重要的不是从上述简单提及的例证中获得"差异"感——一旦我们离开西方，在审美评价及其对象中，这些例子将表现出更大的差异。在此我想强调，这些民族志的发现使我们的注意力投向了更广泛的对象和活动，我们可以在所有的文化中对它们的审美价值做出评判。同样，民族志学者的发现使我们认识到了在世界各地民众的生活中，诸种感官在审美经验中的作用。事实上，需要指出，即使在西方，身体及其呈现的公共形象同样是日常审美评价的重要对象，这种评价同样没有停留在视觉层面，例如，一些品牌的香水闻名世界即表明此点。

因而，民族志的发现使我们关注西方文化中的某些现象，许多学者受哲学美学的范式偏见影响，不愿将这些现象纳入审美的名下进行研究。在挑战这些偏见的同时，人类学家所带来的审美领域的扩展，导致了一种更少"精英主义"而更多"民主色彩"的审美观。这种观念提醒我们关注日常生活中无所不在的情感评价经验，注意到"日常之美"在人类生活中的重要作用。

（二）问题与方法论

研究领域既已得到拓展，我们简单看一下人类学家在研究审美问题时所采用的方法论。之所以考察这一问题，我意在指出，这些人类学方法对于其他领域从事"日常美学"研究的学者或许亦会有所启迪。在此之前，我们先看一下这些方法可能要回答的一些问题。考察这些问题，同样可能给予文化人类学之外的学者某些启发。

第一，人类学家留意何物能引起特定文化中的民众的审美愉悦或不快——各种艺术、人、自然。此外，他们还关注民众评价某物的审美性时所持的审美标准。这一问题听上去显而易见，不过必须指出，对于西方或东方文化而言，在论及他们的审美偏好和所采用的评价标准时，相关的经验性数据往往是非常缺乏的。

诚然，实验心理学家调查过西方人的感觉偏好，不过他们的研究主要集中于单纯的视觉或听觉刺激，而非通常在现实生活中遇到的更为复杂的刺激。无论阐明审美偏好的基础是多么有趣，但这些研究缺乏对民众对自己的审美好恶以及据何标准的解释的探究。社会学家也特别关注审美偏好的问题，如布尔迪厄。[1]不过，他们也没有考虑到民众对其偏好的解释（如人类学的研究所示，这些对审美偏好和审美标准的评论，同样会很好地表明审美和人类生活的其他维度颇有关联）。在从事审美研究的人文学科，即哲学美学中，对经验性数据的关注是明显缺乏的。总之，我们急切地呼吁，对西方与东方以及各文化的日常审美偏好及其动机进行经验性研究。

民族志学者在考察审美问题时，所做的第二个基本问题是关注

---

[1] Pierre Bourdieu, *La distinction. Critique sociale du jugement*, Paris: Editions du Minuit, 1979 (English edition: *Distinction: A Social Critique of the Judgement of Taste*, trans. Richard Nice, Cambridge, MA: Harvard University Press, 1984).

人们表达和评价审美好恶时所用的词语。我们能从某一文化中审美词汇的词源、语义范围和应用之中,了解到关于它的美学的什么内容呢?我将很快回到这一话题,不过在此需要指出,在西方美学研究中,对这一问题的探讨亦是很不够的。[①]

人类学家在研究特定文化中的审美现象时,这两个问题业已表明了对社会文化语境的强调,这同样是第三个系列问题的特点。这些问题关注的是广泛的社会文化生活中审美的嵌入。对审美的社会文化环境的重视,又会引出一系列的问题。例如,在宗教、社会、政治和经济语境中,审美实现了什么目的?公开的审美评价具有怎样的作用和效果?对语境的强调还会使人类学家提出如下复杂的理论问题:社会文化语境在何种程度上(如何,为何)影响了审美偏好?这一问题涉及的是美学中的文化相对主义这一更大的问题,对此我在其他文章中已有所论。[②]

经验性立场、跨文化视角以及对社会文化语境的强调,乃是典型的人类学方法。它与对审美的哲学化思维相差甚远,就后者而言,康德哲学所强调的对所谓的自律性的审美对象的分离的或无功

[①] 西布利的著作是个例外,参见 Frank Sibley, *Approaches to Aesthetics: Collected Papers on Philosophical Aesthetics,* Oxford: Oxford University Press, 2001。还有莱迪,如《日常美学的本质》(Tom Leddy, "The Nature of Everyday Aesthetics", in Andrew Light and Jonathan M. Smith, eds., *The Aesthetics of Everyday Life,* New York: Columbia University Press, 2005)以及他在书中提供的他早先以英文出版的对日常审美特征的研究著作。关于日本方面的著作,参见 Kitamura Tomoyuki, "Clean, Clear Mind and Love of Nature", in Eugenio Benitez ed., *Before Pangaea: New Essays in Transcultural Aesthetics*, Special issue, *Literature and Aesthetics,* Vol.15, No.1, 2005, pp.208-219。
[②] 参见本书第五章。

利的反应，依然影响深远。

为了回答上述问题，民族志学者采取多种调查方法。[①]如果研究者关注特定文化中的视觉艺术和表演艺术所呈现的美学，那么他们可能会将研究重心放到艺术家身上，考察他们的观念、接受的训练和实际的工作过程。更常见的是研究特定文化中的民众在各种场合所做的艺术批评或审美批评。尽管艺术家会做出更为专业的批评，不过人类学家意在确立各类人群的审美观念。为此，他们会组织所谓的审美竞赛，要求各行各业的人们根据自己的审美偏好对一系列艺术品（雕像、面具、记录音乐）进行排序。重要的是，他们会要求民众对其审美选择做出口头解释，比如说出他们弃此取彼的原因。这种正式的调查方式，时常会扩展为对相关文化中审美诸方面的非正式的和广泛的讨论。

用于描述审美意见和理由的术语或概念值得深入分析。例如，诸多语言中的评价性术语都表明审美和伦理之间具有紧密关联，两个领域用同样的重要概念表达喜好或厌恶。许多印欧语系和非洲的尼日尔—刚果语族是如此，古代中国亦是这样。我们对此应该做何解释？是否意味着在感官领域用来表达愉悦的术语，被"隐喻性地"用来表达道德领域的愉悦？（例如，修饰词"fair"，在道德语境中，意为公平。不过，这一术语最初是一个表达审美的词汇，指的是光洁诱人的肤色）如果说人类的道德愉悦中包含了一种情感反

[①] 关于这些方法的更多讨论，参见本书第四章。

应，近似于快乐的情感体验，这能阐明一些术语在道德和审美中的"双重应用"吗？现代脑部成像技术和神经科学的其他进展对此能够提供一些解释吗？

一旦某一文化中的审美词汇得以确立和分析，人们就可以有效地考察审美术语或概念在该文化的口头艺术中出现的方式。分析这些术语在文学语境中的应用，不仅可以阐明它们的语义范围，还能告知我们在该文化中的其他一些审美维度。通过探讨一个文化中的文学库，我们可以更多地了解该文化用审美术语评判对象和事件的范围、进行审美评价时所持的标准、美对民众的效果，以及在何种情况下审美被认为具有重要意义。换句话说，我们关注的是文学文本中的美和其他作为修辞的审美现象，既包括口头的，也涉及书面的。

（三）审美在文学中的表达

我在一篇文章中已经讨论了用这一方法分析非洲文化中的视觉审美的可行性。[1] 所用的例子涉及了寓言、神话、赞美诗和占卜诗中的美，从日常美学的角度来看，最有意思的或许是谚语和流行歌词。令我印象深刻的是非洲文化对于人之美的强调，各种文学体裁都在表现这样的主题，如身体之美的短暂易逝、人的内在之美和外在之美的关联、自然之美和人工之美的区别、视觉美的特征，以及

---

[1] Wilfried van Damme, "African Verbal Arts and the Study of African Visual Aesthetics", *Research in African Literatures*, Vol.31, No.4, 2000, pp.8–20 (free version available online).

拥有迷人的身体的好处。在非洲和其他地区,美在谚语中的重要地位突出了美在人类日常生活中的重要性。①

在上述研究中,我们还确定了考察文学中的审美信息时所涉及的几个认识论和方法论问题。如学者们常做的那样,我们在多大程度上将谚语视为特定文化对美及相关现象的共识性表达?其他一些问题涉及根据其社会文化环境和相关体裁的风格形式对文学类型进行阐解。有人建议,解决这些问题,需要文学研究者的帮助。

同时,进化论学者也开始探索这一观点,他们分析各种文学形式中的表达,将其作为考察民众日常审美偏好的一种方式。比如,心理学家德文德拉·辛格(Devendra Singh)和他的同事最近调查了欧洲、印度和中国的文学,从中寻找对女性之美的特别描述。②辛格尤其关注对女性腰部的评价。作为一名进化论心理学家,他提出女性的细腰乃是健康和生育能力强的可靠表征。由此,他认为,人类对女性的所谓"蜂腰"进化出了一种视觉偏好。③辛格亦通过阅

---

① 世界各地关于女性魅力的谚语,参见《千万别娶大脚女人:世界谚语中的女人》(Mineke Schipper, *Never Marry a Woman with Big Feet: Women in Proverbs from Around the World*, New Haven: Yale University Press, 2004)第一章"关于女性的身体",特别是第51页的"美与美化"。
② Devendra Singh, Peter Renn and Adrian Singh, "Did the Perils of Abdominal Obesity Affect Depiction of Feminine Beauty in the Sixteenth to Eighteenth Century British literature? Explaining the Health and Beauty Link", *Proceedings of the Royal Society B*, 274.1611, 2007, pp.891-894. 一项最近的研究提供了比较,其关注的是世界民间故事,参见Jonathan Gottschall et al., "Are the Beautiful Good in Western Literature?: A Simple Illustration of the Necessity of Literary Quantification", *Journal of Literary Studies*, Vol.23, No.1, 2007, pp.41-63, and Jonathan Gottschall et al., "The 'Beauty Myth' is No Myth: Emphasis on Male-Female Attractiveness in World Folktales", *Human Nature*, Vol.19, No.2, 2008, pp.174-188。
③ 关于人类对女性细腰的偏好,及其背后的进化论逻辑的更多探讨,参见本书第五章。

读世界文学中对女性腰部的评价来验证他的假设，他认为证实了对女性细腰的偏好具有普遍性的观点。

有意思的是，从一种实用的和方法论的观点来看，辛格使用了文学在线（LION）数据库，在他调查的时候，该数据库内有1500—1799年的34.5万部英文小说。他还搜寻了1—3世纪时的印度史诗《摩诃婆罗多》和《罗摩衍那》，以及4—6世纪时的中国宫廷诗歌。《摩诃婆罗多》用的是古腾堡计划（Project Gutenberg）所提供的英文在线版。小说的不断数字化，使研究者能够便捷地获得越来越多的世界文学。从我们的视角来看，所有这些材料表现出的审美偏好和审美观，以及它们所呈现的审美与人类社会文化生活的融合，都有待于进行分析。前面已经指出，这类研究有自身的问题，不过这一独特的视角为我们增加了一种历史的维度，这在民族志研究中通常是缺乏的。

小 结

审美是人类生活的重要组成部分。我们给出了诸多例证，表明了审美经验和审美评价在人类日常生活中的普遍性。直到最近，审美的普遍性较少受到哲学家的关注。不过，它在民族志研究中得到了强调，亦受到进化论学者的重视。为了考察"日常"（有时不那么日常）之美，人类学家运用了一些研究方法，除了传统的人类学研究，这些方法亦需在文化语境中展开。为了让我们认识到审美在人类生活中的普遍性,人类学以民族志的形式,将审美研究的重心从纯粹的"艺术"经验转换到了渗透进民众日常经验的"日常之美",而不管这些经验是否是由所谓的"艺术"引起的。由此,在将审美作为探寻人之为人的广义人类学的一个研究对象时,"审美民族志"(ethnography of the aesthetic)为我们提供了一种更为适宜的解释。

第三章 人类学和美学

审美偏好是一种多层面的现象，可以从不同的视角进行研究。尤其是在 19 世纪左右，学者们确实已经从各种各样的，有时是一些相互关联的角度讨论了这个问题。正如迪菲（Diffey）所说，"美学是一个多学科或跨学科的领域。在我看来，并不存在单数的美学学科"[1]。确切地说，我们正在与几个不同的学科打交道，这些学科在传统上包括了美学研究的领域。"因此，出现了诸如哲学美学（美学作为哲学的分支），社会学美学，心理学美学等相关学科，但是不存在单一的美学本身。"[2] 在目前的研究中，美学将从在一般的和传统的意义上可称为人类学的视角进行探讨。借用迪菲的概念，可以说我们正在讨论的是"人类学美学"，也有人称其为"美学人类学"（the anthropology of aesthetics）[3]，实则是名称的替代，诸

---

[1] T. J. Diffey, "The Sociological Challenge to Aesthetics", *The British Journal of Aesthetics*, Vol.24, No.2, 1984, p.169.
[2] T. J. Diffey, "The Sociological Challenge to Aesthetics", *The British Journal of Aesthetics*, Vol.24, No.2, 1984, p.169.
[3] Toni Flores, "The Anthropology of Aesthetics", *Dialectical Anthropology*, Vol.10, No.1-2, 1985, pp.27-41; Jeremy Coote, "The Anthropology of Aesthetics and the Dangers of 'Maquet centrism'", *Journal of the Anthropological Society of Oxford*, Vol.20, No.3, 1989, pp.229-243.

如马凯（Maquet）[①]多少令人有点遗憾地将之表达为"审美人类学"（aesthetic anthropology）[②]。

本章开篇将介绍人类学与美学这两门学科如何相互交叉。第一部分概述文化人类学的基本观点，尤其是面向那些来自非人类学背景的读者们。第二部分着重使非美学专业的学者熟悉美学的相关理论和见解。第三部分将呈现一种关于用实证方法探讨文化中的美学问题的简要的历史性回顾，而人类学家往往是在传统意义上研究这些文化。为了更好地进行界定，并且遵循当前人类学家们的惯例，这些文化或社会在下文中通常指涉"非西方"的范畴。

[①] Jacques Maquet, *Introduction to Aesthetic Anthropology*, Malibu: Undena Publications, 1979.

[②] 弗洛雷斯（Flores）在1985年发表的《美学人类学》（Toni Flores, "The Anthropology of Aesthetics", *Dialectical Anthropology*, Vol.10, No.1-2, 1985, pp.27-41）一文中已经指出，马凯的相当不合适的指称类似于说"人类学是美丽的或有意饰有图案的"（弗洛雷斯在此从严格的语义学角度表达了他对于马凯用"审美的"修饰"人类学"之做法的不理解和不赞成，然而马凯是否确实从此角度考虑而运用"审美人类学"之提法，在此文中并无涉及。在此书中，范丹姆在"以人类学方法研究审美现象"的意义上，实则是同意使用"aesthetic anthropology"（审美人类学）的。——译者注），并补充说，类似的反对使诸如"经济的"或"政治的"人类学的表达成为有效的。库特（Coote）在1989年发表的《审美人类学以及"马凯中心主义"的危险》（Jeremy Coote, "The Anthropology of Aesthetics and the Dangers of 'Maquet centrism'", *Journal of the Anthropological Society of Oxford*, Vol.20, No.3, 1989, pp.229-243）一文中同样简要地讨论了这个话题，并且提出，自从马凯如此提法之后，正如我们所见，并不存在主流的人类学方法，"审美人类学"这种表达有可能与美学人类学的特有分支相联系。除了弗洛雷斯和库特的"美学人类学"之外，也可以参见斯考姆博格·斯彻夫（Schomburg Scherff）的表达——"美学民族学"。然而，学者们并不会都像库特、斯彻夫以及弗洛雷斯那样，通过运用一个相当广泛的关于美学的翻译，来指涉通常意义上的艺术现象的研究。尤其是在弗洛雷斯的研究个案中，"美学人类学"近乎等同于"艺术人类学"。

一、人类学方法大纲

如果有人建议从人类学的视角思考审美偏好现象，那么我们首先当然要提出这样一个问题，即这种人类学的视角和方法究竟指什么？显然，并不存在什么统一的人类学方法。对于每一个与人类学相关的分支学科而言，每一个研究者都会或多或少地采用自己独特的视角和方法。此外，无论是作为一个整体还是作为其分支的人类学，都会经历一个历史演变过程。然而，尽管存在着不同的观点，但人类学家所做的工作都具有一些大致的特征。那就是，我可以假定，在人类学领域中，几乎没有学者会不同意，人类学方法具有以下典型特征：1.强调经验资料作为进一步分析的出发点，而这些实证资料是通过民族志田野调查而获得的；2.它以比较的和跨文化的研究视野为特点，其目的是建构并解释人类文化之间的异同；3.它专注于将所研究现象与更大的社会文化整体或它们所嵌入的语境相联系。这些人类学方法的特征——以经验研究为基础，跨文化的研究视角，以及对语境性的强调——将在之后的章节中进行简要的介绍，并就一些问题进行详细的讨论，我将更详尽地阐释如何将人类学方法运用到关于审美偏好问题的研究之中。

（一）实证基础

罗西（Rossi）说，人类学"是一门实证科学，因为它对人类的本质及其成就的结论，不是建立在抽象的知识基础上，而是建立在从世界范围内的系统观察和数据收集而获得的知识之上"①。换句话说，在人类学领域，人们试图在收集世界各地不同文化的经验数据的基础上，得出关于人类及其社会文化、行为及其影响的一般性陈述。这些资料为归纳概括和其他深层次分析提供了出发点。如果我们将自己局限于这些概括和分析所倚重的经验基础，我们就会提出这样一个问题：在人类学中，我们所指的"实证的"究竟是什么？并且，依此推论，什么样的资料才符合这样的实证研究？

如果我们将这些宽泛的问题缩小到关于审美偏好的人类学研究，那么，我们也要问，那些专注于对来自一个既定文化的真实的艺术品，以及关于被视为体现了这种文化的审美偏好的作品的观察，是否可以算作实证性的？换句话来说，那些被视为人们形式偏好的体现或"对象化"的现存艺术作品，可以被认为是我们的美学分析所依据的经验研究主体吗？正如我们所明白的，现存的艺术品本身有足够的理由不再被视为从人类学到美学着手研究的经验性事实。通常地，它们最好被视为第二层级的实证性资料，我们在研究中必须依赖它们，这仅仅是因为，无论出于何种原因，我们很难通达所谓真正的实证性层次，亦即无法获得那些公开表达的或清晰表达的观点。正如安德森（R. Anderson）指出的，与那些研究不再存在的文化中的物质遗存物的考古学家相比，文化人类学家"关注那些能够通过社会中仍然存活着的人们的叙述而进行研究的社会形

---

① Ino Rossi, " Introduction", in Ino Rossi ed., *People in Culture: A Survey of Cultural Anthropology*, New York: Praeger, 1980, p.1.

态"①。事实上，我们在下文将会了解到更多细节，在人类学领域中，这些资料通常被认为是经验性的，它们是通过口头表述而获得的。

除了普遍地由认识论以及方法论所带来的困难以外，这种以依靠口头表达的观点为前提而进行的探讨，也在关于美学的实证研究中产生了一些特殊的问题。因为审美偏好在多大程度上可以付诸语言表达，这还有待进一步的讨论。我们应当看到，大多数学者在反思关于美学的实证研究的可能性时都倾向于同意，至少在某种程度上，审美偏好确实是可以被描述的。为了获得关于美学的清晰的描述性资料，需要一些方法论上的步骤。我们还应关注一些依赖公开表达的观点而在实证研究中所遇到的障碍。这些障碍包括文化翻译的问题，自从这个话题被人类学的分支学科诸如民族志以及认知人类学所强调，人类学家在这些问题上变得越来越敏感。将这些困难考虑在内，一旦收集到来自许多文化的可靠的实证资料，我们就可以对这些人类学调查进行更深层次的分析，包括从跨文化的视角系统地比较这些实证性资料。

（二）跨文化视角

人类学研究的是人，尤其是，文化人类学研究的是文化中的人。其他的学科，也在一个或多个方面关注作为文化存在的人。哈里斯（Harris）追问，人类学是独特的吗？他给了这样的回答："人

---

① Richard L. Anderson, *Calliope's Sisters: A Comparative Study of Philosophies of Art*, Englewood Cliffs, New Jersey: Prentice-Hall, 1990, p.3.

类学的工作之所以与众不同，是因为它覆盖全球范围以及它所运用的比较研究视角。"①

人类学在全球范围内运用比较的视角，意味着它需要一种能够适用于跨文化的概念性工具，即足够宽广的、能够跨越文化边界的术语和概念，从而使我们能够在世界范围内系统地比较社会文化现象。首先，如果我们着手于对一种既定的社会文化现象进行跨文化研究，我们对于这种现象的界定应当是这样的，即它能够包含所有可视为属于调查领域的、可以被观察到的表现形式。

鉴于人类学学科产生于西方的事实，人类学大部分的概念、分类和描述性的术语来自根植于西方文化的知识和学术传统。②这意味着，在人类学中被运用的概念性工具注定会或多或少地被已经形成的西方传统所影响。由此，它们也许会表现出一种文化偏见，这会限制其跨文化的运用。借此，在具体的实践中，由西方文化派生出来的概念，它们为了能够运用于人类学研究中，必须不断地被重新调整、拓展和重构。这个过程是所谓的验证（validation）的一部分，凭借这种方法，"为了能够跨文化地加以运用，我们有必要将在某种文化中发展而成的概念和理论，放置于另一种文化之中进行检验"③。

---

① Marvin Harris, *Cultural Anthropology* (second edition), New York: Harper and Row, 1987, p.5.
② 一个人们所熟知的例外是，来自波利尼西亚传统的"禁忌"概念，如今它已被人类学家所运用。此外，当非西方学者参与人类学工作时，在很大程度上，他们大多数仍然只是在由于规训而习得的西方派生的人类学框架内从事研究。
③ J. H. Kwabena Nketia, "Universal Perspectives in Ethnomusicology", *The World of Music,* Vol.26, No.2, 1984, p.12.

本研究的主要观念或概念是美学，正如我们知道的，这个术语在18世纪的西方哲学语境中被创造出来，直到现在，它还被运用于尊崇西方（有时候是关于东方）的传统之中。因此，为了能够从一种全球性的、比较性的视角加以运用，美学概念应当经受批判性的分析，旨在揭示它可能存在的西方偏见，并且基于从民族志工作中获得的经验性资料拓宽它的内涵。

当人类学在某种程度上被视为在全球范围内进行比较分析时，很明显，它比较的是整体的文化或社会，而不是这些社会文化星丛中个体的特殊观念或行为。正如马凯指出的，一方面，每个个体都有一种能够使他与其他人相联系的基本共性；另一方面，每个个体都具有特性，这种特性能够使他或她成为一个独特的个体，其间，人是某种特定文化中的一员。目前人类学比以往更为关注文化中的人，尽管它并不局囿于此。正如这种观察所表明的，人类学强调文化或社会研究，并不是否定个体经验其所属的社会文化框架的多元而特殊的方式的重要性，或者否认个体对于建构关于某种既定文化的过去、现在和未来大致样貌所做出的贡献。然而，至少在全球性层面上对文化进行比较时，为了呈现人类学家用以进行比较研究的某种特定文化的概貌，我们需要将这些特性以及被个体们所扮演的角色进一步地加以抽象。

对于美学而言，这意味着我们应当聚焦于被某种特定文化中的成员相对广泛分享的形式偏好。换句话说，重点应当放在普遍的审美特性之上，通过这种审美特性，我们能够获悉这种文化中美学的一般特征,不管个体内在的或者即使是部分外在的倾向,都或多或少地共同分享某种评价框架。一些对非西方社会中的审美评价进行实证调查的研究者特别指出,关于美学的文化共识实际上是被建构的。①

此外,正如独特性不应当被忽视一样,人类学对人作为文化存在的强调,也不应否认人的整体方面的重要性。因为,似乎当我们在比较文化时并试图对它们做出解释时,我们不得不面对人类的普遍性。

正如这些言论所表明的,由于人类学在全球范围内进行比较研究,因此它必然要处理人类文化之间的相似性和差异性。文化的一

---

① 例如,下文将要讨论的四分之三的个案研究,已经明确地表达了这种基本观念的一致性存在。即,博勒人[Baule,居住在象牙海岸科莫埃(Komoe)河和班达马(Bandama)河之间的民族,为阿坎人(Akan)的一个部落](参见 Susan M. Vogel, *Beauty in the Eyes of the Baule: Aesthetics and Cultural Values,* Philadelphia: Institute for the Study of Human Issues, 1980);阿散蒂人(Asante,居住在加纳南部以及同多哥和象牙海岸毗邻地区的居民)(参见 Harry Silver, "Beauty and the 'I' of the Beholder: Identity, Aesthetics, and Social Change among the Ashanti", *Journel of Anthropological Research*, Vol.35, No.2, 1979, p.196)以及伊博族(Igbo,西非主要黑人种族之一,主要分布于尼日利亚东南尼日尔河河口地区)(参见 Chike C. Aniakor, "Igbo Aesthetics: An Introduction", *Nigeria Magazine*, Vol.141, 1982, p.4; Herbert M. Cole, *Mbari: Art and Life among the Owerri Igbo*, Bloomington: University of Indiana Press, 1982, p.179)。关于审美偏好的共识除了在大多数其他的个案中得到含蓄的表达以外,它还在尼日利亚的约鲁巴人那得以明确的提及(参见 Robert Farris Thompson, "Yoruba Artistic Criticism", in W. l. d'Azevedo ed., *The Traditional Artist in African Societies*, Bloomington: Indiana University Press, 1973, p.22)以及塞拉利昂人(the Mende of Sierra Leone,塞拉利昂共和国位于西非大西洋岸)(参见 Sylvia A. Boone, *Radiance from the Waters: Ideals of Feminine Beauty in Mende Art*, New Haven, London: Yale University Press, 1986, p.82、89)。除非洲以外,关于审美偏好的文化一致性已有相当报道,例如,施泰格尔(Steager)关于生活于密克罗尼西亚中央的普鲁瓦人(Puluwat)的调研(参见 Peter W. Steager, "Where does Art Begin on Puluwat?", in S. M. Mead, ed., *Exploring the Visual Art of Oceania*, Honolulu: University Hawaii Press, 1979, p.347)。

致性和多样性首先都需要被记录下来。而且,理想地来看,可观察的文化相似性和差异性随后也应当获得解释,这将使得分析者在不同程度上超越经验层面,能够明确地表达其观点。

当运用到美学研究中时,人类学对于人类一致性和多样性的探寻意味着我们需要提出这样的问题:是否存在审美的普遍性,亦即,是否存在一些能够为全人类所欣赏的形式或形式原则?如果事实如此,我们将如何解释这种普遍性的存在?如此普遍的审美偏好是根植于人类的有机体中,还是应当根据共享的人类经验和价值进行解释呢?

然而,大部分研究非西方艺术和审美现象的人类学家和艺术学者并不强调普遍共享的形式偏好,而倾向于强调美之观念主要是文化的问题,因此是相对的。审美偏好中的文化差异首先需要得到记录,与此相应的是,也应当尝试着记录审美评价中可能的相似性。一方面,当保持在一种描述性的民族志层面上进行研究时,我们可以因此建构文化的一致性和多样性。然而这种停留在非解释性层次的分类,仅仅提供了一种描述相似性和差异性的方式。另一方面,如果我们往更"深"层次进行分析,或者做更"高"层次的提炼,那么,可观察到的差异性也许最后被证明,它们只是潜在共性在表面上呈现的不同。作为人类学不同的分支尤其是结构主义,从不同程度尝试着表明,通过跨文化的规则,可观察到的文化差异性有可能规律性地生成。这意味着,它们有可能通过一系列跨文化规则、法律、原则、机制或流程而产生。当我们在不同文化背景中考察艺术作品时，这些规则有可能产生"规律性的变化"。如果事实证明如此，我们面对的则是用以解释既有文化差异的最重要的线索。在更具分析性和解释性的民族学层面上，我们处理的是内在于多样性中的统一性，亦即潜藏于差异性中的共性。罗西总结了人类学探讨的这一特点，"人类学家不仅必须努力确定不同文化的共同点，同时又懂得如何区分它们，而且，用当代法国著名人类学家列维-斯特劳斯的话来说，'要解释存在于社会中的差异性有什么共同点'……"①。关于这一点，罗西又补充道："挑战在于，不是在相似性中而是在文化的差异性中寻找普遍性的解释。"② 如我们所知，解释可观察到的文化差异性的常规首要步骤，是在某种既定的文化变化现象与嵌入其中的社会文化星丛的一个或多个元素之间，进行系统性地、跨文化地和超历史地联结。当这些被视为抽象因素的社会文化成分在不同文化中呈现出不同的形式，或随着时间的推移而发生变化时，与这些因素系统相连的现象，同样有可能在时空中呈

---

① Ino Rossi, "Introduction", in Ino Rossi ed., *People in culture: A Survey of Cultural Anthropology*, New York: Praeger, 1980, p.3.
② Ino Rossi, "Introduction", in Ino Rossi ed., *People in culture: A Survey of Cultural Anthropology*, New York:Praeger, 1980, p.4. 通过采用这种方法来研究可观察到的现象，人类学在研究原理上与其他的学术科学并没有什么差异。正如安德森在1989年出版的《小型社会中的艺术》(Richard L. Anderson, *Art in Small-Scale Societies*, Englewood Cliffs, New Jersey: Prentice-Hall, 1989, p.17) 一书中所指出的，并因此正确地概括了这种研究的不同的步骤，即"包括社会科学在内的所有科学的任务在于，考察我们周围的世界，尝试着发掘并描述存在于世界多样性之中的模式，并且，最后力图理解潜藏在这些模式中的基本原则"。

现不同,这种类型的推理正体现了人类学强调语境的特征,接下来我将进一步详述。

(三)语境性强调

一段时间以来,越来越多的人意识到,人类学不应当局限于传统的主题(诸如非西方的,以前被称为"原始"文化),而是应当以它提供的视角为特征。因此,马凯提出,"人类学不再是关于无文字民族的研究,而是某种特定的研究方法:人类学是关于文化现象的研究"[1]。当马凯补充"这整个社会的文化……并非不相干元素的聚集……它是一个系统"[2]时,他还提供了人类学强调在其文化语境中研究现象背后的基本原理。

因此,在研究一种特定文化时,人类学家通常会以各种方式体现出这样一种认知:一种给定的、通常在分析层面上被挑选出来的社会文化现象,总是和文化或社会的其他方面相互关联。这种将现象融入更大的社会文化整体进行研究的趋势,通常被视为人类学的语境性或整体研究的重点。关于这个问题,马尔库斯(Marcus)和费舍尔(Fischer)谈道:"现代民族志整体表现出来的,究其实质并没有产生目录式或百科全书式的(宏大叙事)……而是将文化元

---

[1] Jacques J. Maquet, *Introduction to Aesthetic Anthropology*, Malibu: Undena Publications, 1979, p.49.

[2] Jacques J. Maquet, *Introduction to Aesthetic Anthropology*, Malibu: Undena Publications, 1979, p.52.

素置于语境中,使它们之间形成系统的联系。"①

一些明显但又非常复杂的问题在于,我们如何认知这些社会文化元素之间可能存在的系统性关联及其意义。即使只是对这个话题做一种大致的考虑,也会使人们意识到有许多困难牵涉其中。在这一点上,我们将会忽略它是什么,它具体如何、为何如此等问题。作为介绍,我们可以侧重于考虑由人类学家报道或提出的系统性联系,以及文化成员意识到这些联系的程度。

接下来要追问的是,参与讨论文化的研究者是否有意认同这些在不同现象中的系统性联系?亦即,这些联系是否被人类学家的报道人或者人类学家的田野工作合作者们认同,并公开表达?因此,他们作为"族缘结构"是否仍然属于话语层面上的经验性范畴?或者,至少不是被当作一种真正的从内到外被清楚表达的"主位"联系。那么,像这样的联系是由外部观察者在文化成员心理的"前意识"或"预反射"(prereflexive)层面上被提出的吗?换句话说,分析者是否声称,这种被描述的系统性联系是由被调查者经反思后将其识别为符合可感知的文化(这可能意味着,经过人类学家的分析之后,这种描述的真实度本身已很成问题)?或者,那些人类学家

---

① George E. Marcus and Michael J. Fischer, *Anthropology as Culture Critique: An Experimental Moment in the Human Sciences*, Chicago: University of Chicago Press, 1986, p.23. 尽管马尔库斯和费舍尔因此表明了,在人类学研究领域中对于整体性研究的重要性的意识是相当晚近的事,但明显的是,这种情境性视角部分地来自历史悠久的参与式田野实践,在这种实践中,外部研究者沉浸于一种作为整体的异域文化之中。正如罗西在1980年出版的《文化中的人——文化人类学调查》一书中论及这种参与式田野调查,"人类学家倾向于通过生活在某些特定群体之中,并参与其生活以研究该群体的生活方式,进而习得他们的生活经验,以在此基础上将该群体作为一个整体来加以描述"。

关于某种文化的描述，被假设为处于一种无意识的水平，也许恰到好处地被誉为——发生在结构主义中——而文化成员不一定会意识到它们？又或者，这种系统性的联系仅仅被那些出于阐释之目的的分析者所利用，从而明确承认这种联系是基于外部的或"客体化"的类别或分析模式。诚然，这些联系显然不同于那些在不同层面上根据讨论而获得表达的联系。

在人类学著述中，我们可以找到关于这些现象的例证和相关观点。一般来说，与被建构的科学规范相符合的是，在人类学家的分析中提出来的系统性联系，其可接受性或合理性将很大程度上根据他们所扮演的角色和他们所做出的贡献，根据研究的逻辑一致性、简约性和见识度，甚或调查的预期价值而进行判断。或者更通俗地说，尤其是在同行的眼中，人类学家关于包括那些被提及的联系在内的分析，通常将根据研究者对文化或社会文化现象的深入调查的程度而进行评估。不过，就后一种评论所暗示出的更多的"社会科学"方面而言，外来分析者在多大程度上被允许超越明确表达的观点的实证层面，当然又取决于被不同的人类学追随者所支持的认识论立场。

因此，如果现象间的联系是先行设定的，那么，这些联系确实应当被文化成员有意识地持有或明确地用语言表达出来（可参见民族科学的基本原则）。在其他情况下，外部分析者对研究加以系统化和抽象化是被允许的，这种系统化和抽象化尽管建基于公开表达的和细致记录的观点之上，但就其本身而言仍然没有被本土化地表达（参看民族科学或认知人类学领域中的研究与实践）。这近乎暗示了"表面结构"（surface structures）的存在，意即，研究者不能完全地意识到某种特定文化中存在着的有意味的联系（参见英国结构功能主义）。研究者应当超越单一文化的层面，并声称，现象之间潜在的系统性联系，实则发生于有限的相关文化之中。最后，为了完成这个简短的调查，研究者会假设一种普遍有效性的存在，亦即"深层次的"无意识结构或系统性联系（参见列维－斯特劳斯的结构主义）。[1]

与学术的总体目标一致，大多数人类学家似乎都接受了这样的观点，即研究是为了对文化进行富有洞察力的分析，而不是仅仅提供一种关于事实的描述（无论这种描述本身多么有价值，甚至有可能表征现象的本质），观察者或多或少都需要超越由报道人呈现的"注释性层面"（the level of exegesis）。换句话说，人们似乎普遍承认，"人类学必须既是一门经验性学科，也是一门解释性的学科"，并由此认识到，"所有的解释都是可争辩的，所有的知识都在不断生成中"。[2]

---

[1] 简单地说，这种调查只不过一方面根据研究的范围，另一方面根据意识的层次而展开。在通常意义上，关于什么可称为讨论中的联系的本质或特征是非常复杂的问题，而上述这些观点并没有将这些问题考虑在内。总之，到底是什么让我们谈及一种社会文化现象之间的联系，即它包括什么内容？这种联结是如何以及为什么发生的？因此，不管它本身是如何地成问题，我们确实需要推进一种系统性联系或者揭示某种模式，从而尝试着阐释其本质。在此我将自己的研究限定在关于联系的一般性解释上，并重点探讨这些解释如何与那些在话语层面上获得的经验性资料相联系。

[2] Toni Flores, "The Anthropology of Aesthetics", *Dialectical Anthropology*, Vol.10, No.1–2, 1985, p.36.

如前所述,"解释"通常包括对实证性资料中的系统联系进行分析。虽然文化成员在一定程度上,会意识到这种联系是一个值得讨论的合法话题,但是它有时候又被认为是无关紧要的,这种现象不仅体现在列维-斯特劳斯著名的结构主义案例中,而且也存在于阿姆斯特朗(Armstrong)所称的"人文人类学"(humanistic anthropology)中。

人文人类学研究的价值取决于工作者的创造力,取决于他在人们熟知的资料中发觉其新的联系的能力。对于他们文化中那些被记录的观察、被描述的结构,人们可能意识到也可能没有意识到。但这是无关紧要的,人文人类学的任务是建构有意义的生活结构。[1]

虽然这一声明似乎将人类学的这种尝试置于社会科学和人文学科的主流学术努力中,但较阿姆斯特朗而言,大多数人类学家更为重视外部解释的重要性,以及这种解释与"本土观点"之间的联系。因为,在人类学领域中,我们仍然通常涉及西方学者关于非西方文化的研究,无论是经验数据本身的建立,还是随后对它们之间系统关系的解释,都可能部分地受到西方偏见的影响。如前所述,尤其是在20世纪50年代和60年代,随着民族科学和认知人

---

[1] Robert Plant Armstrong, *Wellspring: On the Myth and Source of Culture*, Berkeley: University of California Press, 1975, pp.3–4.

类学的出现,或自从批判意识被不断激活,我们更需要一种"新民族志"(New Ethnography)[1]。人类学家越来越敏感地意识到,在"翻译"以及随之产生的解释模式中都存在着诸多问题。因此我们的确应当认识到,西方学者对于非西方文化的某些重要方面的研究,是从带有一定文化偏见的文化背景着手的,尤其会负载某种理论框架。从这个角度看,在人类学视域中,归纳法和演绎法之间并非互相排斥的。研究者对于经验资料的收集,容易受到先在的理论框架派生或推导出来的原则的支配,从而产生一些偏见或固化。

意识到"解释"所涉及的困难,通常并没有妨碍人类学家进行更擅分析的考察。这似乎导致一种共识,即我们应当在这些问题上表现出相当的谨慎,尤其是,我们需要严格检验考察所获的基本资料以及研究步骤。正如希尔弗(Silver)似乎在坚持批判性地获得经验数据和呼吁一种更富于洞察力的分析之间,寻找到了某种平衡,他指出,"一直存在着民族学学者被某种由分析产生的幻象所役使,从而使其研究陷入天马行空的危险。然而任何优秀的研究者都应当坚持,对深层结构的分析应当扎实地植根于可靠的实证资料中,如此,这种危险性可以降至最低"[2]。

因此,在研究某种特定的文化时,人类学家通常将收集到的经验性资料置于更大的社会文化矩阵中,并且在这些资料之间推进它

---

[1] See Marvin Harris, *The Rise of Anthropological Theory: A History of Theories of Culture*, New York: Thomas Crowell, chap.20.
[2] Harry Silver, "Ethnoart", *Annual Review of Anthropology*, Vol.8, 1979, p.282.

们之间的系统联系,从而使这些资料得到语境化的研究。如果我们在文化研究中运用这种方法,那么就人类学的另一特点,亦即它的跨文化比较视角,对语境的强调就是有用的。更特别地,当涉及解释跨文化差异现象时,我们通过提出这样一种看法,即这些差异性事实是由在某一既定的文化及其所赖以产生的、变化着的社会文化语境之间的系统的、跨文化的有效联系所形成的,这种语境性研究有可能体现出一种解释性的价值。例如,当应用到目前的研究主题时,从经验上可以观察到的审美偏好与社会文化环境诸方面之间存在着系统性的联系,通过关注由这些联系产生偏好的方式,能够在一定程度上对审美偏好的差异性做出解释。

总而言之,当我们在话语层面上收集关于审美偏好的经验数据,并且,从语境性视角出发,将其置于更大的社会文化整体之中时,审美偏好与其社会文化背景的系统联系,可以用来有条不紊地解释审美偏好的文化相对性。

上述关于人类学方法的概述,可以作为我们后续研究的指导原则。然而,在我们详述从人类学视角研究审美偏好时所提出的几个问题之前,我们应当多加了解这种方法得以运用的情况。

二、美学以及人类学研究的障碍

早在20世纪20年代,布莱克(Blake)就极力主张,学者们在从事关于非西方文化的田野工作时,要考虑到本土的审美观念。

然而时至今日，在人类学领域中，美学仍是一个被忽视的课题。[1]正如福里斯特（Forrest）所说，"尽管关于推进此类研究的尝试微乎其微，但人类学对于美学的兴趣却是长期存在的"[2]。他认为，尽管日常生活世界"充满了审美经验……然而人类学仅仅抓住了人类行为中最富于意味的领域的表层"[3]。关于这一点，福里斯特进一步补充道，恰恰由于"审美领域是如此的广阔和无所不包"，美学"应当成为人类学的一个主要关注对象"。[4]尽管如此，相对而言，人类学以及专注于非西方艺术的相关艺术史的学科分支，仍然忽略了对于美学的研究。那么，我们要问，究竟是什么原因导致了这种研究的相对欠缺？在下文，我们将考虑到在人类学领域中关于美学研究遇到的一些主要障碍。

（一）美学：一个成问题的话题

为什么学者们一直不愿意认真地考虑非西方社会中的美学主题，福里斯特简要地提出了两个主要的理由。这两个理由都围绕着这样一个事实，即美学一般被认为是一个棘手的话题，无论是从理论上还是从经验的角度来看。

---

[1] Vernon Blake, "The Aesthetic of Ashanti", in R. S. Rattray, *Religion and Art in Ashanti*, Oxford: Clarendon Press, 1927, p.344.
[2] John Forrest, *Lord I'm Coming Home: Everyday Aesthetics in Tidewater North Carolina*, Ithaca, London: Cornell University Press, 1988, p.ix.
[3] John Forrest, *Lord I'm Coming Home: Everyday Aesthetics in Tidewater North Carolina*, Ithaca, London: Cornell University Press, 1988, p.19.
[4] John Forrest, *Lord I'm Coming Home: Everyday Aesthetics in Tidewater North Carolina*, Ithaca, London: Cornell University Press, 1988, p.29.

首先，关于这个主题的界定已被证明是很成问题的，即使是在西方文化的范围内。关于是什么构成了"审美经验""审美形式"等诸如此类的问题，哲学家们已经讨论了好几个世纪。那些试图寻找到一些具有跨文化有效性的术语的企图，最终都似乎是无望的。[①]的确，我们在美学研究中所遇到的主要概念，在一定程度上都是不确定的、模糊的、易变的和开放的。我们所意指的"美"究竟指的是什么？此"美"是如何与"审美价值"的观念以及另一个众所周知的难以捉摸的概念"艺术"相联系的？作为一种推论，后者又如何与令人愉悦的经验的其他形式相关？

正如福里斯特所暗示的，当我们离开西方话语的领域，并且尝试着将相当模糊的，且备受争议的概念置入一个适当的跨文化视野中时，这些令人苦恼的问题会变得更富有意义。考虑到这些源自西方传统的概念的不稳定性特征，我们将真正地意识到，将这些概念转换为跨文化普适的工具的尝试是徒劳无益的，或至少是非常冒险的。但愿这种尝试没有被实施，因为，在西方哲学美学研究中，关于这些概念和问题的一种相对见多识广的深刻理解，似乎是预先假定的。然而，在一定程度上，正是由于美学术语的不确定性，美学似乎经常被视为被某种飘忽不定的光晕所环绕，这往往使学者们在

---

① John Forrest, *Lord I'm Coming Home: Everyday Aesthetics in Tidewater North Carolina*, Ithaca, London: Cornell University Press, 1988, p.ix.

开始研究之前就望而却步。[1]因此,即使人类学家和艺术学者对美学主题感兴趣,但他们也可能试图回避这个话题。虽然他们觉得这种研究很重要,但他们对这些问题从一开始就感到心力不足。正如马丁(Martijn)在研究因纽特人的艺术和美学时所评论的,总体而言,北极地区的人类学家往往会忽视因纽特人艺术的审美方面,过去以及现在都是如此。有些学者会因为缺乏美学方面的训练,而感到力不从心。[2]

对于美学术语的不明确性特征,在很大程度上,一般的做法往往是回避美学的主题,至少对于那些令人困惑的美感领域而言。那么,什么样的感觉才是"审美的"?除了这个我们目前正在讨论的令人不安的问题,我们以某种方式处理情感状态这一简单事实,也引发了由福里斯特在试图解释人类学甚少关注美学时提出的第二个原因。他说"也许审美人类学仍然没有引发人们始终如一的兴趣"[3]的最重要的一个原因,实则源于这样一个事实,即美感"是个人的、内在的状态,众所周知,它很难通过民族志研究方法得到充分

---

[1] 一般而言,正如哈彻尔(Hatcher)在1985年出版的《作为文化的艺术——艺术人类学导论》(Evelyn Payne Hatcher, *Art as Culture: An Introduction to the Anthropology of Art*, Lanham, New York, London: University Press of America, 1985, p.201)一书中提出的,"艺术形式的多样性,以及影响人们审美情趣的因素的复杂性,给许多人留下了极为深刻的印象,以至于他们放弃了这个问题,他们会说一切都是相对的,因此无法对人的品味做出解释"。

[2] Charles A. Martijn, "A Retrospective Glance at Canadian Eskimo Carving", *The Beaver Autumn*, 1967, p.6.

[3] John Forrest, *Lord I'm Coming Home: Everyday Aesthetics in Tidewater North Carolina*, Ithaca, London: Cornell University Press, 1988, p.24.

的了解"①。因此，人类学家一般都通过涉及"不关涉人类主观情状的"艺术主题来回避这个问题。

20世纪60年代，沃尔夫（Wolfe）以一种类似的方式提出，关于艺术的传统人类学研究是"极其片面的"，因为它只集中于研究"媒体、风格以及亚风格"。如此做，我们已经"无端地忽略了关于审美组成部分的研究"。作为对这种不令人满意的状况的解释，沃尔夫同样指出，审美的组成部分涉及关于艺术的"情感反应"（emotional respense）。为了更多地了解非西方艺术的美学，我们必须进入"情感经验"的领域。然而，处理"情感"是一件多么棘手的事情，以至于人类学家一般都只涉及艺术相对简单的方面，尤其是那些以某种方式"可测量的"事物。②

沃尔夫观察到，传统人类学强调对媒体和风格的研究，与此相应的是，西贝尔（Sieber）指出，在关于非洲艺术的田野调查中，"研究重点被放在了客体或行为上……以及这些事物的生产技术方面。简而言之，人们把重点放在了成品上，即艺术作品。而行为方面，包括对它们如何被创造和接受的审美或评价维度，几乎都被忽略了"③。学者们在对非洲或其他非西方艺术的研究中，会惯例性

---

① John Forrest, *Lord I'm Coming Home: Everyday Aesthetics in Tidewater North Carolina*, Ithaca, London: Cornell University Press, 1988, p.ix.
② See Alan W. Wolfe, "The Complementarity of Statistics and Feeling in the Study of Art", in J. Helm ed., *Essays on the Verbal and Visual Arts*, Seattle, WA: University of Washington Press, 1967, pp.149-150.
③ Roy Sieber, "Approaches to Non-Western Art", in W. L. d'Azevedo. ed., *The Traditional Artist in African Societies*, Bloomington: Indiana University Press, 1973, pp.428-429.

地忽略其审美维度,原因之一在于,对于客体、风格、媒体以及技术的强调似乎更是艺术史学研究方法的典型特点,而那些认为美学和艺术观念属于人类学家研究的典型领域的学者,则会运用这种方法。① 接下来,他们也许会认为,美学是一个应当由艺术学者重点研究的主题。在美学研究中,我们会遇到许多问题,这使我们很容易假定,每一种主题都与其他诸多方面相关联。这可能因为,正如安德森所指出的,"非西方美学的主题通常保留在介于文化人类学和艺术史学之间的,那些没有被探讨的领域之中"②。

在解释关于非西方美学研究为何至今仍未获得充分发展的原因时,福里斯特和沃尔夫向我们介绍了一组关键词,即"情绪""感觉"以及"情感"。一些心理学者或其他学者,在某种意义上倾向于论及一种"积极的感情基调"(positive feeling tone),然而在精神生物学家和神经生理学家那里,有学者支持诸如"被激发的高层次"(heightened level of arousal)或"愉悦的经验"(hedonic experience)等类似的表达。事实上,上述特征当然是非常普遍的,它们可能适用于指涉一系列快感体验或者各种令人愉悦的心理状态。人类学家和艺术学者在讨论美学问题时通常会意识到,在某种意义上,讨论中的感觉应当不同于情感的其他类别。然而,这种进一步详述这些感

---

[1] cf. Arnold Rubin, "Anthropology and the Study of Art in Contemporary Western Society: The Pasadena Tournament of Roses", in J. M. Cordwell, ed., *The Visual Arts: Plastic and Graphic*, The Hague: Mouton, 1979, p.670.
[2] Richard L. Anderson, *Calliope's Sisters: A Comparative Study of Philophies of Art*, Englewood Cliffs, New Jersey: Prentice-Hall, 1990, p.6.

觉或经验的尝试，通常仅限于添加了形容词"审美的"[1]——如果不添加这样的术语，那么，美感就不足以成为一种特殊性的存在。

关于是否存在着一种特别的，并且能以某种方式区别于其他情感或心理状态的美感，这关涉到很多问题。并且，如果这个问题得到了确切的回答，一个冗长乏味的问题也会接踵而来，即如何描绘这种特别的美感。当迪萨纳亚克（Dissanayake）论及"这个棘手的问题时，是否存在一种特别的'审美'情感，如果存在的话，那么究竟如何描述它或解释它"[2]时，这些令人不安的问题通常会被引发出来。

在西方哲学美学和艺术批评中，那些特别令人愉悦的感觉或积极的心理状态，通常被视为围绕着诸如"无功利性""自我超越""沉思的心境""即时性和激情"以及类似的观念而出现的审美状态。或者，尤其如安德森总结了这种盛行的形式主义特征，亦即，审美经验被称为"一种由艺术工作者被艺术作品的形式特征所激起的积极的、集中的、统一的以及无利害关系的状态"[3]。不仅如此，这种令人愉悦的心理状态是一种非认知的或非分析的、非理性的、非知识的存在，因

---

[1] 于此，弗思（Firth）在《原始艺术的社会结构》（See Raymond Firth, "The Social Framework of Primitive Art", in D. Fraser ed., *The Many Faces of Primitive Art*, Englewood Cliffs, N.J.: Prentice-Hall, 1966, p.13）一文中举了一个例子，谈及"某种特殊的反应类型以及根植于我们所称之为审美的感觉基调之上的评价"。

[2] Ellen Dissanayake, *What is Art For ?*, Seattle: University of Washington Press, 1988, p.133.

[3] Richard L. Anderson, *Art in Small-Scale Societies*, Englewood Cliffs, New Jersey: Prentice-Hall,1989, p.15.

此，它也是一种不可表达的现象。①

由形式激发的西方哲学美学和艺术批评聚焦于审美意识研究，这似乎被普遍接受。然而从实证的、跨文化的视角来看，则显得过于精英主义或高深莫测。②马凯指出，尽管某些研究部分地坚持上述特征，但在下文中，我将大体同意这一立场。这意味着，我在美学研究中将采用一种相对脚踏实地的方法，即使这样做会使我自己遭受批评。亦即，我不是专注于"真正的"审美偏好，而是处理艺术中的"纯粹"偏好。③归结起来，这种形式主义批评主张，美学更多关涉的是难以捉摸的（非认知的、不可言传的）"形式偏好"，这种形式偏好不应与相对清楚明白的（更多认知的、更易于用言辞表达的）"内容偏好"相混淆。的确，关于美学的讨论（不仅仅是持有形式主义主张的作者会提供这样的讨论）常常会提醒我们应当意识到，人们所偏爱的事物可能包含愉悦感的两个独立的来源，每一种来源都能产生自己的满足感，一种是由意义引发的认知类型，

---

① 例如，可参考马凯在 1979 年出版的《审美人类学导论》(Jacques Maquet, *Introduction to Aesthetic Anthropology*, Malibu: Undena Publications,1979) 第 14—15 页以及 1986 年出版的《审美经验：一位人类学家眼中的视觉艺术》(Jacques Maquet, *The Aesthetic Experience: An Anthropologist Looks at the Visual Arts*, New Haven, London: Yale University Press, 1986) 中的相关论述，马凯在人类学领域占据了一种形式主义的位置。

② 我们可以将之与 Ellen Dissanayake, *What is Art For ?*, Seattle: University of Washington Press, 1988, pp.14-15；尤其可以与 Richard L. Anderson, *Art in Small-Scale Societies*, Englewood Cliffs, New Jersey: Prentice-Hall,1989, pp14-16; Richard L. Anderson, *Calliope's Sisters: A Comparative Study of Philophies of Art*, Englewood Cliffs, New Jersey: Prentice-Hall, 1990, pp.276—278 中的相关论述相比较。

③ cf. Jacques J. Maquet, *The Aesthetic Experience: An Anthropologist Looks at the Visual Arts*, New Haven, London: Yale University Press, 1986, p.145.

一种是由形式引发的审美类型。换句话说,"艺术品"的形构主要来自两种亚刺激,一种是语义的,一种是形式的,分别引起认知的、非审美的反应,以及非认知的、审美的反应。

正如我们所知,将形式与内容进行严格区分,并将其作为两种不同评价(审美的与非审美的)的促成因素,在很大程度上是错误的。反之,我认为应当考虑到形式和内容在生产一种能够导致认知—情感的审美反应的形式—语义刺激物的过程中,实则是相互依赖的。应该注意的是,"意义"或"内容"并非仅指具象艺术中的主题。事实上,它关涉到纯粹形式的构成原则,或者令人愉悦的形式的抽象准则。目前,我们有充分的理由主张,"内容和形式,尽管是有区别的,但却是不可分割的。没有内容是完全无形式的,而所有的形式都是内容的形式"[1]。

以上叙述明确表明,当我们开始讨论美学主题时,关于我们将要涉及哪些问题,我们需要一些指南。从这个角度看,对于以上内容进行概述,并进而形成某些尽管有些含糊的描述,以及使美感能够从其他的情感状态中被辨识出来的尝试,也许会得到某些人的欣赏。至少,我们应当超越这样一种见解,即仅仅认为美感指涉一种针对"艺术"形式方面的特殊情感反应。如今,在关于非西方艺术和美学的文献中,关于什么是审美感知的具体阐释是罕见的。这意味着,在以后的调查研究中,我们应当在更广泛的意义上理解美

---

[1] Melville Rader and Betram Jessup, *Art and Human Values,* Englewood Cliffs, New Jersey: Prentice-Hall, 1976, p.30.

感,我们需考虑到研究者在运用这一概念时会涉及的不同方面。然而,在目前研究中,我们应当同时形成关于何谓美感或审美意识的观念。简要地说,我会倾向于部分保留被西方传统哲学美学和艺术批评所强调的思辨性。然而,它们只是以一种比较低调的方式被运用,至少不会在一种被夸饰的意义上运用。以下我将简要地介绍这些特征。

首先,我通常会坚持在涉及形式的感知和评价方面已经确立的美学观念,以避免这种关于形式的强调与目前研究的客观性相冲突。然而,应当重申的是,我极力反对这样一种看法,即认为"真正的"审美反应仅仅是由"纯粹的"形式所引发的。相反,我们应当提出,审美反应是由"形式—意义"或"形式—语义"刺激所引发的,并且将这种观念贯穿在整个研究当中。

其次,尽管这种边界是流动的,但在接下来的美学讨论中,我将主要研究那些被视为"超个人的"或"无功利的"愉悦感。在下文中,我们将问题聚焦在视觉艺术所引发的令人愉悦的反应上,而这些反应远不是源于某些特殊的关注或以自我为中心的兴趣。关于"自我超越",我们不应当认为它意味着,我们应当涉及那些属于诸如高贵的或崇高的类型的美感。我也不否认存在着某种令人难以捉摸的审美经验,就其本质而言,它们是无法用言语表达的。以下我们将采纳人类学方法进行分析,会涉及那些不可用言辞表达的,似乎在文化的层面而不是在个人的层面上被激发出来的形式偏好。换句话说,我们重点研究的审美偏好,在某种意义上被视为"超个人的"或"自我超越的",它们更多地是与文化而不是与个人相关联。然而,众所周知,在个人层面与文化层面之间划出明确的界限,无疑是不可能的。

人类学关于由非特殊动机激发的形式偏好的强调,也许会导致我们对美感的共性做简要的考虑。以上分析表明,由于审美感觉通常被视为一种情感经验形式或某些思想的情感状态,因此,我们通常会认为,由它所引发的愉悦感将以某种方式与其他愉悦类型相区分。尤其是,这种观点似乎已很普遍,即尽管美学关涉的是思想的情感状态,但它不涉及世俗的感觉或平淡的情感,更不必说粗俗的情绪。与此相应地,审美享受似乎应当被放置在一种"更高的"满足层次。由此可以说,正是通过探索超越于由形式偏好所激发的存在,我们在某种意义上进入了更"高"层次的愉悦。如此看来,我们也不太可能再去面对由"简单"的个人动机(如占有欲或个人回忆)所引发的偏好。的确,一些研究者在美学领域中甚至回避"情感的"这个形容词,因为他们感觉到,它会使人联想到太多由利己主义引发的粗鲁的情感。[1]

借此,审美经验以某种形式的参与为其特征,但它没有太多个人的参与。它所包含的感情可以被描述为"热情而又冷静的"。于此,我们又回到了"无功利性"或者"超然"的观念。这也让我

---

[1] See Jacques J. Maquet, *The Aesthetic Experience: An Anthropologist Looks at the Visual Arts*, New Haven, London: Yale University Press, 1986, pp.56–57.

们想起了布洛（Bullough）提出的"心理距离说"[①]。布洛多次指出，它体现了我们通常所指称的审美经验或感知的特征。或许现在，布洛的观念通常指的是，当经验到我们所分析的某种特殊感觉时，感知态度是以"审美距离"为其特征的。[②]

总之，在某种意义上，人类学家聚焦于文化而不是个体的层面，这与盛行的观念保持一致。这种观念认为，审美经验中所包含的满足感是"有距离感的"，它超越关于个体本性的考虑，或者超越那些与个人的欲望相关联的满足感。

最后，在这种研究中，我在某种程度上将坚持另一个经常被提及的美感特征，它可以被称为一种更直接的和即时性的强烈经验。换句话说，除了由"形式"引发的以及以"非特异满足"为标志的特征，美感似乎往往被认为是对刺激物的直接经验。这种坚持"即时性"或者直接性的评论，也许会给人这样一种印象，即不同意我在这种研究中尝试提出的主张。关键是，"直接的"对我而言当然并不意味着"无中介的"，事实上，审美感知过程在诸多层面上被深入人心的文化知识所调和。因此，我尤其不同意审美经验是某些非认知的结果，以及将"即时的"或者"立刻的"与美感的特征相绑定。

然而，我确实同意，在审美感知中，我们并不完全处理推论性

[①] Edward Bullough, "'Psychical Distance' as a Factor in Art and as an Aesthetic Principle", *British Journal of Psychology*, Vol.5, No.2, 1912, pp.87–88.

[②] E.g. Melville Rader and Betram Jessup, *Art and HumanValues*, Englewood Cliffs, New Jersey: Prentice-Hall, 1976, p.54.

的认知或分析过程,这种过程以理解科学阐释或哲学论证为特征,意图在宏观视野中去理解诸如一幅地图或一个图表的意义。随后,我将更充分地阐明,包括审美感知在内的认知过程会以某种方式被置入另一领域。因此,我们应当尝试着就其本然地描述它们。无论它们如何的复杂,它们似乎的确是以某种程度的"即时性"为特征,而这些特征在其他间接性的感知过程中通常难以被发现。重要的是,这种直接性似乎是可能的,部分地是因为,审美刺激被设想为形式和意义的聚集,它是通过形式以一种聚焦的方式而显现其意义。有观点指出,由于多种原因,这种"形式"或者"媒介",似乎非常适合于传达某种扼要的信息,而这种信息可以引发人们对于意义的相对直接的理解。

在进一步思考有关美感的含糊却至关重要的特征时,我也许可以将奥斯本(Osborne)提出的两个论点联系起来。他指出,首先,"艺术品是形式和内容、实质和表现的密不可分的结合体"[1]。显然地,当我们回到诱导审美经验的"纯粹的"形式问题时,即如果艺术品作为审美刺激物而起作用,那么感知主体不能不考虑到该作品的意味,因为艺术品的语义部分与它的形式是难分难解地联系在一起的。因此,通过对形式和内容的同时关注,这个主题中的审美感知将得到认知性的传达。然而这并不意味着奥斯本主张审美知觉过程是散漫的,或者它是认知者相对间接的认识或语义分析。至少,

---

[1] Harold Osborne, "Aesthetic Experience and Cultural Value", *Journal of Aesthetics and Art Criticism*, Vol.44, No.4, 1986, p.337.

在审美经验方面,他指出"审美经验类似于所有的感知,即,它是认知的一种形式,然而基于审美经验本身是直接性的,因此它是对客体的直接感知,而不是关于客体的知识"[①]。

通过添加这最后几句话,奥斯本似乎同时提出了两个相关的观点。一方面,他认为审美经验包含对形式—语义刺激的相对直接的理解;另一方面,就通过分析刺激物的语义成分而言,他主张审美知觉最终指向内在于作品中的意义,亦即,它是内在本质地与它的形式成分相联系。这给我们带来了另一个关于形式和意义之间联系的众所周知的难题。从该研究的语境性的,因此是相对性的视角来看,尽管我们在一定情况下也许会谈及特定形式及其意义之间的普遍有效的联系,但是一种被建构的事实仍然需要重新审视,即在不同的文化或语境中,同样的形式也许有不同的意义(正如不同的形式在不同的背景中可以表达类似的意义一样)。显然地,这使得谈及形式和意义之间的内在联系成了问题。更进一步讲,即使在一种给定的文化背景下,即使我们都承认形式和意义的联系,但要在形式和内容"内在的"和"外在的"联系之间划出边界,仍然是非常困难的。这个难题关系到形式和它的语义成分之间,或者能指及其所指之间的联系。

无论如何,奥斯本似乎认为,为了使审美意识得以直接发生,感知者需要关注审美对象本身。于此,以下的假设似乎是合情合理

[①] Harold Osborne, "Aesthetic Experience and Cultural Value", *Journal of Aesthetics and Art Criticism*, Vol.44, No.4, 1986, p.334.

的，即为了能够瞬间理解"通过形式而呈现的意义"，感知主体需要研究这种审美刺激，亦即，与这种理解相伴而生的是一种相对"无顾虑的""沉思的"心理状态，而这种状态以对"注意力"的某些超脱的形式为特征。后一种特征主要源自一种形式主义的视角，但这种"审美态度"不必仅仅局限于对"纯粹"形式的感知。

（二）形式主义和两分法思维

然而，现在同样清楚的是，人们通常没有接受"审美态度"不必局限于对"纯粹"形式的感知的思想。只要我们允许用意义调解审美感知过程，就应当承认，这个过程及其令人愉悦的"情感的"或"情绪的"产物，在一定程度上包含了"认知"。然而，正如我们所了解的，形式主义者尤其会把关于"知识"的任何介入看作与"真正的"审美经验无关，因为审美经验被视为是由形式而非意义引起的。于此，这同时阐明了审美经验作为一种非认知现象的形式主义特征。

另外，人们经常根据情感和认知两方面来描述审美经验。它具有情绪和认知方面的特征，同时涉及情感与理智。在非西方艺术和美学领域，也有一些学者尝试着在这种双重意义上阐释审美经验的典型特征，有时还会做一些重要的补充，即在审美感知中，这两种成分是相互融合的。例如，阿泽维多（d'Azevedo）坚持认为，审美评价可归结为包含"情感的"和"理性的"两方面的因素，在审美鉴赏过程中，我们涉及的是"情感因素和认知因素的特殊统一"[1]。弗思同样认为，这种过程指涉的是审美的"认知的和情感元素的复杂联系"[2]。

人们往往运用"情感的"和"理性的"来描述审美感知和审美经验，然而，关于这两者之间的确切联系，仍然是难以说清的，或者至少是成问题的。此外，我们通常很难确切指出"认知的""理性的""理智的"等诸如此类的词到底是什么意思。因此，在研究中，存在着诸多运用这些术语进行解释性描述的方式。于此，我们足以观察到，人们通常会认为，"认知的"方面在审美经验中扮演了重要的角色，人们通常将对知觉过程的感知与评价的调和称为审美状态。

尽管用于描述审美感知的二元成分之间的确切关系仍然不清

---

[1] Warren L. d'Azevedo, "A Structural Approach to Aesthetics: Toward a Definition of Art in Anthropology", *American Anthropologist*, Vol.60, No.4, 1958, p.706、p.708.
[2] 在关于非西方艺术和美学的文学作品中，诸如，希尔弗（Silver）和史密斯（Seymour-Smith）同样认为，审美经验包含"情感"和"认知"（See Harry Silver, "Ethnoart", *Annual Review of Anthropology*, Vol.8, 1979, p.286; Charlotte Seymour-Smith, *MacMillan Dictionaary of Anthropology*, London, Basingstoke: MacMillan, 1986, p.5）。斯托勒（Stoller）和考维尔（Cauvel）同样提及了审美经验的"情感的"和"理智的"维度（See Marianne L. Stoller and M. Jane Cauvel, "Anthropology, Philosophy and Aesthetic", in J. M. Cordwell ed., *The Visual Arts*: *Planstic and Graphic,* The Hague: Mouton, 1979, p.69.）。米尔斯（Mills）以一种同样的方式谈及审美经验的"质的"和"认知的"方面（See George Mills, "Art: An Introduction to Qualitative Anthropology", in C.F. Mills ed., *Art and Aesthetics in Primitive Societies*, New York: E. P. Dutton,1971, p.92），这可视为"同一条河流的两岸"。关于类似的观点，也可以参见 R. Redfield, M.J. Herskovits and G.F. Eckholm., *Aspects of Primitive Art,* New York: Museum of Primitive Art, 1959, p.30; Simon Ottenberg, *Anthropology and African Aesthetics*: *Open Lecture Delivered at the University of Ghana*, Accra: Ghana University Press,1971, pp.16-17; J.H.Kwabena Nketia, "The Aesthetic Dimensions of African Musical Instruments", in Marie-Thérèse Brincard ed., *Sounding Forms*: *African Musical Instruments*, New York: American Federation of Arts,1989, p. 24.

楚，或至少是有问题的①，但这些描述的优势在于，至少它们考虑到了两个方面，它们给"认知"和"情感"的相互作用和结合留下了可能性。这与形式主义者的某些观点形成了对比，他们常常将这两种成分看作相互排斥的，除此之外，他们还认为，只有情感的或情绪的反应才能被认为是审美的。正如我们所了解的，他们会继而认为，我们的反应或者存在于被称之为审美的特殊情感的、情绪的，或至少是非认知的模式之中，或者存在于非审美的认知的，或理性的模式之中。有人可能认为，鉴于在前面的实例中，我们涉及的是二元论（dualism），而在后边的形式主义个案中，我们面对的则是两分法（dichotomy）。由于这可能需要做出一些解释，我将做一个简要的说明。此外，基于将在下文展开的其他几个主题，包括美学中的普遍主义和相对主义，将被证明是彼此相关的。

正如克劳斯（Kloos）指出的，两分法思维形式仍然是普遍存在的，并且，这种思维方式常常使得在人类学和一般学问中讨论的问题变得难以理解。他提出，人们应当区分二元论和两分法推理，后者建构了前者的特例。克劳斯补充到，二元思维意味着任何形式的推理都是双重的，这也许是一种非常普遍的现象，然而两分法的推理被描述为是根据"或者……或者"的模式进行的思维，这尤其

---

① 随后，我们将进一步讨论一些关于"认知的""理性的"等究竟意指什么以及审美经验方面的读本。于此，我们仅仅做这样的注解——这或许是一个有点牵强的解释——术语"理性的"或"理智的"也许被用来强调某种信念，即审美评价指的是一种"超个人的"，相对"无偏见的"特征的评价。有人可能认为，由于个人参与的相对缺乏，此种评价在一定程度上是客观的和公正的，因此，除了导致一种"情感的"或"情绪的"反应外，它还应当在"理性的"或"理智的"维度上界定其特征。

第三章　人类学和美学

可视为西方传统的一个重要特征。①

与这些观察基本一致的是，我倾向于认为，二元论在某种程度上是一种相当中性的思维方式，它在关于两种成分的关系方面没有暗示任何的先入之见（至少不会超出这样的事实，即它们是在通常意义上是被挑选出来，运用于关于某种既定的现象的讨论或分析中的两种主要元素）。二元思维仅仅意味着推理，出于阐释的考虑而利用一个或多个分析性的元素，重要的是，这些元素会相互作用或融合在一起。正因为如此，二元论与两分法思维形成了某种对比。在试图阐释这两种元素联系的本质时，两分法思维会形成一种先见的观念。在该思维中，这两种形成对比的因素似乎是分开的或独立的，甚至是相互排斥的。因此，两分法思维是一种"非此即彼"的推理。

尽管我们意识到，在阐释中避免二元论的形式是十分困难的，但我们同时应该注意，不要将这些二元论转化为两分法。我们应当将这种难以回避的二元性看成仅仅只是一个开端，随后它会导致更棘手的问题的产生。以下情况特别值得讨论：认知和情感这两个方面是如何互相作用的？它们如何结合在一起？它们如何融入不同的美感之中？

因此，在分析的第一阶段，我们可以保留一种相当中立的二元论形式，继而进一步探究这些构成因素之间的联系，也许在某种程

---

① See Peter Kloos, *Filosofie van de Antropologie*, Leiden:Martinus Nijhoff,1987, pp.113–115.

度上能够最终克服这种二元论。这与用两分法时主张经验是由"情感的"因而是审美的,或者"认知的"因而是非审美的是不同的。相比之下,以二元的而非两分法的术语概括审美经验的特征,为我们以某种方式在情感的和认知的两个层面上描述经验留下了可能,亦即,我们面对的是,在二元层面上包含更具认知性的和情感性的审美感知过程。这种审美感知可能会相互作用,或者融合成某种存在,而此种存在能够超越最初的认知和情感之间的二元区分。

同样的问题将会摆在我们面前,不是关于审美的反应,而是关于产生这种反应的刺激。我们将面临更特别的形式—内容二元论,或者更确切地说,形式—内容两分法。形式—内容对比的普遍存在,使得两分法的问题几乎不可避免地被提出来。例如,如果我们在观察某物时体验到一种快感,那么,这种积极的感觉是由形式带来的,还是源于感知到的内容?就像在惯例中,审美满足指的是人们在观察形式时所经验到的乐趣,在两分法的推理类型中,意味着任何涉及内容或意义的愉悦意识都应当被视为非审美的。事实上,我们知道,刺激及其产生的反应实则是结合在一起的,这导致了一连串的逻辑推理,即形式导致了一种情感的因而是审美的反应,而意义产生一种认知的因而是非审美的反应。

就情感和认知的区别而言,我认为,我们最终会超越关于形式和内容的两分法,从而表征审美刺激是形式和意义的融合。当然,这说起来容易做起来难,尤其是,在很大程度上,我们似乎陷入了二元论或实质上是两分法所造成的困境之中。这是一种形式主义的教条，具有鲜明的两分法推理特征，然而，这种逻辑在20世纪美学研究中产生了持续有力的影响。形式主义将研究的重点放在纯粹的形式及其非认知性反应上，这严重妨碍了我们试图克服传统二元论的局限，更谈不上对于两分法的超越。特别地，由于形式主义本质上的两分法特征，任何我们可以进入的讨论及其相关问题，都会导致时常滑回到两分性推理形式之中的危险。因此，当我们发问，审美反应是否由纯粹的形式引起，我们似乎会被迫走向另一端，即认为内容才是此种反应的刺激物。毕竟，在流行于用两分法进行研究的思考模式中，如果这种刺激物不是形式，那么必然就是内容。这也许会导致一个具有挑衅性的问题，即在通常意义上，作为对内容或意义而非形式的反应，它是否是审美的？

借此，西方两分法思维的盛行，以及在美学研究中形式主义教条的影响，被认为是在人类学领域中研究美学的障碍。就认识论而言，我们倾向于将现象分为相互排斥的成分，亦即作为刺激源的形式与内容，以及作为其相应反应的情感与认知。此外，如果我们还接受这样的假设，即，美感是来自对形式的（而非内容的）感知而形成的情感的（而非认知的）反应，那么，从方法论来讲，我们会面对一些严重的问题。

首先，如果审美反应被视为一种情感的而非认知的经验，从某种意义上说是不能用语言表达的经验，那么，由于人类学是在话语层面从事研究，对美感进行实证研究简直就是不可能的。此外，即使一个主张形式主义观念的研究者接受这样的观点，即，审美经验在某种程度上至少是可以明确表达的，但他同样会坚持认为，这种经验是单独由形式引起的。如果持有这种观念，那么就不可能记录人们所预设的纯粹形式偏好。调研者也许可以建构什么才是看起来像真正的形式偏好，例如对于匀称、光滑或者曲线的偏好。但是，一旦我们更深层次地解释这些偏好，或者将它们置入其社会文化语境中加以考虑，正如我们所见，这种由形式主义而激发的研究者必定会得出这样的结论，即，他或她记录的偏好早已形成，至少部分地包含语义或功能动机。①因此，可观察到的偏好不再被认为是人们正在寻找的纯粹形式的偏好。

于此，我们只是给出一个明显的例子，假设一个研究者确定，在既定的文化中的成员展现出一种对于人形雕塑的光滑性的偏好，以及假设随之变得清晰的是，这种偏好部分地是由在此情境中的光滑性所引发的积极性的联系所激发的，那么事情将会怎样？无疑地，像这种对于雕塑中的光滑性的偏好不再被认为是"纯粹形式的"。因此，对于一个形式主义者而言，这种偏好不是"真正"审美的。由于进一步考察的大部分可见的形式偏好（包括对诸如匀称性或曲线性等"形式的"特征的偏好）能够以某种方式与被引发的意义相联系，或者因为它们能够以某种方式通过功能性的考虑而得

---

① 所有这一切表明，研究者的确应当重视阐释的深度，或者进行一种情境性的分析。换言之，一个形式主义研究者也许仅满足于他或她已经记录下的看起来是纯粹的形式偏好（匀称、曲线性以及诸如此类的）。

第三章 人类学和美学　　　　　　　　　　　　　　　　141

以部分地解释，因此，任何从形式主义视角进行的关于美学的经验性的、语境性的研究都会归于失败。[1] 事实上，之所以如此看，也可能是因为我们强调形式主义学者的最初假设，即，作为由形式引起的非认知的反应的"真正的"审美经验，实际上是不能被明确表达的。然而，无论这种类型的推理乍看上去是多么地吸引人，但需要指出的是，这种主题是非常复杂的。尤其是，形式和意义之间的联系远比由这种思路所暗示的更为错综复杂。

简言之，有人可能会宣称，形式主义已经阻碍了关于非西方美学的实证研究，原因有二：第一，审美经验作为一种非认知的和不可明确表达的事物，它本身就否定了对那些付诸话语表述的审美偏好进行调查研究的可能性；第二，即使可以假定审美经验在一定程度上可以付诸话语表述，然而，形式主义假设却通过将经验视为纯形式的产物而阻碍着这种研究。后一种原因会导致这样一种结果，即，热衷于用两分法思维的形式主义者，会抛弃那些被视为审美的，以及不可避免地指涉内容或情境的可描述的反应。

---

[1] 可与斯科迪蒂（Scoditti）的相关观点相比较［See Giancarlo M.G. Scoditti, "Aesthetics: The Significance of Apprenticeship on Kitawa", *Man*(N.S.), Vol.17, No.1, 1982, p.74］，他概括到，学者们报道非西方文化中本土审美评价的可能性"或者是直接被驳回，或者被众多的怀疑和关于它的社会学背景所围绕，即使作为一种假设，它最终也会被拒绝"。幸运的是，斯科迪蒂的观察似乎被夸大了。然而，他们这样做，通过表明一旦情境性的因素被认为对形式的评价有影响，许多人就不再认为这种评价是"审美的"，从而展现出形式主义思想的普遍影响。另外，实证的报道被视为"真正的"审美偏好，亦即"纯粹形式"的存在似乎通常上被认为是不可能的，斯科迪蒂的评论也助于阐明形式主义者在关于美学的人类学调研中产生的消极影响。

三、一种断言：非西方文化中美学表达的缺席

我们现在可以转向在人类学领域中美学研究将会遇到的更为具体的障碍，即，断言非西方社会缺乏可用语言表达的审美观念，以及甚至依此假定，非西方民族根本就不具有审美感知力。

首先，在人类学领域中，在传统意义上被加以研究的群体，其审美感知力长期以来都遭受否认，这使得任何关于他们的美学研究从一开始就注定是徒劳的。例如，在20世纪，美拉尼西亚人是否具有对美的感知力，还有待讨论。斯特凡（Stephan）在田野调查的基础上研究俾斯麦群岛（如今在政治上属于巴布亚新几内亚的一部分）的艺术，他在《南太平洋艺术：俾斯麦群岛的艺术和艺术的史前史论集》(*Südseekunst: Beiträge zur Kunst des Bismarck-Archipels und zur Urgeschichte der Kunst überhaupt*)一书中明确谈到，对于他而言，毫无疑问，这些岛民天生具有审美感知的能力。[1] 与此相应的是，他明确反对法伊尔（Pfeil）提出的观点，法伊尔在这个地区居住后宣称，俾斯麦岛民根本就没有展示过对美的感知。[2] 有趣的是，无论多么令人沮丧，斯特凡补充到，当谈及审美感知时，根据法伊尔的看法，美拉尼西亚不仅与西方人相区别，而且也与非洲人

---

[1] Emil Stephan, *Sudseekünst: Beiträge zur Kunst des Bismarck-Archipels und zur Urgeschichte der Kunst überhaupt*, Berlin:Dietrich Reimer, 1907, p.119.
[2] Joachim Pfeil, *Studien und Beobachtungen aus der Südsee,* Braunschweig: Wieweg und Sohn, 1899, p.154.

相区别，其中，法伊尔并未否认西方人和非洲人具有美感。①

很容易想象，与这种说法相伴的是，我们仍然深深地受到人类进化论的影响。美拉尼西亚人被视为一种智力迟钝的、落后的群体，他们远未达到人类变得天生具有美感的阶段，还未迈出走向进化阶梯的第一步，而西方文明以及非洲文化早已抵达这一阶梯。探讨美感的特征，并因此将审美感知与"纯粹的享受"或其他令人愉悦的"情感状态"相区分，实则是把它看作一种"高水平"的存在，它需要一种批判性的、有辨别力的感知。②就进化论观点而言，这种审美能力被认为是精神和文化发展到一定高度才会产生的，并成为时代发展的一个重要特征。

尽管不常诉诸书面表达，但这种关于非西方人不展示任何审美感知能力的观点，却早已是不言而喻的了。例如，在1971年，乔普林（Jopling）仍然写道："直到最近，人们普遍相信部落社会是没有审美观念的。艺术仅仅是宗教的和魔幻信仰的一种表现而已。"③由此可以推断，根据这样的观察，乔普林似乎特别考虑到学术界研究非西方文化的方式。在大部分公众中，甚至在西方专业的

---

① Emil Stephan, *Sudseekünst: Beiträge zur Kunst des Bismarck–Archipels und zur Urgeschichte der Kunst überhaupt*, Berlin: Dietrich Reimer, 1907, p.124.
② 这种评论也许构成了关于为什么审美感知经常是不仅根据"情绪"或"情感"，同时也要根据"认知的""理性的""理智的"或者"分析的"方面而被描述的诸多原因。
③ Carol F. Jopling, "Introduction", in C. F. Carol ed., *Art and Aesthetics in Primitive Societies*, New York: E. P. Dutton, 1971, p.xv.

艺术圈里，这种观点显然是继续存在的。[1]这种经久不衰的观点在一定程度上也解释了，为什么在这个世纪，学者们觉得有必要明确指出，美感具有人类的普遍共性。

如上述观察所表明的，长期以来，非西方社会中的艺术品往往被认为只是作为宗教和巫术的附属物而存在。或者更普遍的是，它们似乎仅仅被当作意义的功能性工具，从它们的制造者和使用者的视角而言，它们不涉及任何审美的维度，尽管功能和意义也不排除美的存在[2]，但显然地，对于大多数人而言，非西方制品的制造和本土接受的根源在于功能的和语义方面的考虑，而不是出于审美动机。

也许有几个原因可以用来解释这种观点，而且，这些原因是错综复杂地联系在一起的。例如，这些讨论中的艺术品对于西方

---

[1] 可以与普里斯（S. Price）的论点相比较（See Sally Price, *Primitive Art in Civilized Places*, Chicago, London: University of Chicago Press, 1989, p.89、104）。普里斯也提及了关于20世纪美术的"原始主义"展览的一位批评家威廉-鲁宾（See William Rubin ed., "*Primitivism*" *in Twenthieth-Century Art: Affinity of the Tribal and the Modern*, New York: The museum of Modern Art, 1984），他没有受到任何专业知识和彻底让人震惊的以及存有偏见的方式的妨碍，他概括了在这次展览中的非西方艺术作品的特征，"在它们的本土语境中，这些客体被赋予了敬畏的和死亡的情感而非被强化的审美性。它们被视为通常是处在运动中，在夜里，在封闭的黑色空间，通过闪烁的火光照明。它们的观众处于仪式、公众认可的情感以及酒精或药物的影响之下。更重要的是，它们被萨满仪式中的客体本身所激活，从而表演出通常由面具或图案所呈现的令人可怕的力量。对于观众而言，其危险性不在于审美感知方面，而在于他们自失于确认或支持这种萨满教僧的表演之中"。

[2] 事实上，这些方面也许是唇齿相依的，这种联系将显示在该研究的其他部分。也可以参考范丹姆于1987年出版的《一个关于在撒哈拉以南非洲地区美与丑的比较分析》(Wilfried Van Damme, *A Comparative Analysis Concerning Beauty and Ugliness in Sub-Saharan Africa*, Gent: Rijksuniversiteit, 1987, pp.19-25)的相关论述，例如关于在撒哈拉以南非洲地区的"美的宗教功能"的研究。

观众而言通常是没有吸引力的,而这一事实导致了这样的假设,即这些对象不能用来表达美。[1]或者,也许我们对于功能和意义的强调,是对于在20世纪之初西方美学研究非西方艺术作品的方式做出的某种反应。在他们关于非西方艺术的分析中,这些艺术家、批评家以及学者强调形式以及他们所看到的,作为他们讨论的艺术品的审美价值。通过这样做,他们继而以牺牲对艺术品之意义和功能的考虑为代价,这些作品因此从它们的语境中被连根拔起,这无疑是一种非常错误的做法。[2]作为对这种非正当的去语境化做法的回应,有些人也许会反过来强调意义和功能,这些方面曾被原初的非西方艺术生产者和消费者所强调,但却是以牺牲任何对于这些艺术品的美学考虑为代价。这一系列的推理,忽略了功能、意义以及美之间可能存在的重叠。这也许也是受到某种浪漫的"为艺术而艺术",即强调"艺术"和"美"的非功能性的观念的影响。

无论如何,人们通常会认为,被制作出来的非西方物品并不

---

[1] 这种相对主义的缺乏表明,人们在对待审美价值时,会受到心照不宣的"普遍性"的影响。事实上,这是一种被普遍化了的种族优越感,因为在这种观念中,对艺术的西方标准的偏离就意味着美感的缺失。例如,在分析法伊尔否认俾斯麦岛具有美感的可能原因时,斯特凡在《南太平洋艺术:俾斯麦群岛的艺术和艺术的史前史论集》(Emil Stephan, *Südseekunst: Beiträge zur Kunst des Bismarck-Archipels und zur Urgeschichte der Kunst überhaupt*, Berlin: Dietrich Reimer, 1907, p.118) 一书中假设,"这种判断只能这样来解释,即土著的丰富的艺术活动几乎被完全忽略了,这或许是因为,他秉持的是他自己独有的审美标准"。应当额外指出的是,并非所有的非西方雕塑的制作都是为了表达"美"的观念,例如,某些雕塑作品表达的是一些有意而为的丑陋。

[2] cf. Adrian A. Gerbrands, *Art as an Element of Culture, Especially in Negro-Africa*, Leiden: E.J. Brill, 1957, p.52.

都是为了传达美。如前所述，自世纪之交以来，在西方世界，某些特定的非西方雕塑以及其他的客体开始被视为"艺术品"，即，这些人工制品被认为展示了某些审美的品质。尽管并不是所有的西方美学家对于物品的生产者之审美感知能力有贬抑之言，他们也会称赞其美学的价值，但当我们将这个时代流行的观点结合起来时，我们似乎面对一个需要做出解释的悖论。在通常意义上，物之客体怎样才能被认为它不是有意表现美？事实上，某人制造某物并非为了激发美感，也并没有因为其审美方面而受到赞美。人们相当普遍地认为，仅仅是"我们"，亦即西方人承认这些作品的美，从而涉及那些被发现的客体的美。例如，正如波韦尔（Pauvert）表达了对于非洲雕塑的尊重，"毋庸置疑，我们可以找到一些美丽的非洲作品。尽管它们是难以讨论的，但是，对我们而言，它们也是美丽的"[1]。

如前所述，人们很少会公然否认非西方人具备审美感知能力，至少在书面表达中不会如此。更普遍的说法是，虽然非西方人也许会展示出一些美感，但我们不可能期望在他们那里听到关于审美感

---

[1] 也可以将之与西拉（Sylla）于1983年发表的《非洲传统艺术中的创造和模仿》[Abdou Sylla, "Création et imitation dans l'art africain traditionnel", *Bulletin de l'I, FAN.*45, B(1/2), p.33] 中的评论相比较，因为非洲艺术通常被认为是一种功能性的艺术，它们在严格的传统框架中被制造出来，"非洲艺术家没有首先从美学角度考虑如何创作，尽管他们创造出了美的作品，但这些作品的美是偶然的；在安德烈·马尔罗看来，这就是'偶然之美'"。

觉或审美偏好的话语表达。① 于此，我们更多涉及的是审美判断力的缺乏而非审美反应的缺乏。意即，我们缺乏的是关于物之审美特性的表达与评价。在记住这些区分的同时，我们将回到以下由沃格尔（Vogel）提出的评论，它也许有助于阐明以上观点为何直到最近还依然流行的原因。该评论涉及的是20世纪60年代末关于科特迪瓦的博勒族美学的早期研究，沃格尔指出，"在1968年，关于'原始人'是否能够进行审美判断的问题仍然还有待讨论，因此，我也无法确定我是否能收集到相关的美学批评，尽管我非常期待"。

由此可见，虽然有些学者认为，美感是永远无法言说的，但人们仍然普遍认为，尤其是非西方国家的人，他们在审美观点的表达上是无能的。换句话说，经常被默认的是，正如格勒特纳力（Grotanelli）所观察到的，"艺术批评的精妙之处"在于艺术品的独一无二性，以及复杂的西方文化所独有的特征。② 在这种情况下，问题不再是审美经验的本质是否能够得到明确的表达。更确切地说，这个问题变为，在种族中心主义和进化主义的意识形态氛围中，非

---

① 林顿（Linton）于1941年出版的《原始艺术》（Ralph Linton, "Primitive Art", *Kenyon Review*, Vol.2,1941,pp.39–40），雷德菲尔德（Redfield）于1959年出版的《原始艺术面貌》（Robert Redfiel, "Art and Icon", in R. Redfield, M. J. Herskovits and G.F. Eckholm, *Aspects of Primitive Art*, New York: Universiey Publisherss 1959, pp.32–33），赫斯科维茨（Herskovits）于1959年出版的《艺术及其价值》（Melville J. Herskovits, "Art and Value", In R. Redfield, M. J. Herskovits and G. F. Eckholm, *Aspects of Primitive Art*, 1959, p.47）以及克劳诺弗（Crownover）于1961年出版的《部落艺术家和现代博物馆》（David Crownover, "The Tribal Artist and the Modern Museum", in M.W. Smithed.,*The Artist in Tribal Societies*, New York: Free Press of Glencoe, 1961, pp.33–34）表达过这种观点。
② Vinigi L. Grottanelli, "The Lugard Lecture of 1961", in D. E. McCall and E. G. Bay, eds., *African Images: Essays in African Iconology*, New York, London:Africana Publishing, 1975, p.5.

西方人是否具有与西方人同样的关于审美偏好的批判性反思和言语表达。因为直到最近，这个问题似乎通常仍是在一种否定的意义上加以回答，这种诋毁的态度显然阻碍着我们对非西方美学进行实证研究。

值得注意的是，从原则上讲，我们不应该将"非西方社会中的人们没有用言语表达他们的审美观念"与"他们不能够用言语表述他们的审美观"相混淆。必须承认的是，在具体的生活实践中，分清这两种观点是很难的。实际上，在绝大多数情况下，后者（看起来已经很流行了）很可能仅仅是由前者推断出来的。不过，它们的确不应当被混淆。正如我们在第四章中会了解到的，为什么人们完全有能力用言语表述他们的审美观，却又不愿意这样做，这可能有很多原因，例如在公众场合或者有西方研究者在场的情况下。

关于为什么非西方人不用言语表达他们的审美观，R.汤普森（R.Thompson）对此表现出他的洞见，比如他提出，在有面对面的外来研究者在场的情况下，这种现象就会发生。这个例子清楚地表明，文化之间交流和理解中产生的问题如何能够导致一种错误的结论，于此，这个问题也许获得了某种解答。汤普森主张，"某些族群之所以被指认为缺乏美学，也许源自某种概念上的混淆，而这往往是由于当'文明'人和'原始'人相遇并谈及艺术时，双方都不相信另一方具有审美分析的能力所引起的"[①]。汤普森以他在尼日利

---

① Robert Farris Thompson, "Yoruba Artistic Criticism", in W. l. d' Azevedo ed., *The Traditonal Artist in African Societies*, Bloomington: Indiana University Press, 1973, p.30.

亚约鲁巴人中的经验为研究基础指出,"一些传统的约鲁巴人似乎假定,白种人在关于艺术的审美意味的感知方面是贫弱的,或者是发展不完全的"①。下文将进一步讨论这些假定和想象的原因,而以上论述表明,在某些情况下,确实存在着缺乏用言语表达审美观念的现象,然而,如果从这种缺乏就推断非西方民族不能用言语表达他们的审美偏好,这显然是过早地下了结论。

四、关于非西方美学实证研究的回顾

尽管以上提及了诸多障碍,然而,在这个世纪,越来越多的实证研究已经涉及非西方社会中的美学话题。直到现在,从希默尔黑

---

① 为了支撑他的观点,汤普森引用了文学作品中记载的两个例子,但是这种观点同样被非洲人在对待其他非洲人时所持有。可以肯定的是,其中一个例子可能确实涉及非洲人相信西方人不能真正地进行正确的审美判断{可参见赫斯科维茨于1938年出版的《达荷美:一个古老的非洲王国》[Melville J. Herskovits, *Dahomey: An Ancient African Kingdom* (Vol. II), New York: J. J. Augustin, 1938, p.358]},但这不能够从这些可得的信息中明确地推断。在文章中,赫斯科维茨报道,非洲西部贝宁丰族铸工为当地购买者制造的黄铜器物得到了相当多的关注,反之,想要在西非其他地区(对于消费者而言,是否包括了西方人?)销售的"商业性"项目显现了"大规模生产"的迹象。汤普森援引的其他例子关涉到博安南(Bohannan)关于一个维多利亚织布工的观察评论[可参见博安南于1961年出版的《部落社会中的艺术家和批评家》(Paul Bohannan, "Artist and Critic in Tribal Society", in M.W. Smith ed., *The Artist in Tribal Society*, New York: Free Press of Glencoe, 1961, p.92)中的论述],他宣称,如果他正在织的这块布最后不能证明是好的,他将把它卖给附近的伊博人——汤普森补充到,推测起来,是因为后者并不期望能够辨别其中的差别。汤普森的观点在范顿霍特(Vandenhoute)关于科特迪瓦的丹族(The Dan of Côte d'Ivoire)的观察评论中得到了较好的阐释(See P. Jan Vandenhoute, *Het Masker in de Culluur en de Kunst van het Boven-Cavally-Gebied*, University of Ghent, 1945, p.1123)。在1939年的田野调查中,范顿霍特发现了雕刻家古韦(Guwe)不满意他所雕刻的一个面具,这导致他将它卖给了西方人。

伯（Himmelheber）和范顿霍特于20世纪30年代从事的开创性工作开始，大多数的研究已经在非洲开展起来了。

德国医师和民族志学者希默尔黑伯是第一个考察非洲审美观的研究者，他于1933年对阿土族（Atutu）[或者是阿提土（Aitu，一个隶属于博勒人的族群）]以及象牙海岸（非洲科特迪瓦共和国）的古洛族（Guro）进行了一系列的田野调查。他不仅试图发现其审美的标准，而且与此紧密相连的是，他也在探寻如下问题：为什么非洲的雕塑作品始终没有表情？为什么它们的结构如此不成比例？在非洲也存在仅仅因为美的缘故而创作的艺术品吗？或者所有的非洲雕塑都具有某种宗教的含义？除了认为在博勒人中存在一种为了艺术而艺术的形式的主张之外，关于希默尔黑伯的调研是否产生了某些实际的效果，也被格布兰德和沃格尔所争辩。

几年之后，在1939年，意大利艺术历史学家和民族志学者范顿霍特在他关于西科特迪瓦的丹族的研究中取得了更大的成功。他不仅设法建构适用于地方性的审美标准，而且能够记录一些有趣的关于面具之美的宗教性功能的观点。[①]

除了希默尔黑伯和范顿霍特所做的一些开拓性努力，以及民族

---

① 范顿霍特的调研最终形成了未正式出版的博士论文（1945），格布兰德于1957年出版的《艺术作为文化的元素，特别为非洲黑人而言》（Adrian A. Gerbrands, *Art as an Element of Culture, Especially in Negro-Africa*, Leiden: E. J. Brill, 1957, pp.78-93）中对该论文做了一定的概述。

志中一些随意的评论①之外，在第二次世界大战之后，关于非洲美学的实证性资料已经被收集起来，尤其是北美的艺术学者和人类学家在这个领域一直很活跃。大部分关于这个问题的研究已经列入由我所提供的参考文献中。②从20世纪50年代开始，西方研究者对于非洲美学的兴趣在不断地增长，而本土的学者也加入了这种研究当中。1958年，克劳利（Crowley）指出，非洲以及其他本土学者在关于非西方艺术和美学研究中，做出了重要贡献。他评论道："据我所知，还没出现任何由传统的非洲或美洲印第安艺术家撰写的关于艺术和美学的文章。但是，如果这些文章能够面世的话，它们必将意义非凡……"③在克劳利发表这样的评论时，桑戈尔（Senghor）发表了关于由本土学者撰写的非洲美学的首次评价。④

---

① 举一些例子，赫斯科维茨在关于丰族（the Fon，贝宁，达荷美）的专题论文中［See Melville J. Herskovits, *Dahomey: An Ancient African Kingdom*（Vol. Ⅱ）, New York: J. J. Augustin, 1938, p.314、337、343、353］提供了一些关于本土美学的反思，而埃文斯－普里查德（Evans-Pritchard）在《努尔人》中对苏丹人对于他们的牛的审美偏好做了一些观察评论（See E. E. Evans-Pritchard, *The Nuer: A Description of the Modes of Livelihood and Political Institutions of a Nilotic People*, London, Glasgow, New York: Oxford University Press, 1940, p.22、pp.37-38），利文斯通（Livingstone）在1858年出版的《传教士在南非的旅行和研究》中描述了托卡［(Ba)toka］妇女如何地认为她们自己不漂亮，除非上门牙被打掉，从而使下唇能够突出来（这种描述同样来自 W. A. McElroy, "Aesthetic Appreciation in Aborigines of Arnhem Land: A Comparative Experimental Study", *Oceania*, Vol.23, No.2, 1952, p.83）。
② See Wilfried Van Damme, *A Comparative Analysis Concerning Beauty and Ugliness in Sub-Saharan Africa*, Gent: Rijksuniversiteit,1987, pp.81-97.
③ Daniel J. Crowley, "Aesthetic Judgment and Cultural Relativism", *The Journal of Aesthetics and Art Criticism*, Vol.17, No.2, 1958, p.189.
④ 关于桑戈尔在艺术美学和哲学方面的评论，在他的作品中得到了表达。See Thomas Brückner and Stefan Traumann, "Die Ästhetik der Negritude: Zurmarxistisch-leninistischen Kritik der Ästhetischen Anschauungen Léopold Sédar Senghors", *Asien, Afrika, Lateinamerika*, Vol.11, No.4, pp.695-705.

从那时候起，大量本土性的研究或者关于非洲美学的思考在稳步增长。托威特（Towet）认为，关于地方性美学的研究是未来非洲哲学家主要的研究任务之一，也许有一些非洲学者正是被托威特的这种呼吁所鼓舞。

从一些研究者提供的个案来看，尽管他们是在关于自己文化的美学的基础上展开研究，但他们仍然只是在通常意义上讨论非洲美学（或者艺术哲学）。一些本土性的研究展示出对于地方性的强调，而其他研究仍然在通常的当代民族边界的意义上讨论文化美学。

总的来说，在非洲学者关于非洲美学所出版的作品中，最令人感兴趣的是那些聚焦于作者自身文化的写作。一个早期的例子是博尼(Bony)关于科特迪瓦的拜特族（Bete）的研究。另外两个开拓性的研究是阿尼阿卡（Aniakor）的《伊肯加的结构主义：关于传统伊博人艺术的民族美学研究》(*Structuralism in Ikenga: An Ethno-Aesthetic Approach to Traditional Igbo Art*, 1974）和拉瓦尔（Lawal）的《约鲁巴人美学的某些方面》(*Some Aspects of Yoruba Aesthetics*, 1974）关于尼日利亚伊博人和约鲁巴人的研究。尤其是，约鲁巴美学已经得到了本土学者相当广泛的涉及。除了拉瓦尔，艾拜顿（Abiodun）的《约鲁巴美学中的"坚强"概念》(*Der Begriff des Iwa in der Yoruba Aesthetik*, 1984），以及《非洲艺术研究的未来：来自非洲的视角》(*The Future of African Art Studies: An African Perspective*, 1990）中所做的工作以及由约巴（Euba）的作品《人类想象：有关约鲁巴艺术和美之标准的几个方面》(*The Human Image: Some Aspects of Yoruba Can-*

ons of Art and Beauty, 1986）应当特别提及。关于另外一种尼日利亚文化——乌尔霍伯（尼日利亚伊博的一个村庄）文化，尤维布克希（Uyovbukerhi）所写的一篇文章《Avwerhen: 乌尔霍伯美学中的"甜"》(Avwerhen: The Concept of Sweetness in Urhobo Aesthetics) 提供了关于美学的本土资料，并展示了乌尔霍伯美学词汇的丰富性。关于扎伊尔（Zaïre），可以参考梅特（Mate）的《南德文化中的美》(Le Beau Dans la Culture Nande, 1987) 中关于南德（the Nande）美学的研究。最后，应当提到格英扎（Ginindza）关于斯威士美学的短文《斯威士人工制品的审美成分》(The Aesthetic Component of Swazi Artifacts, 1971)。[1]

在非洲以外，由本土作者所做的关于当地美学的研究仍然还是很少的。海达艺术家比尔·里德（Bill Reid）谈到关于美国印第安人或美国土著的例子，他与霍姆（Holm）就西北海岸艺术的审美特征展开过一次对话。[2] 在此之后，在美拉尼西亚发现了一些相关的实例。由此，特罗布里恩岛的纳鲁布托（Narubutal）在《特罗布里恩岛独木舟的船头》(Trobriand Canoe Prows, 1975) 以及《来自特罗布里恩岛的十一个独木舟船头》(Eleven Canoe Prows from the

---

[1] 正如恩沃多（Nwodo）所论证的，非洲学者加入关于西方哲学美学的一般问题的争辩之中也是会发生的。(See Christopher S. Nwodo, "Philosophy of Art Versus Aesthetics", The British Journal of Aesthetics, Vol.24, No.3, pp.195–205)

[2] 可参见霍姆和比尔·里德于1975年出版的《西北海岸的印度艺术：关于技术与美学的对话》(Bill Holm and Bill Reid, Indian Art of the Northwest Coast: A Dialogue on Craftmanship and Aesthetics, Houston, TX.: Rice University Press, 1975)。

Trobriand Islands，1979）中提供了关于独木舟船头的审美评价。[1] 阿里斯（Aris），一个来自靠近新几内亚北部塞皮克河河口的慕里克湖地区的雕塑家，曾在一篇关于他的本土文化的艺术和美学的文章中与贝耶尔（Beier）合作。[2] 同样地，艾贝尔（Abel）在《苏阿乌美学》（*Suau Aesthetics*，1974）一书中反思了他的本土民族美学，即关于生活在新几内亚东南部地区的苏阿乌人的美学。

宽泛地讲，在美拉尼西亚以及大洋洲的其他地区（除了美拉尼西亚之外，包括密克罗尼西亚、波利尼西亚和澳大利亚），关于审美观念和审美标准的研究还未发展到类似于在非洲那样的程度。这种令人遗憾的状况被米德（Mead）的话语所证实，他在1983年写道："大洋洲的人们认为，我们疏于探讨他们对于自己的艺术和哲学以及完美标准的理解，对此我们不能完全责怪他们。"[3]

与非洲的情况类似的是，有些早期的报道和民族志提供了一些关于当地审美偏好的资料。例如，帕金森（Parkinson）已经注意到，在新爱尔兰（俾斯麦群岛、美拉尼西亚），著名的塔塔那（tatanua）面具代表了理想的男性美。他指出，新爱尔兰男性面部

---

[1] 不幸的是，我还没有查阅到另一位涉及本土美学研究的特罗布里恩岛作家的研究，我指的是，卡萨普瓦拉威（Kasaipwalova）于1975年出版的《适应传统的审美观念创建一个关于"kiniwina"的现代艺术学校》（*The Adaptation of a Traditional Aesthetic Concept for the Creation of a Modern Art School on Kiniwina*）。

[2] 参见贝耶尔（Beier）和阿里斯（Aris）于1975年发表的《斯格亚：慕里克湖的艺术设计》（Ulli Beier and Peter Aris, "Sigia: Artistic Design in Murik Lakes", Eli Uigibori 2 Bentor, "Life as an Artistic Process: Igbo Ikenga and Ofo", *African Arts*, Vol.21, No.2, pp.66-71, p.94）

[3] Sidney Moko Mead, "Attiitudes to the Study of Oceanic Art", in S. M. Mead and B. Kernot,eds., *Art and Artists of Oceania*, Plamerston North: Dunmore Press, 1983, p.18.

美学包括强调扁平的鼻子、穿耳垂、络腮胡须和坚固的牙齿以及大嘴巴。同样地,在贝特森(Bateson)于1936年关于纳文(Naven)的著名研究中,不仅提供了雅特穆尔部落(生活于塞皮克河地区)关于"美"的词汇(yigen),而且也报道了该人群对于长鼻子的偏好,他补充到,这种偏好部分地解释了关于在雅特穆尔艺术中对于鼻子的强调。贝特森也发布了一张照片,照片上是一位女性的头颅,她"被认为美得惊人",尤其是因为她的长鼻子。

除了这些早期的参考资料,以及上述提及的本土研究之外,接下来发表的相关著述部分地涉及特定社会中的审美观念。福格(Forge)已关注到阿贝兰人(Abelam,巴布亚新几内亚塞皮克地区)的美学。斯米特(Smidt)在关于美拉尼西亚艺术家的一般性介绍中提供了对于美拉尼西亚美学的最早调查,并且探讨了考密尼玛格(Kominimung,巴布亚新几内亚拉穆河流域中流地区)的审美观念。施维默(Schwimmer)提供了一些关于艾卡(Aika,坐落于巴布亚新几内亚库姆斯河流沿岸)的美学评论。贝耶尔(Beier)和斯特拉森(Strathern)探讨了一些关于属于巴布亚新几内亚高原地区的梅尔帕人(Melpa)的审美观念。而费尔德(Feld)和欧汉龙(O'Hanlon)提供了对于其他两个高地人群,即卡鲁里人(Kaluli)和瓦吉人(Waghi)的美学的深刻理解。此外,斯切芬豪韦尔(Schiefenhövel)涉及了厄依普人[Eipo,生活在新几内亚西部地区伊里安查亚(Irian Jaya)高地的一个米尔克(Mek)文化群体]将幽默作为一种审美现象。

仍然是关于美拉尼西亚的研究，这一次在新几内亚内地范围之外，达克（Dark）提供了一些关于西新不列颠基伦格（Kilenge）的资料。然而，在这项研究中，很少涉及美学而更多涉及艺术家，尤其是木雕刻家的本土观点。贝耶尔简略地讨论了特罗布里恩岛美学，而斯科迪蒂则广泛地讨论了居住在基塔瓦（Kitawa）邻近岛屿上的雕刻者所持有的审美观。

除了早期报道中一些随意的评论外，诸如博利希（Bollig）关于特鲁克群岛（加罗林群岛）的研究①，据我所知，密克罗尼西亚文化的审美观念，仅仅在施泰格尔（Staeger）关于加罗林群岛中心的普鲁瓦人（Puluwat）的艺术形式研究中提及。

凯普勒（Kaeppler）对汤加（Tongan）舞蹈（以及语言艺术）的本土评论进行了研究，她提供了关于波西尼西亚社会的美学的更广泛的探讨。米德（Mead）在1984年出版的著作（*Nga Timunga Me Nga Paringa O Te Mana Maori*）中讨论了毛利人美学中的几个概念。此外，弗思在《表示尊重的姿势和手势》（*Postures and Gestures of Respect*，1970）中考虑到了社会空间中的提科皮亚人（Tikopia）美学，而肖尔（Shore）提供了一些关于萨摩亚人舞蹈和演说美学的观察评论。

迄今为止，关于澳大利亚土著美学最全面的研究来自墨菲（Morphy）关于生活在阿纳姆地东北部、澳大利亚北部的雍古族

---

① P. Laurentius Bollig, *Die Bewohner der Truk–Inseln: Religion, Lebenund Kurze Grammatic eines Mikronesiervolkes*, Münster i. W.:Aschendorffsche Verlagsbuchhandlung, 1927.

[Yolngu，在人类学文献中以门金语（Murngin）著称]的研究。古德尔（Goodale）和高斯（Koss）提供了关于另一种阿纳姆地人——提韦人（Tiwi）审美观的深入研究。

关于某种特定的亚洲社会的审美观念的研究有：杜尔内（Dournes）关于越南中部的乔莱（Jörai）的研究，罗洛（Low）关于日本北部的阿伊努人（Ainu）的研究，史密斯（Riley-Smith）关于尼泊尔尼瓦尔人的研究，卡普费雷尔（Kapferer）关于斯里兰卡的研究，以及奈夫（Neff）关于印度南部喀拉拉邦的研究。此外，布伦奈斯（Brenneis）提供了一些关于生活在斐济岛上的印度种植园工人后裔社区中的口头和音乐表演美学的理解。在罗斯曼（Roseman）关于生活于马来亚热带雨林中的特米亚族（Temiar）的音乐和药物的研究中，同样包括了关于其美学的观察评论。奥康纳（O'Connor）从总体上探讨了东南亚沿海人群的审美观念。至于印度尼西亚社会，有人也许会谈及皮考克（Peacock）关于爪哇岛的研究，杜夫-库珀（Duff-Cooper）关于龙目岛上的巴厘人社区的研究，以及希契科克（Hitchcock）关于松巴哇岛的比马人（Bimanese）的研究。在最近一篇关于印尼美学的文章中，P. 泰勒（P. Taylor）没有提及这些研究，但他提到了其他一些出版物，包括斯舍福尔德（Schefold）关于孟塔维群岛岛民的研究，以及巴尔内斯（Barnes）关于拉马勒拉岛的研究，这些研究至少能使我们对于这些岛民的美学有些许了解。

一些关于因纽特人美学的资料可以在斯温顿（Swinton）于1972

年出版的《爱斯基摩人的雕塑》(Sculpture of the Eskimo)中发现,此外,斯温顿也提供了一些在此之前部分地涉及因纽特人审美观念的著述的简要清单,包括马提金(Martijn)、迈尔德伽德(Meldgaard)、雷(Ray)以及威廉森(Williamson)的相关研究。在这些清单中,至少可以增加以下出版物:希默尔黑伯于1938年出版的《爱斯基摩艺术家》(Eskimokünstler),于此他似乎也开始了关于因纽特人美学的研究;卡彭特(Carpenter)于1971年出版的《爱斯基摩艺术家》(The Eskimo Artist);格雷本(Graburn)于1976年出版的《爱斯基摩人的艺术》(Eskimo Art)、于1982年出版的《爱斯基摩人和商业艺术》(The Eskimos and Commercial Art),以及斯温顿于1978年出版的《触摸与真实:当代因纽特人的美学理论》(Touch and the Real: Contemporary Inuit Aesthetics–Theory)。

邦泽尔(Bunzel)对待普韦布洛陶工——霍皮人和祖尼人的方式,以及奥尼尔(O'Neale)关于尤罗克(Yurok)—卡罗克(Karok)篮子制造者(居住于美国亚利桑那州)的讨论,是对美洲原住民文化美学研究的两个早期尝试。汤普森也讨论了霍皮族(Hopi)美学。迄今为止,关于美国本土美学最深刻的分析来自威瑟斯庞(Witherspoon)关于纳瓦霍人(Navaho)艺术的研究。海德伦德(Hedlund)同样也提及了纳瓦霍人美学。

高尔德(Golde)和克雷默(Kraemer)、乔普林(Jopling)和哈汀(M. Hardin)讨论了分别居住在格雷罗州一个讲纳瓦特尔语的陶瓷村、位于塞拉华雷斯山脉的萨巴特克镇,以及西北部的一个陶瓷村和讲塔拉斯卡语的村庄所持有的审美观的某些方面。最近，谢尔顿（Shelton）探讨了另外一种墨西哥原住民——维克人（Huichol）的美学。

萨尔瓦多（Salvador）和赫希菲尔德（Hirschfeld）讨论了一些来自巴拿马海岸的圣布拉斯群岛的库那族印第安人（Cuna Indians）的审美观念。古斯（Guss）在他的关于委内瑞拉叶库阿纳印第安人（Yekuana Indians）的编织物的专题论文中也提及了这个美学论题。关于秘鲁东部胥皮博-考尼博印第安人（Shipibo-Conibo Indians）审美观念的研究可参见拉特鲁普（Lathrap）和盖比哈特-塞尔（Gebhart-Sayer）的相关著述。而特纳（T. Turner）涉及了卡雅布印第安人（Kayapo Indians）美学。

应该强调的是，据我所知，对于东西方文化而言，运用类似的方法实证性地研究非西方美学是非常少见的。这些研究也许被期望着在社会学领域内得以完成，但正如奥布莱希特（Albrecht）、巴奈特（Batnett）和格里夫（Griff）所指出的，在这个学科中，美学的主题"在传统上被归入属于哲学家研究的内容，社会学家对此并未涉及，这与他们对于经济学和科学原理的关注形成了对比"[1]。可以想象的是，这种研究是由那些为人类学方法所激发的人类学家或者其他研究者在西方或东方文化中进行的。例如，查尔默斯

---

[1] M. C. Albrecht, J. H. Barnett and M. Griff, eds., *The Sociology of Art and Literature: A Reader*, London: Duckworth, 1982. 关于美学仅有的一些社会学研究方法，主要涉及审美偏好与社会等级之间的关系。

（Chalmers）已指出，人们从关于非西方文化的艺术和美学的研究中总结了一些观点和研究方法，如果将它们运用到关于西方艺术现象的研究中，将是富有成效的。然而，运用人类学方法研究西方艺术和美学似乎是鲜有的。在美学领域中，有一个例外，福里斯特作为一位人类学家，对美国卡罗来纳州北部一个白人社区的美学进行了探讨。

小 结

在本章，我们介绍了一些关于美学的人类学研究方法。我们已经指出，人类学以比较的、跨文化研究视角为特征。在目前的情况下，这意味着，首先，我们分析的中心概念，即美学的西方观念在跨文化运用中需要经受检验。更进一步地，由于人类学在全球范围内从比较视角进行研究，它引发了关于人类统一性和多样性的话题。运用到美学研究中时，全球范围内存在着的审美偏好相似性以及文化决定的审美偏好差异性问题，也于此产生了。这也意味着我们必须考虑到潜藏于差异性中可能存在的共同性，由此，审美偏好的差异性可视为共同性的有规律的变异形态。从后一种观点来看，普遍性和相对性是相互结合在一起的，而不是相互排斥的。这些话题将在第四章和第五章中进一步考察。

此外，人类学方法更侧重于归纳而非演绎，它以对跨文化收集的实证资料的强调为特征，并将其作为后续研究的起点。在人类学中，这些资料通常被认为是在话语层面上获取的，因而是实证性的。在本书第四章中我们将进一步讨论这种研究方法及其步骤。在此之前，我们将研究重点放在强调通过话语层面建构关于美学的实证研究的认识论问题上。它包括了这样的事实，即，根据一些学者的看法，审美经验的本质是不能用言语表达的。尽管不全是这样的观点，但这样的看法似乎与关于审美知觉的形式主义观念紧密相连。根据这样的观点，在流行的两分法思维模式中，审美经验是由形式（并且不是由形式所表示的意义）所引起的，并且牵涉到一种不适合于用言语表达或者几乎不用言语表达的情感的（而非认知的）反应。

有人认为，如此一来，这种关于审美刺激和反应的两分法形式主义描述已经阻碍了人类学关于美学问题的研究。因为，如果审美反应被设想为一种由"纯粹形式"所引起的近乎不能表达的感觉，那么，人们能够从人类学的实证的和语境性的视角（这种研究视角将重点放在关于形式偏好的可用言语表达的观点上，如同他们将研究客体嵌入社会文化矩阵中）中获得关于美学的信息，则似乎是不太可能的。在人类学中，以上概述包含着这样一个事实，即，美学主题通常被认为是令人烦恼的，尤其是因为，关于其主题亦即美感的描述，往往被认为是很成问题的。为了目前的研究，美感被设想为一种由可感知的形式所引发的某种意识，并且它被视为一种能瞬间令人愉悦的情感。在一个更具体的层面上，关于美学问题的人类学研究早已被抑制，主要源于长期以来，生活于非西方文化中的人们的审美感知能力被简单地否定了。根据后来的观察，这种现象一直盛行直至最近。这些群体也许具有美感，但是被假定的是，不像西方人，他们不能够用言语表达这些感觉，这通常又意味着他们不能够表达他们自己。鉴于人类学强调话语表述层面，当然应当指出的是，这种错误的假设早已成为一种严重障碍，它阻碍着人们用人类学方法研究美学问题。

应当承认的是，关于美感的主题由于与实证研究紧密相关而构成了一个复杂而微妙的话题，无论是从认识论还是方法论的观点来看均如此。这个话题涉及产生审美反应的刺激物。这将使我们阐明上述提及的一些问题，尤其是，美感是由纯粹形式带来的还是由形式和意义共同引发的？下文将更全面地讨论这些问题，而在这种研究中，我选择的是后一种解释。审美感知过程是由认知介入的。更确切地讲，从我们的人类学视角来看，审美感知涉及对内在文化知识的调解。

审美刺激物是形式和意义的聚集，这意味着，我应当采用关联性的或语境性的研究方法，即认为形式—语义刺激及其反应与它们所属的语境之间是有关联的，而不是采用一种形式主义的或孤立主义的视角。随之，我们已经回到了人类学方法的第三个特点，即它对语境性研究的强调。这通常使研究者深感有必要将精心收集到的经验性资料置入一个更大的社会文化矩阵之中，并且在它们之间建构一种系统性的联系。因此，从人类学比较分析的视角来看，这种语境性研究是有益的。尤其是，当我们尝试着对可观察到的文化差异做出解释时，通过提出这种差异性是由于某种既定的社会文化现象及其语境之间的联系而系统性地产生，效果尤著。至于随文化的变化而发生改变的审美偏好，它意味着我们也许可以通过建构一种跨文化边界的，以及将审美偏好现象与更广阔的社会文化整体相联系的模式，从而在差异性中发现其一致性。

第四章 人类学家的工作：对审美偏好的经验性研究

我们提出，审美偏好可以用言语表达出来，如果接受这一观点，那么接下来就要讨论在对这种偏好进行经验性研究时所用到的几种方法。我先讨论运用最多的一种，即对艺术批评的研究。这种探究特定文化中的美学的途径，通常会将艺术家视为拥有特权的批评家。在考察当地的审美观念时，艺术家亦是其他研究方法的起点，比如重点关注作为师傅的艺术家对学徒的指导。我们看到，即使没有口头的提示，在所有这些例子中，都会强调口头话语或明确表述的观点的重要性。这表明，讨论美学时的言辞和表述成为异常重要的研究对象。某一文化中的审美词汇一旦确立，就会将其与对审美价值的探讨分离开来，包括后者与其他价值的联系方式。将公开表达的观点作为主要研究对象，亦可丢开从对象本身推断审美原则的研究方法，这一方法很成问题，其认识论和方法论上的缺陷将会详述。

不消说，关注艺术批评、艺术家和审美词汇的上述方法，在任何具体的研究中都关联密切，应当结合起来。此外，有关当地审美观念的信息，当然亦可通过其他信息源获得，比如随意的聊天或一般的观察。这种不太正式的方法，除了能够促进对某一方面或领域的深入调查,还可以为通过更为结构性的方法获得的审美数据提供辅助性信息。

一、艺术批评研究

人类学家在对小型社会中的审美进行经验性调查时,普遍采用的一个方法是对艺术批评进行研究。审美批评的说法似乎不太常见,对于我们的研究来说,用"审美批评"似乎更为适当。不过,由于很难或不可能明确区分艺术品的"审美"评价和"非审美"评价,因此我们沿用更为常见的"艺术批评"。更重要的是,对艺术的口头评论不太关注形式上的评价会为我们提供语境性的信息,有助于理解为何某些形式特征更受青睐。

多数艺术人类学和审美人类学研究者应该多少都会同意斯特凡(Stéphan)对艺术批评的界定。他对审美欣赏、艺术批评和审美理论作了区分——将其视为"逐步概念化的三个层面",他指出,"艺术批评专指对艺术品的批评性欣赏(以及根据明确的标准做出评判)"。[①]换句话说,进行艺术批评需要具备两个条件。第一,艺术品或审美对象必须根据欣赏做出评价;第二,这种评价应该合乎情理或具备资格,要系统性地运用明确的标准。这意味着,在艺术批评中,我们所作的是审美判断,而非审美反应。

---

① Louis Stéphan, "La Sculpture Africaine: Essai d'esthéthique Comparée", in J. Kerchache, J.-L.Paudrat and L. Stérphan, *L'art africain*, Paris: Ed. Mazenod, 1988, pp.30–329.

对审美的经验性考察来说，艺术批评研究的重要性不言而喻。用汤普森的话来说："如果他们能够做出好或坏的审美判断，并且这种判断颇具体系性，那么无论真正的批评是什么，它就是一种应用性的审美。"[1]博安南先前表达过类似的观点，那些所有将艺术批评作为重要的方法论工具进行审美的经验性调查的学者，似乎全都隐然接受了这一观点。[2]

艺术批评研究可以采取两种不同的路径。第一，关注审美判断，在特定文化的某些语境中，无论是正式的还是偶然的语境，都会出现审美判断，这些判断是可以观察到的；第二，研究者有意地引导观察对象做出审美评价，为了达成此目标，研究者会进行实验，特别是组织所谓的审美竞赛。

（一）观察艺术批评

由于艺术批评经常出现于某一文化之中，或在正式场合，或在非正式场合，因此可被观察到。在正式场合中，对于有些制度化的艺术批评，人们可以记录下其中的审美评价和审美标准。这些批评既可采取非书面的形式，亦能使用书面的形式。我们将会看到，前一种制度化的批评——指对艺术的正式的口头评论——有时会在非西方社会碰到，而后者——书面的批评——会变得越来越重要。不

---

[1] Robert Farris Thompson, "Yoruba Artistic Criticism", in W. L. d'Azevedo ed., *The Traditional Artist in African Societies*, Bloomington: Indiana University Press, 1973, p.23.

[2] Paul Bohannan, "Artist and Critic in Tribal Society", in M.W. Smith ed., *The Artist in Tribal Society*, London: Routledge and Kegan Paul, 1961, p.86.

过，就我们考察的社会而言，艺术批评更多是以非正式的方式出现的。因此，我们的经验性考察就要关注那些更为非正式的批评，如作为观众去评价一场舞蹈或者一场面具表演，作为旁观者去观看艺术家创作的作品，作为顾客从雕刻家或商店定购或购买货物，等等。

应该指出，在这些和其他例子中，观察审美评价不必严格限定于口头反应。正如西贝尔所说："在我看来，对对象、动作或声音的姿势反应，要比口头反应更具意义，这些反应需要被辨识、记录，并且作为考察审美反应的本质问题的一部分，最终进行评价。"[1]一些研究者的确关注了作为审美评价的非口头性的反应。汤普森观察到，在尼日利亚的约鲁巴，"当一位雕刻师傅对逊色于他的同行表示质疑时，他的肢体语言和面部表情要比口头言语更富表现力"[2]。科尔同样发现尼日利亚的伊博人，"表达赞赏或嘲笑的姿势，以及笑声和鼓掌，显然都是审美'词汇'的一部分。这些姿势，由手、肢体或面部表达出来，有时是三者并用"[3]。重要的是，科尔补充说，"事实上，相比我们自己的文化，伊博人在表达情感

---

[1] Roy Sieber, "Approaches to Non-Western Art", in W. L. d'Azevedo, ed., *The Traditional Artist in African Societies*, Bloominton: Indiana University Press, 1973, pp.427-428.
[2] Robert Farris Thompson, "Yoruba Artistic Criticism", in W. L. d'Azevedo ed., *The Traditional Artist in African Societies*, Bloomington: Indiana University Press, 1973，p.20. 亦可比较汤普森对芳人舞蹈的非口头批评所作的评论。
[3] Herbert M. Cole, *Mbari: Art and Life among the Owerri Igbo*, Bloomington: University of Indiana Press, 1982, p.179. 例如，在问及为什么喜欢雕像的脖子，它比真人的脖子要长多了，科尔的一位信息提供人回答说："看看吧，我们有两种脖子，短脖子（嘲讽的姿势）和高挑漂亮女人的长脖子（赞赏的姿势）。"

时，其身体反应更为频繁，也更为生动"。再来看一个美拉尼西亚的例子，费尔德（Feld）研究了卡鲁里（Kaluli）的歌曲美学，他提到他组织了一些讨论会，回放了先前录制的歌曲，信息提供人"令人费解地喜欢分析磁带，不断地夹杂着言语与肢体性的评价和反应"[①]。

如后面的例子所示，非言语性反应亦成为言语性评价的一个辅助。[②] 除了肢体和面部表情，审美欣赏的另外一种非口头性表示是赠送钱财或其他礼物，比如送给优秀的表演者。[③] 不过，应该注意到，一方面，所有这些非口头性评价都是一种审美反应，并不能提供给我们明确的理由，即并非我们所需要的审美判断。另一方面，非口头性反应会成为我们的研究起点，使我们深入挖掘所表现出的或积极或消极的反应背后的动机。

[①] Steven Feld, *Sound and Sentiment: Birds, Weeping, Poetics, and Song in Kaluli Expression*, Philadelphia: University of Pennsylvania Press, 1982, p.233. 考夫曼指出，在塞皮克文化中，亦可通过姿势、面部表情，尤其是眼神来表达审美评价。戈尔德和克雷默在研究墨西哥的一个纳瓦特语社区的审美价值时，同样提到当地人对装饰用的陶器会做出"口头和非口头的反应"。

[②] 乔普林提到，墨西哥的萨皮特克人在对织物的审美价值作出评价时，口头性的表达总是会被"语调"和"手势"所遮掩。欧汉龙亦提到，巴布亚新几内亚的瓦吉人在评价外貌和表演时，所用的术语"有一种内嵌的评价成分，使用时，可通过特殊的音调传达出来"。尽管"音调"本身可被视为口头反应的一个方面，不过在关于口头审美评价的书面报道中，口头反应及其相关特征似乎不是那么显而易见。莱因哈特提及，在与芒德雕刻家保罗·拉海（Paul Lahai）访谈录音的整理稿中，"根本不可能充分地传达出音调的节奏、论述的强度，以及其他一些谈论审美时非常重要的听觉特征"。

[③] 例如，这种情况发生于尼日利亚的奥克波拉、象牙海岸的博勒以及弗里敦的化装舞会。博加蒂如是赞美奥克波拉的表演者："除了口头赞美，还必须附以更为实在的形式，如赠送食物、饮料或金钱。'一张空口不值钱'，礼物才能真正衡量你的欣赏之情。"当然，为了解释审美评价中非口头反应的意义，研究者应该非常熟悉相关的社会交往，他们通过肢体语言和其他文化嵌入性的实践，表达了赞同或反对意见。

（二）引出艺术批评

在不同场合观察到的艺术批评，可以作为对美学进行经验性调查的逻辑出发点。不过，由于如下几个原因，在许多非西方社会中，对自发的和公开性的审美评价进行观察并不容易，尤其对外来者而言。这也是很多研究者有意制造一些情景，意在引出艺术批评的一个原因。最为常见的是组织所谓的审美竞赛（beauty contests），信息提供人或田野合作者被要求按照个人爱好对审美对象进行排名。通过下例，我们会更为熟悉这种方法，它尤其适合研究视觉领域的偏好，这一话题在非西方美学研究中最为多见。[1]

本书第三章提及，希默尔黑伯首次对非洲的审美观进行了研究，尤其是科特迪瓦（位于西非象牙海岸）的古罗人（Guro）和博勒人的审美观。在调查过程中，他说明了引导他的信息提供人进行审美评价的方法。

> 我经常组织"审美竞赛"，先从我的搬运工开始。为了训练他们，我让他们打开箱子，里面装着我收集的物品，要求他们把这些物品摆在地上，进行分类整理——面具、人像等等。然后我让他们确定哪些物品最漂亮，哪些第二漂亮，以此类推，最后给出我的看法。[2]

---

[1] 在考察诸如音乐、舞蹈和口头文学等表演艺术的审美时，这种对审美对象进行比较和排名的方法似乎有些不合适，至少不太实用。不过，如费尔德上面引述的观察所示，在这些案例中，同样可以使用引出艺术批评的类似方法。

[2] Hans Himmelheber, *Negerkünstler*, Stuttgart: Strecker and Schröder, 1935, p.72.

希默尔黑伯还提到，尽管他们对物品的品质会经过很长时间的讨论，不过最终会很容易达成一致意见，公认哪些东西最漂亮。根据营造出的艺术批评环境，希默尔黑伯还会询问信息提供人偏好背后的原因。他注意到，除了偶尔提到颜色的运用或制作的精巧，信息提供人对此没有提供任何答案。"我的所有问题，都是关于'线条美''表现力'以及相关话题"，希默尔黑伯总结说，"他们对此完全不能理解"。[1] 现在看来，这一结论带有欧洲中心主义的色彩，甚或有些幼稚。不过，在非西方民族普遍被视为毫无审美感的时代，我们不能责怪希默尔黑伯缺乏一种开放的思维，没有认识到他所收集的艺术品表明了相当的审美意识。

1939年，范顿霍特对科特迪瓦丹人的审美观进行了研究。他运用同样的方法，让信息提供人对一些雕像进行排名，然后要求他们对这种等级排列进行评论。在希默尔黑伯和范顿霍特的开创性研究之后，这成为诸多对非西方美学进行经验性研究的一种基本方法论。[2]

这种通过排列先后引出审美批评的方法具有刻意性，当然值得批判。不过需要认识到，对地方美学的调查范围甚广而缺乏系统

---

[1] Hans Himmelheber, *Negerkünstler*, Stuttgart: Strecker and Schröder, 1935, p.74.
[2] 例如，克劳利在研究乔克韦人的审美观时，他写道："我们要求观众对每个作品给出自己的意见，排出若干作品的名次，说明自己的偏好的原因。"汤普森调查约鲁巴人的审美偏好时，同样采用了这一方法。他的信息提供人被问到了如下问题："有人愿意对这些雕像进行排名……并且解释一下他为什么更喜欢其中一个吗？"博加蒂在研究奥克波拉的面具偏好时也用了类似的方法。非洲之外的研究中，也采用了类似的方法论，如福格对新几内亚的阿贝兰人的研究，格尔德等人对墨西哥的印第安村庄的研究，赫斯菲尔德对位于南美北海岸圣布拉斯的库纳人的研究。

性，这种方法只不过是一个起点。就像希尔弗在阿散蒂美学的研究中所指出的，"一旦这种导向性的评论被激发出来，就会扩展到对一般性审美原则的广泛探讨，这样就会提供有价值的信息，而非仅仅停留于最初提出的抽象的或哲学性的问题上"[1]。

（三）批评家

在组织"审美竞赛"引出审美评价时，很重要的一件事就是确定谁来担当评价者或"艺术批评家"。无论在哪个社会，总有一些人比别人表现出更强的艺术感知能力，这一假设似乎很合理。不过，希尔弗反对蔡尔德（Child）和斯罗托（Siroto）所说的"在所有社会中，只有少数人就可以做出或懂得审美评价"，我同意希尔弗的观点。如果我们认为审美感觉普遍存在，那么我们要处理的便是不同层面的审美意识和不同程度的审美评价。

关于这些不同的层面和程度，需要认识到，当不能明确说出审美偏好，即喜欢或不喜欢时，那么在任何地方都很难找到满足这种需要的人。[2] 不过，这能使我们得出结论说，调查对象必须是那些艺术和美学方面的鉴赏家或专家吗？希尔弗显然不做如是想，对此他提出，"谨慎的民族志学者所取样本应该尽量广泛"[3]。确实，如果

---

[1] Harry R. Silver, "Selective Affinities: Connoisseurship, Culture, and Aesthetic Choice in a Contemporary African Community", *Ethos*, Vol.11, No.1-2, 1983, pp.95-96.

[2] 例如，科尔在研究奥韦里的伊博人时提道："只有极少数信息提供人在谈及为何某一雕像要比其他雕像好时会感到非常开心，尽管不停地提问，在15个人中，只有5个人回答说，我喜欢分析而不是简单的描述。"

[3] Harry R. Silver, "Ethnoart", *Annual Review of Anthropology*, Vol.8, 1979, p.291.

从人类学的视角来看,我们对审美偏好中的文化共识程度尤其感兴趣,那么希尔弗的提议会变得势在必行。

博加蒂(Borgatti)指出,在尼日利亚的奥克波拉(Okpella),在评判艺术品时,尽管有些人被公认为比其他人更有见识,但他们认为人人都能成为艺术批评家。[1] 博加蒂还提醒我们,在许多文化中,专家和非专家之间的区别远没有西方社会中大,"在小型社会中,个人极好地融入了文化的多个方面,观众对多数公共艺术形式非常熟悉。因此,每个观众都可以根据传统的标准和所采取的技巧对艺术品作出评断,从而成为颇具见地的批评家"[2]。

在记住希尔弗的建议和博加蒂的观察时,可能还会追问,哪些人会被认为精通某文化的艺术和美学。因为研究者在调查审美偏好时,总会试图找到这样的人。

在谈到作为整体的非洲艺术批评时,麦克白(Macebuh)评价说,"通常说来,社区中有三大群体,既能评价艺术家的作品,亦能确立艺术评价的标准"[3]。麦克白所说的第一个群体由长者组成,

---

[1] 某些社会不仅接受这种情况,而且还期望每个成年人都能成为渊博的艺术批评家,苏里南的马鲁人即是如此。
[2] 例如,一方面,希尔弗对阿散蒂人做田野调查时发现,"专家和外行都愿意谈论艺术,他们得出的观点非常一致"。希尔弗所说的专家是受过艺术训练的雕刻家,外行则是没有受过相关训练的普遍人,在他看来这二者的审美观没有明显区别。艾森克与卡斯特合作进行了一个关于多边形图像的审美欣赏实验。研究发现,约 800 名艺术专业的男女学生,和约 400 名非艺术专业的男女学生,所做的排名相当一致,这说明,在对多边形图像进行偏好判断时,接受视觉艺术领域的训练与否,对于结果几乎没有什么影响"。另一方面,安德森参考蔡尔德的著作以及她本人对跨文化实验美学的调查,得出这样的观点:"艺术训练与对审美价值的敏感度之间的确存在关联。"
[3] Stanley Macebuh, "African Aesthetics in Traditional African Art", *Okike*, Vol. 5, 1974, p.23.

他们以其年龄、阅历、睿智,以及对艺术的熟谙,被认为能够确定艺术品的相对质量。[1]第二个批评群体由艺术家构成。他们参与艺术的创作,被认为掌握了复杂的艺术知识,对非艺术家来说,这些知识一时难以获得。下面还会详论艺术家的这一角色。第三个批评群体,麦克白提到了各种颇具流行性的消费者群体,他们尽管见多识广,但他们对艺术的反应一般被认为缺乏深度。对此他补充说,这些群体做出的艺术批评不可避免地偶有争议,"不过通常说来,艺术评价的争议,会和其他争议的处理方式一样——亦即通过达到某种共识,此时,长者和艺术家的意见要比年轻人和没经验的人的意见更有分量"[2]。

在此能够见出,在非洲文化中,通常认为某些人的艺术和美学素养要比其他人更具权威性。那么可以发问,在非洲和其他非西方社会中,我们是否能够看到多少有些正式的艺术批评?至少在非洲,存在这种正式的艺术批评。如果我们加以界定,后者可称为"惯例性/制度性的",在这些例子中,艺术批评家似乎是被文化性地确认的,他们的专业知识需要有一种正式的或官方的规范性的基础。

在约鲁巴,引人注意的是"amewa"。根据博文(Bowen)1858

---

[1] 作为一个例证,我们有必要指出,南部尼日利亚的卡拉巴里人(Kalabari)在对男性和女性的服饰作出审美评价时,"家里的老太太,因为年纪大,阅历多,被认为知识渊博,会被叫来做评判人"。科尔和阿尼克亦简要提及,传统的伊博壁画由女性绘成,"年长的妇女时常担当批评家的角色"。

[2] Stanley Macebuh, "African Aesthetics in Traditional African Art", *Okike*, Vol.5, 1974, pp.23–24.

年出版的《约鲁巴语的语法和词典》，汤普森指出有两个条目"mewa"和"amewa"，均可译成"美的判断"。这两个词汇很可能由"mon ewa"组成，意为"美的认知"。汤普斯说，这些词汇"充分说明约鲁巴具有和我们的鉴赏家（connoisseur）大体一致的概念"[1]。阿比奥敦（Abiodun）的著作表明，"amewa"在约鲁巴文化中仍然扮演着重要角色。[2] 在探讨约鲁巴艺术批评时，他发现并不是每一个人都能被称为艺术批评家或"amewa"——"美的专家"。要想获得这一称号，需要通过自身努力掌握一定技巧。在约鲁巴并不存在正式的艺术批评教育，知识渊博的"amewa"通过"与长者同行"（ba awon agba rin）获得专业知识，意指对约鲁巴传统感兴趣，并且要认真学习。教导年轻人的年长批评家通常是掌握伊法（Ifa）神谕的祭司。[3]

加纳中南部的阿坎人中，同样发现有被文化性地确认的艺术批评家。沃伦（Warren）和安德鲁斯（Andrews）写道："在阿坎人中，个别人掌握着丰富的艺术知识和经验，其他人会向他们请教，请他们评价艺术品，做出审美判断。一些批评家被推选出来，担任正式职位；还有一些人聪明睿智、阅历丰富，乐于做一些非正式

---

[1] 此外，汤普斯简略提到，在尼日利亚南部所说的埃费克（Efik）语中，"edisop"一词同样指某人"有敏锐的听觉和视觉"。

[2] Rowland Abiodun, "The Future of African Art Studies: An African Perspective", in R. Abiodun, et al., *African Art Studies: The State of the Discipline*, Washington, D.C.: The National Museum of African Art, 1990, p.65.

[3] 这些祭司或占卜师"babalawo"，在约鲁巴被视为"哲学思想的守护者"。

的品评。"① 这些批评家被称为"n'ani da hô",意指"具有艺术品位"的人。作者还提到,这些艺术批评家的活动范围通常都限定在本民族之内,不过有些人甚至得到了多个族群的认同。大多数批评家都是长者,有时,"某位年轻人因为有着卓越的艺术能力……会被尊为批评家"②。

关于阿坎人的艺术批评的正式性甚或制度化,很有意思的是,我们注意到在沃伦和安德鲁斯的引文中,谈到批评家"被推选出来担任正式职位",除此之外,他们还明确使用了"正式的批评家"的表述。同样有意思的观察是,这些批评家都是正式的并且定期接受咨询,给出他们的意见。因而,每当一件艺术品完成之后,"就会选出一组富有审美鉴赏经验的人,对该作品做出最终评定"③。在这种事例中,艺术批评家的评价通常都会被接受。在解释"n'ani da hô"(或艺术批评家)这一术语时,沃伦和安德鲁斯写道:"拥有敏锐的才智,其评判受到他人尊重的人。"④

---

① Dennis M. Warren and J. Kweku Andrews, *An Ethnoscientific, Approach to Akan Art and Aesthetics*, Philadelphia: Institute for the Study of Human Issues (Working Papers in the Traditional Arts, Nr. 3), 1977, p.11.
② Dennis M. Warren and J. Kweku Andrews, *An Ethnoscientific Approach to Akan Art and Aesthetics*, Philadelphia: Institute for the Study of Human Issues (Working Papers in the Traditional Arts, Nr. 3), 1977, p.11.
③ Dennis M. Warren and J. Kweku Andrews, *An Ethnoscientific Approach to Akan Art and Aesthetics*, Philadelphia: Institute for the Study of Human Issues (Working Papers in the Traditional Arts, Nr. 3), 1977, pp.10–11.
④ Dennis M. Warren and J. Kweku Andrews, *An Ethnoscientific Approach to Akan Art and Aesthetics*, Philadelphia: Institute for the Study of Human Issues (Working Papers in the Traditional Arts, Nr. 3), 1977, p.37.

无论约鲁巴人还是阿坎人,其传统和城市文明一样悠久,并且具有较高程度的专业化,它们很难被视为"小型社会"的典型案例。对于后者,我想给出第三个例子,即尼日利亚的伊博人。伊博人总人口在100万到120万,拥有一套复杂的政治宗教等级体系。在奥韦里(Owerri)的伊博人中,能够看到更为明确的正式的艺术批评,科尔对此做了调查。他提到,艺术家制作姆巴里(mbari)房屋及附属的人像——为大地女神阿拉(Ala)及其他重要神灵所建——工作完成之时,最终的作品要由一组年长的阿玛拉(amala)进行批评性的审美判断。阿玛拉乃是"家园的主人",指的是所有世代居住在当地的成年自由民。科尔提道:

> 显然,阿玛拉通常都非常严厉。他们反对模糊的雕刻和草率的绘画。他们发现的任何错误或感到应该修改的任何问题,都必须立刻进行纠正。例如,如果发现人像上有任何破裂,必须马上填充并重新描绘,如果在本该空白处看到了斑点,必须赶快刷上油漆。艺术家会被要求改变人像脚部或头部的造型,如果阿玛拉判定人像非常丑陋,那么就要彻底推倒重来。[1]

看来,阿玛拉的审美评价之所以具有公认的权威性,需要一个常规性的基础。我们注意到了艺术批评的正式语境,亦即发生在艺

---

[1] Herbert M. Cole, *Mbari: Art and Life among the Owerri Igbo*, Bloomington: University of Indiana Press,1982, p.96.

术品初步完成之前。一旦姆巴里及其中的人像被接受,就很难看到哪位艺术家或社会成员主动对房屋及其人像进行审美分析,这一观察强调了阿玛拉所作评价的官方性。[1]

最后要举的一例表明,正式的艺术批评同样会发生在职业化传统更少的更小型社会。布利尔提到居住在多哥和贝宁的农业民族巴特马利巴人(Batammaliba):

> 建筑师——通常是那些建造了十座以上建筑的人——监督社区中新建筑的地面规划设计。他们保证了结构标准和审美标准得以维系。也是这些建筑师,将对每一座新盖成的建筑物进行批评。如果认为必要,他们会坚持建筑物某个部分需要重做……[2]

---

[1] Herbert M. Cole, *Mbari: Art and Life among the Owerri Igbo*, Bloomington: University of Indiana Press, 1982, p.173. 不过,这种不情愿还由于一个简单的事实,一旦认可之后,"mbari"房屋同时就成了神圣的了。这暗示着不能再对它进行审美评价。来自非洲的几则报道同样表明了这点,宗教雕像一旦被接受和神圣化,就再也不能进行审美评价了。拉瓦尔针对约鲁巴雕像评论道:"审美批评……结束于雕像家的工作室。一旦供奉神灵,置于圣殿之中,就不能再对雕像指手画脚了。"赞德和芳人的雕像,以及门迪和奥克波拉的面具,都是如此。

[2] Susanne P. Blier, "Moral Architecture: Beauty and Ethics in Batammaliba Building Design", in J. P. Bourdier and N. Alsayyad, eds., *Dwellings, Settlements and Tradition: Cross-Cultural Perspectives*, Lanham, London: University Press of America, 1988, p.340. 在其他一些小型社会中,艺术批评可能相当正式,或至少有相对自主的地位。汤普森观察到,在利比里亚的丹族,"艺术批评被视为非常重要的,评判音乐和舞蹈的过程本身变成了一种表演,让全体村民寓教于乐"。希默尔黑伯此前报道过象牙海岸的古罗人中存在权威的艺术批评。他提到两个古罗雕刻家"声称,他们雕刻进行到某一阶段时,会要求'好人'(博学的人)的赞同"。

显然，约鲁巴的"amewa"、阿坎的"n'ani da hô"、伊博年长的"amala"以及巴特马利巴的建筑师，都被公认为美学和艺术领域的权威。此外，尤其是他们被定期和正式或官方地要求用自己的专业知识做艺术或审美判断时——至少如阿坎、伊博和巴特马利巴的案例中所示——那么可以说，我们面对的是一些具有制度化形式的艺术批评。这样，我们经历了很长的过程，才从否认非洲人和其他非西方人具有任何审美感觉，到认识到在这些社会中的确存在正式的艺术批评。

在认识到专业性的批评家或鉴赏家存在的可能性之后，现在就要问一问，在对非西方美学的经验性调查中，实际上会要求哪些人作为评价者。并非所有的调查者都会提供这方面的信息，不过根据那些提供了相关信息的调查者——这些人大多是运用更为"可控的实验方法"引出艺术批评的调查者，一般而言，调查者的注意力并没有限定于专业的批评家。换句话说，大多数调查者遵从了希尔弗的建议，选取了"广泛的样本"，多数时候选的是男性批评家，并且喜欢选择那些即使称不上"专家"，至少也是"对艺术感兴趣"的人。

前面指出，蔡尔德和斯罗托突出少数有审美判断能力的人群，将其作为方法论的前提。因此，他们在调查科维勒（Kwele）的审美偏好时，要求4位雕塑家、4位教派领袖和8个对雕刻感兴趣的人参与调查。汤普森的约鲁巴批评家包罗了更为多样的人群，其中有15位艺术家、16位村长、4位片区长、9位传统教派领袖、11

名商人、7名公务员，还有20名农民。汤普森提到，在这88位批评家中，只有2位是女性。

关于批评家的性别，沃格尔谈到，她在调查博勒美学时，遗憾无缘系统地考察女性评价者。"女性旁观者时常表达她们的看法，不过看上去和男性的看法没有显著区别。"[1]在一些调查中，女性批评家在所有信息提供人中占据很大比例。博加蒂在调查奥克波拉人（Okpella）的审美时，访谈了大概400人，其中三分之一是女性。戈尔德（Golde）和克雷默（Kraemer）在研究墨西哥一个纳瓦特人村庄的美学时，女性批评家亦占据绝大多数（70位女性，44位男性）。当接受批评的艺术作品是全由女人创作的时候，评价者甚至也全为女性。例如，赫斯菲尔德（Hirschfeld）对位于南美北海岸圣布拉斯（San Blass）库纳人（Cuna）的"mola"衬衣美学的研究即是这种情况。

再来看沃格尔，她要求40位男性评论者提供帮助。"研究中挑选出的评论家都是传统艺术的生产者、拥有者和使用者，他们全都熟谙传统价值。"在这些博勒信息提供人中，有10位是雕刻家，平均年龄42岁，其他30人的平均年龄为60岁。由于尼日利亚内战，科尔被迫提前离开伊博人的领地，他提到他仅仅成功访谈了15名关注"mbari"房屋美学的人。关于这些人的身份，他指出"所有

---

[1] Susan M. Vogel, *Beauty in the Eyes of the Baule: Aesthetics and Cultural Values*, Philadelphia: Institute for the Study of Human Issues (Working Papers in the Traditional Arts, Nr.6),1980,p.37,n.1.

人都是宗教信徒（祭司、宗教工作者和'amala'）"[1]。

博加蒂采取了一种非常周到的方法论，对于咨询人的多少以及提出问题的数量，都做了说明。她在关于奥克波拉美学的一份初步的调查报告中提到，她使用了包括奥克波拉与其他非洲面具的照片在内的调查问卷，设置了多达 300 个问题。除了一些更为直接的美学问题，还包括被调查人的大概背景，如年龄、性别、受教育程度和宗教信仰等。这一问卷由 70 个奥克波拉家庭构成的随机样本予以实施。每个家庭，"访谈 6 个人：一位家庭的男主人；年长的女性；另两位成年人，一男一女，随机选出；一个小孩，随机选出；一位艺术专业人士——艺术家、工匠或鉴赏家，由村落的首领选出"[2]。由于很少有人——实际上，比预想的少得多——选择"没意见"或"不回答"，这说明大概 400 名奥克波拉人接受了对审美问题的访谈。在希尔弗对加纳，尤其是阿散蒂美学的研究中，也有多达 213 人担当了批评家。这一调查包括了 83 位工匠、45 位大学艺术系学生和其他 85 名加纳人。

上述调查已经表明，艺术家本人时常被视为在美学上拥有特权的批评家或有专业水平的信息提供人。这使我们要进行非西方美学的经验性研究时，要详细地考察一下艺术家的角色。

---

[1] Herbert M. Cole, *Mbari: Art and Life among the Owerri Igbo*, Bloomington: University of Indiana Press,1982,p.175.
[2] Jean Marie Borgatti,"Okpella Masks: In Search of the Parameters of the Beautiful and the Grotesque", *Studies in Visual Communication,* Vol.7, No.3, 1982,p.28.

二、艺术家研究

几十年前,博安南注意到,为了研究地方美学,人类学界已经很好地确立了一个假定,即要关注艺术家。[①]不过,正如博安南在研究尼日利亚的提乌人(Tiv)时所说,这一原则可能不是总会得到想要的结果。事实上,艺术家作为批评家的角色,要比最初所认为的更成问题也更为复杂,对此下面还会讨论。然而,这不能使我们罔顾一个事实,即在许多案例中,对艺术家所作批评的研究被证明卓有成效。对此,米德(Mead)强调,在调查大洋洲的艺术和美学时,要将艺术家作为重要的因而绝对不能忽视的信息来源。他补充说,"是的,不是每个艺术家都是批评家和艺术史家,不过,有些人的确三者兼擅"[②]。此外,把艺术家作为一个专门的美学信息源,不必将他/她限定于只是一个评判身边作品的有些见识的批评家。我们还要关注艺术家的训练,以及艺术创作过程。还得说,这种研究不是没有问题。下面,我们首先深入地考察艺术家的批评家角色,然后来看一下学徒的指导以及艺术家的工作。

[①] Paul Bohannan, "Artist and Critic in Tribal Society", in M.W. Smith ed., *The Artist in Tribal Society*, London: Routledge and Kegan Paul, 1961, p.85.
[②] Sidney Moko Mead, "Attitudes to the Study of Oceanic Art", in S. M. Mead and B. Kernot, eds., *Art and Artists of Oceania*, Palmerstone North, New Zealand: The Dunmore Press / Mill Valley, Cal.: Ethnographic Art Publications, 1983, p.16.

（一）作为批评家的艺术家

我们看到，那些创作艺术品的人，时常会被纳入批评家的队伍之列，某些艺术品的创作者有时甚至会被视为唯一的评价者。挑选艺术家作为批评家，似乎是根据这样一条隐含的假定，即这些人经过了正式或非正式的艺术培训，比别人具有更为发达的审美感觉，或者至少，他们在讨论艺术和美学问题时，会显得更有见地或说服力。例如，比耶比克（Biebuyck）的例子就表明了这点，他在调查莱加（Lega）美学时，由于田野过程中无法咨询艺术家，使得研究受到了严重阻碍。[1]

那些觉得探讨当地美学只需关注艺术家的人，甚或亦会认为，艺术家是唯一懂得艺术的运作原则的人，因而是唯一能够说出当地审美标准的人。万思那（Vansina）明确表达了这一观点。他提到，在对美学进行经验性研究时，要在普通公众和艺术创作者之间做一区分。"只有后者所作的陈述才能为我们提供足够的细节，使我们理解相关审美批评的原则……"[2] 我们看到，大多数研究者并不赞同这一观点，他们所找的美学信息提供人既有艺术家，亦有非艺术家。

关于艺术家作为批评家的角色，尤其是他所能表达的程度，汤

---

[1] 艺术家是审美信息的特殊来源的观点，亦可从古德尔和克斯的话中看出来："艺术家在进行创作时，审美价值指导着他们进行元素选择和构图。"
[2] 那些以艺术家为中心探讨审美的学者，似乎心照不宣地接受了米尔斯的主张："如果观众对艺术家的重要性就像我相信的那样，那么艺术家就不会对其作品的效果置之不理。只要他运用公认的形式和品质之间的联系（这与他的作品的原创性没有关系），他的观众的体验就会和他自己的保持一致。"

普森指出,"在访谈时,那些身为雕刻家的批评家能够非常好地描述出不同品质的细微差别和精确程度"①。他指出,在约鲁巴,"有的雕刻家—批评家用一些分析性的动词,就像在划定扁斧的笔触一样"。不过,汤普森的调查表明,很难找到愿意单独进行批评的艺术家。②然而,当约鲁巴艺术家相互评价各自的作品时,此一"雕刻家之间的共同批评,为约鲁巴美学提供了大量信息来源"③。

尽管如此,汤普斯亦承认,此类艺术家之间的相互批评,或者说广义的艺术批评,是非常微妙的一件事。根据他在约鲁巴、丹和其他非洲民族的经验,汤普森指出:"至少从某些重要案例来看,非洲艺术批评的传统具有很大的灵活性。因此我在私下……或公开谈论这一话题时,都以最为外交化的方式进行……"④的确需要指出,传统的约鲁巴艺术家不愿公开评价同行的作品。阿比奥敦指出,在约鲁巴文化中不会做出这种公然的批评。不仅艺术家如此,他所遇到的批评家和普通观众亦是这种态度。⑤阿比奥敦认为约鲁

---

① Robert Farris Thompson, "Yoruba Artistic Criticism", in W. L. d'Azevedo ed., *The Traditional Artist in African Societies*, Bloomington: Indiana University Press, 1973, p.21.
② 尽管这是一个普遍的现象,不过需要指出,在范顿霍特对丹人的研究中,雕刻家会批评自己的作品。
③ Robert Farris Thompson, "Yoruba Artistic Criticism", in W. L. d'Azevedo ed., *The Traditional Artist in African Societies*, Bloomington: Indiana University Press, 1973, p.20.
④ Robert Farris Thompson, "Yoruba Artistic Criticism", in W. L. d'Azevedo ed., *The Traditional Artist in African Societies*, Bloomington: Indiana University Press, 1973, p.3.
⑤ 有意思的是,根据阿德帕格巴的研究,约鲁巴的发言者"有一个古老的习惯,他们的措辞非常小心。在他们的语言中,对于一个人说什么或听什么,甚至都有明确的告诫。当地人的观点是,话说出来就收不回去了。'说的话就像一个鸡蛋,掉下去就碎了。'因此说话的人被告诫总要权衡再三,而听众亦被警告要对听到的事情小心翼翼"。

巴的"amewa"或专业批评家:"由于所处的位置和受到的训练,使得批评家三缄其口,不愿在公开场合乱发议论,尤其是艺术家或他的亲属在场的情况下。因为'瘸子面前不说短话'。"[1] 阿比奥敦注意到,聆听约鲁巴艺术家表演伊加拉诵唱(ijala-chanting)的人们,亦有类似态度。在公开场合,没有人会对艺术家的表演发表意见,不过在私下聊天时,他们的确会讨论艺术家的好坏,并且选出最好的伊加拉歌手。阿比奥敦还说,观众、艺术批评家和艺术家对待艺术批评的这种态度,可能解释了贝耶尔为什么说在约鲁巴从来不会无意中听到"对一件雕塑的形式、比例或表情的自发讨论"[2]。

同样的态度还见于其他非洲社会中。比如,麦克诺顿(McNaughton)提到,在马里的巴马那(Bamana),"在有人在场的情况下评价别人的作品,既不友善亦不明智"[3]。他还提到他的一个信息提供人"让我好好教他英语,其他巴马那人在场的时候,他会说某件作品不错,然后立刻用英语告诉我那件作品到底是好是坏"[4]。在非洲之外的地区,赫斯菲尔德同样观察到库纳(Cuna)艺术家不愿讨论

---

[1] Rowland Abiodun, "The Future of African Art Studies. An African Perspective", in R. Abiodun,et al., *African Art Studies: The State of the Discipline*, Washington, D.C.: The National Museum of African Art,1990,pp.65-66. 所引为一句当地谚语,原意为"当着九个指头的人,数自己的手指或脚趾是不礼貌的",在中国文化中,亦有诸多类似意义的谚语,因此选择其一作了意译。——译者注
[2] Ulli Beier, *African Mud Sculpture*, Cambridge: Cambridge University Press, 1963, p.6.
[3] Patrick R. McNaughton, *The Mande Blacksmiths: Knowledge, Power, and Art in West Africa*, Bloomington: Indiana University Press, 1988, p.106.
[4] Patrick R. McNaughton, *The Mande Blacksmiths: Knowledge, Power, and Art in West Africa*, Bloomington: Indiana University Press, 1988, pp.106-107. 史密思提到,加纳北部的古伦斯人(Gurensi)"承认有技巧的行为,不过同时,不能公开批评其审美性"。(转下页)

彼此的作品:"事实上,女人们都不会评价其他人的'molas'的质量。将女人们的'mola'作品排出等级,这在文化上是不和谐的。对这一问题,她们总是会回答'谁的提格(Tigre)做得好呢?'意思是说所有人都做得一样好。"[①] 这和约鲁巴人在公开场合的情况相像,因为赫斯菲尔德还说,"女人们很少对其他人的'molas'进行具有否定意味的私下批评。不过在公共场合,所有女人都认为大家做得一样好"[②]。

这一案例说明,研究当地美学时,将艺术家作为专业的批评家的假定尽管在人类学界已经很好地确立起来,但这种调查实施起来可能会困难重重。不过,上面提及的几个调查都成功地运用了这一方法。还有一些调查明确指出,艺术家喜欢做评论家。如普里斯(S. Price)提到,苏里南萨拉玛卡的女性艺术家用非常清楚的审美标准评价她们的葫芦雕刻,"非常明确地谈论它们,无论是她们自己做的葫芦,还是评价别人已经完成的作品,她们都根据一套公认

(接上页)希尔弗注意到,阿散蒂人"有一种严格的'批评仪规',取决于年龄、性别和技能等因素。有一个规矩就是,只有师傅的平辈才能批评他的作品。只要师傅在场,年轻的刻工、非艺术家和女人就永远不能公开谴责一件作品"。

① 和上述情形类似,哈伯兰(Haberland)提到,在美国土著的艺术批评中极少听到蔑视性的审美评价,对外人尤其如此,"因为在某人背后说些负面的话被认为不礼貌,在外人面前更是这样"。希尔弗在研究小型社会的审美时提出,很可能"公开表达不喜欢是一种不好的方式。某件被视为丑的作品,只会受到较少赞扬,或不被赞扬,但却不会得到完全负面的评价"。

② 这种情况没有阻止赫斯菲尔德引出审美反应,不过对他的方法论的确有所启发。他没有依靠手头的"molas",他要求20位不同年龄段的妇女评价34张"不明来源的彩色'molas'照片",这些照片是从纽约州立大学石溪分校的人类学系的藏品中选取出来的。

的设计原则进行分析"①。萨拉玛卡女人不仅公开谈论这些作品，而且喜欢和外人分享她们的意见。显然，萨拉玛卡有"大量艺术作品和艺术讨论"，"这些自然的解释、自发的评价，以及对审美原则和技术细节的主动评论，结合在一起，形成了取之不尽的信息源"。②

艺术家愿意或不愿意担任批评家，取决于诸多因素，如所要讨论的对象的类型（所批评的作品是高度神圣的或只是世俗的，要对二者进行区分）、艺术家之间的关系、艺术批评有关的文化习惯、调查者的判断力、他/她是否熟悉所考察社会的艺术和艺术家，等等。对此，在美拉尼西亚的艺术家身上很难或不可能给出定论，因为人们明显遇到了两种态度，他们一方面愿意评价艺术品，另一方面又表现得不情愿。

贝耶尔观察到，特罗布里恩的雕刻家愿意公开并且批评性地谈论当地艺术品的品质，不过他补充说，这种情况迥异于在巴布亚新几内亚所见到的艺术家的通常态度。贝耶尔显然想到的是他对迈尔帕高地（Highland Melpa）以及居住在塞皮克河口附近的穆立克人（Murik）的调查经验。人们"不愿讨论审美标准……因为担心伤害艺术家的感情"③。当四位雕刻家被要求评价从他们自己的村庄找到的 8 副面具时，他们不愿这么做。其中一人说："我不想评判他人

---

① Sally Price, *Co-wives and Calabashes*, Ann Arbor: University of Michigan Press, 1984, p.108.
② Richard Price and Sally Price, *Afro-American Arts of the Suriname Rain Forest*, Berkeley: University of California Press, 1980, p.40.
③ Ulli Beier and Peter Sigia Aris, "Artistic Design in Murik Lakes", *Gigibori*, Vol.2, No.2, 1975, p.21.

的作品，这会使我感到内疚。"另一个雕刻家愿意讨论一件木雕的审美性，不过很显然，这仅仅因为这件雕像是从其他村庄找来的，批评家不知道是谁做的。

斯科迪蒂（Scoditti）也发现了贝耶尔所说的特罗布里恩雕刻家愿意评价艺术品的现象，他对邻近的克特瓦人（Kitawa）所作的审美调查，绝大部分是根据与木雕艺人的交谈和讨论。不过贝耶尔指出，特罗布里恩人及与其有文化相关性的克特瓦人并非孤例。福格发现，在新几内亚的阿贝兰人（Abelam），艺术家"仔细检视并讨论其他艺术家的作品，主要根据审美标准互相评判才能的高下"[1]。

初看上去，这一观察与福格在另一研究中的结论相悖，他在研究新几内亚的仪式及其中的艺术时指出，"我们很少发现当地人的解释"，并且说，"简而言之，口头谈论艺术不是新几内亚文化的特点"[2]。或许阿贝兰人和其他美拉尼西亚艺术家的审美的言语表达是个例外，阿泽维多（d'Azevedo）所调查的戈拉（Gola）雕刻家亦是如此。他指出，戈拉和相邻的民族都相信波洛（Poro）和桑德（Sande）面具不是人为的，而是一个超自然物的视觉体现，不可以悄悄说这些面具的确是由人手雕刻出来的。因此，观众几乎不对这些面具是否乃雕刻家的成功之作加以评论。不过，阿泽维多指出：

---

[1] Anthony Forge, "The Abelam Artist", in M. Freedman ed., *Social Organisation: Essays Presented to Raymond Firth*, London: Cass, 1967, p.82.
[2] Anthony Forge, "The Problem of Meaning", in S. M. Mead ed., *Exploring the Visual Art of Oceania*, Honolulu: The University Press of Hawaii, 1979, pp.278-279.

"雕刻家的反应截然不同，令人吃惊。他们将面具作为作品，作为一定技艺的产物，作为特定风格的呈现，从而作出直接的评价。"①

与贝耶尔的概括一致，在一些美拉尼西亚文化中，人们的确碰到了雕刻家不愿评价艺术品的情况。特·克斯（Ter Keurs）报道了一个相关的案例，并且对此给出了一个可能亦适用于美拉尼西亚社会的解释。特·克斯发现，在曼多克［Mandok，巴布亚新几内亚的斯阿斯（Siassi）岛］，很难在公开场合谈论一个雕刻家的品质。他将这一现象与如下状况联系了起来，即如果一个人不同时是"大人物"（big man，指的是在村庄事务中具有很大社会政治和宗教影响的成年人）的话，那么就不能说他是一个优秀的雕刻家。反之，如果这个人是个较差的雕刻家，那么说他是个"大人物"同样也是成问题的。"因此，曼多克人很难评价彼此的作品。"

斯米特（Smidt）的调查表明，巴布亚新几内亚大陆上的克米尼蒙（Kominimung）人的情况具有一定的相似性。他指出，在这一社会中，雕刻大师的地位不仅与作品的审美属性有关，还取决于他作为大人物的地位。尽管如此，这并没有阻止克米尼蒙人以纯粹的艺术标准来衡量艺术家，并对"大师"和"生手"做出明确的区分。② 因之，斯米特明确指出，雕刻家愿意口头表达审美批评。

---

① Warren L. d'Azevedo, "Mask Makers and Myth in Western Liberia", in A. Forge ed., *Primitive Art and Society*, Oxford: Oxford University Press, 1973, p.141.
② 普通雕刻家和大师级雕刻家的明显区分，亦见于其他美拉尼西亚文化之中。西新不列颠的克兰格人（Kilenge）区分了艺术家（namos）和大师级艺术家（namos tamei）。在克特瓦，人们区分了普通的雕刻家（tokabitamu）和大师级雕刻家（tokabitamu bougwa）。

(二)工作中的艺术家

除了评价自己或同行的作品,艺术家还是能够指导或训诫学徒的教师。我们一方面可以对初学者的艺术和审美训练进行考察,此外还可以通过研究成熟的艺术家所参与的创作过程,进一步了解当地美学。重新回到上面所探讨的艺术家作为批评家的问题,应该首先提出,我们是否期待艺术家与外界分享他们的知识和意见,允许外人观察他如何指导学徒,或告诉别人他在创作时所使用的原则与方法?我们又一次面对着情愿或不情愿的态度。

朱尔斯·罗塞特(Jules-Rosette)报道过艺术家愿意说明他们的工作方法的案例。她研究了科特迪瓦、赞比亚和肯尼亚的艺术家,提到这些人"无比清楚地谈论他们的愿景,说明他们的技巧和工作程序"[1]。不过,这些艺术家生产的是世俗艺术,如果他们创作的是神圣艺术的话,就不好确定他们是否一如既往的情愿了。除了这种宗教因素会影响调查,经济上的考量亦会妨碍我们对工作中的艺术家的研究。汤普森提出过艺术家为何不愿交流其审美标准的原因,"艺术好手的标准时常被视为商业秘密,这就解释了为何他们极少向西方人谈论此事"[2]。

尽管可能存在这些障碍,不过,通过考察作为学徒的指导者与批评者的艺术家来获得美学信息,其可能性还是值得一探的。其

---

[1] Bennetta Jules-Rosette, *The Messages of Tourist Art: An African Semiotic System in Comparative Perspective*, New York: Plenum, 1984, p.2.

[2] Robert Farris Thompson, "Yoruba Artistic Criticism", in W. L. d'Azevedo, ed., *The Traditional Artist in African Societies*, Bloomington: Indiana University Press, 1973, p.20.

实，早在20世纪30年代早期，希默尔黑伯就对此做过努力，他在对博勒人和古罗人的考察中提道："当然，我非常想知道师傅是否会教给学生一些特殊的心法，如雕像的身体比例，或者是否会传授一些关于审美效果的指导或秘密，但艺术家们对此缄口不言。"①福斯特（Förster）的调查同样不成功，在对象牙海岸的塞努福人（Senufo）进行调查时，他指出："在考察关于年轻雕刻家的培训时，我只能获知那些或关于工艺实施或是精确复制的指导。"②

在集中于师傅—学徒情景时为何得不到美学信息，原因是多方面的。除了宗教、经济和其他因素的制约，还需考虑的一个方面就是非西方社会艺术家所受训练的特点。从一开始就必须发问，审美因素是否是这种训练中的一个方面？

安德森显然不这样认为，他观察到，"在许多原始社会，艺术家没受过什么正规的训练。在这些社会中，如果说有正规训练的话，那主要是关乎技巧层面，即新手训练实际的手工操作技巧"③。关于非洲艺术家的训练，格布兰德（Gerbrand）此前有过类似的评议。他说，如果这种基本训练不关心审美原则，我们不必感到

---

① Hans Himmelheber, *Negerkunst und Negerkünstler*, Braunschweig: Klinkhardt and Biermann, 1960, p.224.
② Till Förster, "Über Kunst und Gesellschaft bei den Senufo", in M. Szalay ed., *Der Sinn des Schönen*, München, Trickster Verlag, 1990, p.85.
③ Richard L. Anderson, *Art in Primitive Societies*, Englewood Cliffs, New Jersey: Prentice-Hall, 1979, p.116. 在安德森看来，艺术家需要将他的审美标准尽可能地通过社会化的过程融入自己的文化。他指出："我们对这种非正式的审美社会化过程知之甚少。"

惊讶。①

不过，即使初学者接受了相对深入的训练，这并不意味着他们亦会得到审美上的指导，也不是说他们将来会得到（不是明确的而是含蓄的）指导。与这一事实相关的问题是，在诸多案例中，很难将技巧指导和审美指导截然分开。

阿坎艺术家纳纳·奥塞·博苏（Nana Osei Bonsu）对他的学生所作的评点，有助于说明技巧传授和其他标准之间的界限很难划定。瓦伦和安德鲁提到，当博苏训斥学徒时，他的批评包括如下训诫："改改那些看上去像只野兔的耳朵。""如果一个女孩的胸长成这样，你愿意娶她做老婆吗？"有人可能会说，在此我们面对的仅仅是技巧性的指导，目的就是为了改正学徒的缺点，使其成为高超的手艺人，能根据传统风格创作出精巧的雕刻。还有人可能反对这种训诫无疑暗示了审美原则的教授超出了技巧，更为独特地表明了阿坎审美中包含了自然主义和理想主义的双重元素。在严格意义上，我倾向于第二种解释，即应该在更广泛语境中通过别的方式（如，在自然主义原则之前加上形容词"适度的"，或将这一解释理解为"带有适度自然主义的理想主义"）来理解这些训诫。

如果我们接受博苏的指导不仅仅是纯粹的技术训练的观点，那么这一阿坎的个案同时说明，在小型社会中，可能会观察到艺术家在审美方面指导学徒。在美拉尼西亚所罗门群岛的星港地区，米德

---

① Adrian A. Gerbrands, *Art as an Element of Culture, Especially in Negro–Africa*, Leiden: E. J. Brill, 1957, p.134.

同样发现，那里的雕塑家之中，"学生既可以根据老师设立的标准，亦可根据他们接受的艺术批评，来判断自己的进步"①。

德勒瓦（Drewal）认为，分析艺术家所提供的指导，是获取审美信息的一种有效方式。他注意到，约鲁巴的艺术家"主要通过具体作品而非口头说教来训练学徒"②。德勒瓦提醒我们，这并不是说学生只是接受技艺层面的训练。通过观察、吸收、仿效，以及老师的纠正，学徒亦受到了雕像美学的指导。德勒瓦通过观察师傅—学徒语境之内和之外的工作过程，得出如是结论，"追踪创作的过程和雕刻的技巧，使我们认识了约鲁巴的风格和美学"③。考察艺术家创作时的词语和行为，使我们更为全面地理解了他们的艺术观和美学观。

德勒瓦的结论表明，师徒之间给予和接受指导的工作过程可以是潜在的美学信息源。因而，人们能对艺术家的创作或工作过程进行成功的研究。早在20世纪30年代，范顿霍特就调查了雕刻家的工作方式，将其作为理解丹族美学的一种方式。④ 其他研究者也认为这种研究方法能够卓有成效地调查地方美学。考夫曼提出，对生

---

① Sidney Moko Mead, "Artmanship in the Star Harbour Region", in S. M. Mead ed., *Exploring the Visual Art of Oceania: Australia, Melanesia, Micronesia, and Polynesia*, Honolulu: The University Press of Hawaii, 1979, p.29.
② Henry J. Drewal, *African Artistry: Technique and Aesthetics in Yoruba Sculpture*, Atlanta: The High Museum of Art, 1980, p.9.
③ Henry J. Drewal, *African Artistry: Technique and Aesthetics in Yoruba Sculpture*, Atlanta: The High Museum of Art, 1980, p.20.
④ Adrian A. Gerbrands, *Art as an Element of Culture, Especially in Negro-Africa*, Leiden: E. J. Brill, 1957, p.90.

产过程的透彻理解有助于"更好地把握艺术品,因为我们可以学到用创作者的眼光看待作品"①。尽管考夫曼的预期有些夸大,不过通过这一方法,我们的确能够了解艺术家的标准和目标,知晓他在创作时面临的问题以及采用的解决方法。

米德也提出,美学研究能从对实际的艺术创作过程的观察中获益。除了关注所罗门群岛雕刻者的师徒传习过程,他还谈到,在大洋洲,"艺术生产通常是开放性的,大家都可以过来监看,创作的每一阶段都受到讨论和批评"②。这是一个有趣的观察,因为它说明,调查审美原则之时,对创作过程的研究不必局限于个体艺术家的工作方法,或学徒所接受的师傅的指导。也就是说,米德认为我们还可以关注其他人,关注那些在作品被创作之时,由于各种原因参与了批判性评价的人。米德对此并没有详细阐述,不过,下面一个美拉尼西亚的个案和两个非洲的个案,能够阐明这一观点。

贝耶尔和阿里斯(Aris)简略地提到,在新几内亚的穆立克,"年轻的雕刻者被他的长辈和非艺术家注视着。在他工作时,他们监看着他,他若犯了错误,就会告诉他"③。显然,考察这种批评有助于确立公认的优秀艺术是怎样的。下面是一个来自非洲的个案,

---

① Christian Kaufmann, "Art and Artists in the Context of Kwoma Society", in S. M. Mead ed., *Exploring the Visual Art of Oceania: Australia, Melanesia, Micronesia, and Polynesia*, Honolulu: The University Press of Hawaii, 1979, p.316.
② Sidney Moko Mead, "Attitudes to the Study of Oceanic Art", in S. M. Mead and B. Kernot eds., *Art and Artists of Oceania*, Palmerstone North, New Zealand: The Dunmore Press / Mill Valley, Cal.: Ethnographic Art Publications, 1983, p.15.
③ Ulli Beier and Peter Sigia Aris, "Artistic Design in Murik Lakes", *Gigibori*, Vol.2, No.2, 1975, p.22.

梅辛杰（Messenger）观察到，安南（Anang）的多数学徒要接受一年的指导，如果认为必要的话，就要接受两年或三年的指导，才有能力成为一名职业雕刻者。"不过，如果有人技艺不够精通，那就被建议不要放弃训练；否则，聚拢过来观看雕刻的人们就会对他的作品付之大笑，而他则会被这些嘲讽的笑声赶走。"①梅辛杰解释说，旁观者以口头或非口头的审美反应，肆无忌惮地表扬或批评学徒的作品，是非常正常的。

人们围观工作中的艺术家，并提出批评性意见，费尔南德斯提供了此类艺术批评的另一个案。他指出芳族：

> 确实有鲜活的艺术批评精神。当雕刻者在议事厅制作人像时，这种批评精神就尽显出来，并且影响了雕刻者的工作……村民常常将自己视为雕像的目的因（final cause），他们向动力因（efficient cause）——雕刻者施加社会压力，以使作品达到他们的期望。②

在这种语境中研究雕刻的过程，或许会提供一种意想不到的途径去观察艺术批评，因为它们是由非艺术家非正式地做出的。当

---

① John C. Messenger, "The Carver in Anang Society", in W. L. d'Azeved ed., *The Traditional Artist in African Societies*, Bloomington: Indiana University Press, 1973, p.105.
② 古希腊的亚里士多德在《形而上学》一书中提出了著名的"四因说"，即形式因、质料因、动力因和目的因。费尔南德斯在此借用此一概念，村民将自己视为雕像的"目的因"，是指村民认为自己是雕像的真正创作者，而作为"动力因"的雕刻家，不过是实施他们的观念的人。——译者注

第四章 人类学家的工作：对审美偏好的经验性研究　　195

然，运用这一方法确立普遍共享的审美观，并不总是行得通的，因为在许多小型社会中，雕刻者是单独工作的，不仅远离女人和孩子，还要离开他们的男性社区成员。

最后，外来研究者还可用另一种方法研究创作过程中的审美，即调查者积极地参与到这一过程之中。在研究美国西南部普韦布洛（Pueblo）的陶工时，邦泽尔向当地的两个村庄学习陶瓷艺术，教学方法以及对她自己的作品的批评提供了"大量最为有趣和最有价值的素材"。同样，范顿霍特做了一位丹族雕刻家的学徒，麦克诺顿在巴玛那当了一名铁匠，德鲁瓦在约鲁巴学成了一名雕刻工。切尔诺夫（Chernoff）在加纳受教绘制鼓上的图案，而福尔德则在新几内亚的卡鲁里学会了打鼓、跳舞，尤其是唱歌。福尔德谈到了这种方法的好处，"喊叫和打鼓时的身体感受，使我更为接近表演审美，也使得卡鲁里人更愿意向我谈论内部的事情"。

三、审美词汇研究

在研究不同场合下出现的艺术批评，并对相关材料展开分析时，讨论和评价审美对象所使用的术语和措辞，自然构成一个重要因素。一般而言，在初次分析某些重要的审美问题时，这些语言数据占有重要的地位。比如，当地语言如何表达"美"（或快乐、吸引、优秀、适宜、恰当、赞同等）或其反面（丑、不快、不适）以及其他审美范畴？这些不同的术语应用于什么场合，它们之间有何细微差别？表达某种感官（如视觉）愉悦经验的用语，亦可用于描述其他感官（如听觉或味觉）快适吗？在讨论审美属性时，存在明确的标准吗？这些标准是一成不变的吗？艺术家、鉴赏家和感兴趣的外行，他们所用的词汇存在差异吗？他们眼中的审美范畴或艺术范畴亦有不同吗？这些范畴彼此之间有何关联？某些范畴或所有范畴有通用的命名吗？

这些相关的调查结果可以称之为审美词汇，构成了深入探讨艺术批评中所用的概念和表达的起点。例如，所观察到的术语亦会用于非艺术批评领域吗？对它们的语义场的分析，表明审美和其他社会文化现象具有紧密的概念关联吗？如果这样的话，存在语言之外的材料支持这种关系吗？

我们业已指出，在艺术批评中，亦可通过考察书面文献中出现的审美术语、审美概念和审美标准，来对审美词汇进行研究。不过在此之前，我们将直接关注对于审美词汇本身的认定。

（一）审美词汇和本土学者的作用

不幸的是，尽管审美词汇研究对于考察非西方美学十分重要，但这一研究仍在初始阶段。奥登伯格（Ottenberg）在1971年已经提到，人类学家进入审美领域的第一个方法，就是近距离地观察这一领域所用的术语或概念。在对阿菲克波（Afikpo）的伊博人展开调查时，奥登伯格发现"这些术语是理解他们的美学观的关键"。然而，很少有研究者"真正花费时间去探讨非洲人在审美领域所用的词语的意义"。其原因之一，如威利特（Willet）所说，"人们通常会猜想，在非洲语言中没有可进行美学研究的词汇"[1]。这一污蔑性的猜想，很显然出于西方人长期持有的一个观念，即认为非洲人和其他非西方民族不能用言语表达他们的审美感觉，因此他们没有审美性的词汇。

施耐德于1966年对坦桑尼亚图鲁人审美观的简要考察，几乎完全基于对语言材料的分析，这一研究成为早期对审美词汇缺乏系统性研究的一个特例。西方学者近期所做的一些研究，如汤普森对约鲁巴人的研究（1973），布恩（Boone）对塞拉里昂的芒德人（Mende）的研究（1986），欧汉龙（O'Hanlon）和斯格蒂（Scoditti）分别对巴布亚新几内亚的瓦吉人（Waghi）和克塔瓦人（Kitawa）的研究，他们整理了当地民众的审美词典，提供了大量信息。令人诧异的是，除了布恩，这些研究者都没怎么留意对于当地"美"的观念的分析，而是直接考察审美评价中所使用的明确表达的标准。

显而易见，本土学者而非西方学者最适合对当地的审美词汇进行详细分析。对于伊博人艺术与文化的研究，科尔强烈支持如希克·阿尼克（Chike Aniakor）等当地学者的贡献，希克"说伊博语，显然能够深入其语言内部"，在审美研究中，这是一个巨大的优势，"因为他能以内部人的眼光，真正理解审美系统中语言的重要价值及其细微差异"。[2]

---

[1] Frank Willet, *African Art: An Introduction*, New York: Praeger, 1971, p.212.
[2] Herbert M. Cole, "Igbo Arts and Ethnicity: Problems and Issues", *African Arts*, Vol.21, No.2,1988, pp. 26–27、p. 93.

米德指出，假如本土学者有机会提供他们自己的成果，那么对大洋洲艺术和美学的研究就会有长足提升，他很可能会想到，其好处之一就是可以和本土学者探讨当地的审美词汇。不过，大洋洲本土学者对这一问题的研究并不多见。苏乌人（Suaru）亚伯（Abel, 1974）、穆立克人（Murik）阿立斯（Aris, 1975）、特罗布里恩人纳鲁布塔尔（Narubutal, 1975）等美拉尼西亚学者提供了关于当地审美词汇的一些信息。此外，贝耶尔和纳鲁布塔尔以及另一位特罗布里恩人卡塞普瓦勒瓦（Kasaipwalova）合作完成了对几个特罗布里恩审美术语的分析。[1]

非洲本土学者对当地审美观的研究进行得相对充分，不过毫无疑问，这一大有作为的路径尚需更为全面的探索。有的研究已经超出了这类研究所体现出的前沿水平。例如，乌约布克里（Uyovbukerhi, 1986）提供了一份尼日利亚南部乌尔霍博人的审美术语和审美概念的清单，令人印象深刻。他注意到，这一文化中的审美讨论常常提出如下问题："ovwerheren，它甜吗？""Oyovwirin，它好吗，让人快乐吗？""osheho，它合适吗？""ogbare，它正确吗？""ofori，它恰当吗？"[2] 第一个问题"ovwerheren"，乃一核心问题，涉及"avw erhen"（甜）这一基本观念。后者是一种味觉体验，不过亦可用于表达其他感官的快乐。乌约布克里列出了诸多审

---

[1] Ulli Beier, "Aesthetic Concepts in the Trobriand Islands", *Gigibori*, Vol.1, No.1, 1974, pp.36-39.
[2] Atiboroko Uyovbukerhi Avwerhen, "The Concept of Sweetness in Urhobo Aesthetics", *Nigeria Magazine*, Vol.54, No.4, 1986, pp.29-36.

美术语，我们在此只提一下"erhuvwu"（表面之美和内部之美）和"aruefo"（视觉上的愉悦）。

阿比奥敦对约鲁巴在艺术和美学语境中所用的大量术语和语汇进行了详细的分析，他同样表明了本土学者所做的审美词汇研究是何等富有成效。在文章最后，阿比奥敦提出了一个有意思的建议，"如果我们在研究中多使用一些正确的当地名称，而不是像当前所做的那样将它们加上括号，或者完全不予理会"①，那么对于非洲艺术和美学的研究将会是大有利处的。实际上，这应当是保留不同术语与表达的所有细微差异的唯一正确方式，如果将它们翻译过来，这些差异将不可避免地丧失。因而，对艺术和美学的人类学研究，可以遵循日本美学研究的方式，其中的几个重要概念，都习惯性地以最初的日语形式保留着，尤其是那些难以翻译成西方语言的术语，如"yugen"（幽玄）。②

西方研究者最初会将一些土著用语翻译过来，认为二者具有对等性，后来发现它们之间存在显著的细微差异，在此类案例中，上述方法的好处尤为明显。依此方法，我们对约鲁巴美学中的一个基本概念"ewa"［通常译成"美"（beauty）］的理解日益深刻。阿比

---

① Rowland Abiodun, "The Future of African Art Studies. An African Perspective", in R. Abiodun, et al., *African Art Studies: The State of the Discipline*, Washington, D.C.: The National Museum of African Art, 1990, p.85.
② Toshihiko Izutsu and Toyo Izutsu, *The Theory of Beauty in the Classical Aesthetics of Japan*, The Hague: Martinus Nijhoff, 1981; Masao Kusanagi, "Die Metafiguration als Form der japanischen mittelarterlichen Kunst: Zur Theorie von 'Yûgen' und 'Yojyô'", *Aesthetics*, Vol.1, No.1, 1983, pp.1–14.

奥敦等人指出,"ewa"这一概念指的是艺术中的适宜,不管其意图是表达美、丑或幽默。因此,即使在目前的研究中,使用这一约鲁巴术语无疑要比仅仅将其译成"beauty"更为明切清晰。在对小型社会审美的研究中,我们还远没有广泛使用这一方法,不过它的确充满前景。显然,欲对当地的审美概念有深入理解,把握其细微差异,本土学者的努力是不可或缺的。

(二)审美词汇和文献

除了考察审美词汇本身,探讨它们在各类文学中出现的方式同样富有成效。然而,这条研究路径实际上还少有人走。由于非洲本土学者对不同类型的文学非常熟悉,正是他们提议进行此类研究,这不足为怪。梅迈尔-弗特(Memel-Fotê)在多年前建议我们:"听一听故事和传说……那是审美的宝库。"[1]他意在表明,为了收集某个非洲社会中视为美的或丑的材料,应该关注不同形式的口头文学。阿宾博拉(Abimbola)同样提出,每个认真研究约鲁巴艺术、美学和文化的学者,都应该考察伊法神谕,他认为其在约鲁巴众多体裁的口头文学中最具权威性。他指出,伊法诗歌"精彩地体现了约鲁巴的生活和思想。通过对伊法的研究,我们可以发现约鲁巴的

---

[1] Harris Memel-Fotê, "La vision du beau dans la culture n gro-africaine", in *Colloque sur la Fonction et la Signification de l'art nègre dans la vie du Peuple et Pour le Peuple*, Tome I, Paris: Présence Africaine, 1967, pp.47-68.

哲学观,那是理解约鲁巴美学的基础"[1]。

拉瓦尔(Lawal),尤其是阿德帕格巴(Adepegba),在很大程度上遵循了这种研究方法。为了阐明约鲁巴的美学和艺术,阿德帕格巴利用了伊法神谕中的诗篇,以及诸如传统谚语,甚至流行歌词等其他文学资料。他总结说,在非洲艺术研究中,与艺术、艺术活动和审美欣赏有关的词汇,应该重点予以认真的语境性分析。这种"对非洲艺术的不同方面所做的深入的语言学考察,极有可能带来一种关于非洲艺术和美学的平衡的社会观念"[2]。阿德帕格巴提到了他在约鲁巴调查时的经历,这使他所谓"平衡的"(balanced)的意义变得非常明显。对约鲁巴人来说,"有时提供信息会使他们或他们的活动变得重要或神秘"。由此,信息提供人的陈述就会因重视"从语言中抽离出的"信息而得到"平衡",这些信息"似乎更多地摆脱了个人偏见。语言完整地传达了一个民族的过往。因此,将这些语言——尤其是将他们描述艺术时所斟酌的词句——作为研究工具,可能会减少一些并非有意加诸非洲艺术之上的无谓的神秘感"。

阿德帕格巴提到了一个很好的研究例证,即梅特(Mate)对刚果共和国的南德人(Nande)的审美的分析。梅特是南德人,他除了提供一份南德美学中的名词和动词的有趣说明,还重点对与美有关的南德谚语和格言进行了细致的探讨。

---

[1] Wande Abimbola, "Preface", in H. J. Drewal, J. Pemberton, and R. Abiodun, *Yoruba: Art and Aesthetics in Nigeria*, Zürich: Museum Rietberg, 1989, p.11.
[2] C. O. Adepegba, "The Essence of the Image in Religious Sculptures of the Yoruba of Nigeria", *Nigeria Magazine*, Vol.144, 1983, pp.13–21.

各类文学中所表现的审美观，可以作为通过如考察艺术批评等其他方法所取得的研究成果的一个证明或补充。汤普森对约鲁巴作家图土奥拉（Tutuola）的参考，是并不多见的一个例子。在提及适度（moderation）的审美观在约鲁巴的重要性时，汤普森引用了图土奥拉在《丛林中的羽毛女人》(Feather Woman of the Jungle)中对一位漂亮女人的描述："她的个子不高也不矮，她的肤色不黑也不黄。"①

莱因哈特提供了另一个例证。她注意到，门迪人的面具强调理想的女性之美，如宽阔的前额、浓密的头发、修长的脖子。为了支持这一观点，她参考了霍夫斯特拉（Hofstra）出版的一部赞歌，其中就突显了同样的特征："我的孩子，大大的额头，女人有浓密的头发。哦，大额头，哦，我的孩子，漂亮的脖子。"② 这种比较对两个领域都是有利的，因为一方面，这首赞美诗论证了莱因哈特的观点；另一方面，莱因哈特的观点也为霍夫斯特拉收集的赞歌提供了新的阐释。

阿比奥敦和他的约鲁巴同事的观点一致，他认为在非洲艺术研究中，应该将重点放在口头传统上。他预言说，后者"将成为研究

---

① 另一位尼日利亚作家、伊博人奇努阿·阿契贝（Chinua Achebe）的《神箭》(Arrow of God)中的片段，引起了研究非洲艺术和审美观的学者们的兴趣。书中说道："当雕刻家埃德格完成面具的面部和头部之后，他有点失望……不过雇主没有抱怨，相反还大加赞扬。埃德格知道，他必须等面具派上用场之后，才能知道它是好是坏。"这一片段至少被引用了三次，意在强调动态语境的重要性，即非洲面具应该被观看。
② Sjoerd Hofstra, "Ancestral Spirits of the Mendi", *Internationales Archiv für Ethnographie*, Vol.49, No.1-4, 1940, pp.177-196.

文化、恢复历史和重建艺术价值的一种高效的方式"[①]。如果使用得当，"口头传统将会揭示被遗忘的意义，这些意义难以甚或不可能从即使是最合作的信息提供人那里得到"。阿比奥敦总结说，"认识到非洲语言和文学对于理解非洲艺术是多么的重要，将会对诸多'封闭的'观点、理论框架和艺术观念进行重新思考"。

概而言之，从审美的角度来说，人类学家对非洲和其他社会中的各种文学形式的研究，还没有得到应有的重视。这种理解当地审美观的路径，和对审美词汇的集中研究一样，将在我们的研究中占有更为突出的地位。

四、艺术品研究

最后，还要就一种方法说上几句，这种方法与我们上面所探讨的颇不一样，它以作品而非人为中心去研究审美。尽管本研究没有遵循这一视角，不过在此应该提及，不仅为了完整起见，而且要为人类学的审美研究提供一种历史性的概述。

我们看到，洛伊和鲁宾斯对艺术中的偏好的探讨，基于这样一个隐含的假定，即某文化中可见的艺术品反映了当地的审美标准。更准确地说，这些研究者在没有更多信息的情况下心照不宣地假

[①] Rowland Abiodun, "The Future of African Art Studies: An African Perspective", in R. Abiodun, et al., *African Art Studies: The State of the Discipline*, Washington, D.C.: The National Museum of African Art, 1990, p.64.

定,艺术品融合、保存或体现了当地的审美,因而可以通过艺术品见出当地的审美偏好或审美标准。

还有人指出,博厄斯和其他学者给人这样一种感觉,即他们在研究了世界不同地区的艺术品的外形之后,就得出了存在诸如对称和光滑等普适性的审美标准的结论。的确,正如施耐德在20世纪50年代中期所观察到的:"事实上,探讨无文字民族中的艺术的学者,有时会给他们强加一些标准,或者类似地,通过分析某文化中的物品,推演出其美的标准。"①

这种确立某一文化中的审美偏好的方法,是诸种因素作用的结果。首先,长久以来,对小型社会中的审美问题感兴趣的学者,所能接触到的只有从这些文化中收集到的各种物品,它们被保存在西方公众或私人博物馆中。这就使得我们的研究只能是对艺术品背后的审美标准进行外在的思考。在缺乏当地审美偏好的详细信息的情况下,小型社会的艺术品就成为解读当地审美观的唯一证据。正如巴斯科姆(Bascom)对这一方法的基本原理的阐述:"通过对部落风格的分析……我们至少开始理解了非洲艺术家试图达到的价值和美的标准,以及在他们的社会中,别人如何评价他们的作品。"②

不过,即使在人类学家和艺术学家开始进入田野之时,从物品

---

① Harold K. Schneider, "The Interpretation of Pakot Visual Art", in C. F. Jopling ed., *Art and Aesthetics in Primitive Societies: A Critical Anthropology*, New York: E.P. Dutton (orig. *Man*, Vol.65, 1956, pp.103–106,1971, pp.55–63).
② William Bascom, "Creativity and Style in African Art", in D. P. Biebuyck ed., *Tradition and Creativity in Tribal Art*, Berkeley: University of California Press, 1969, pp.98–119.

本身获得审美价值的方法显然还是有效的。因此，有些学者从现象学的视角对其进行了辩护。上面讨论过一个假设，即小型社会中的人们不能用言语表述他们的审美观，以此而论，这一方法被视为具有合理性。比如，林顿（Linton）提出，由于非西方文化中艺术品的生产和欣赏都没有明确的表述，"其中的审美原则就必须从作品自身推导出来"①。这种从现存的作品中获知审美标准的方法，同样得到了莱顿的支持。他写到，如果我们想要理解具有普遍性的审美标准，就需要寻找"一种方法，从世界各地的艺术传统里发现的多种多样的形式之中，提取出共同的东西，如一些基本的规则性的图案，它可以成为系统性比较的基础"②。

一点也不奇怪的是，这种通过现存的物品推导审美标准的方法，受到了一些倾向于内部视角的学者的强烈攻击。③ 克劳利在几十年前写道："学者们指出一件艺术品的属性，如果这一属性无法看到，或者艺术家及其社会中的至少几名成员都没有对其加以描述，那么这种解读显然毫无意义。"④ 汤普森同样指出，对本土艺术批评的研究，"使学者们不至于提出一些根本不存在于当地人头脑

---

① Ralph Linton, "Primitive Art", *Kenyon Review*, Vol.2, 1941, pp.34–51.
② Robert Layton, *The Anthropology of Art*, London: Granada Publishing, 1981, p.16.
③ 当无法获得关于当地审美标准的明确信息，如在探讨已经消亡的无文字文化中的考古发现时，将现存的物品作为研究重点是可行的。沃格尔运用在当代西非社会所收集的经验性数据探讨了当地的审美观，这为从古代马里所发掘出来的艺术品的当代创作提供了信息。
④ Daniel J. Crowley, "Aesthetic Judgment and Cultural Relativism", *Journal of Aesthetics and Art Criticism*, Vol.17, No.2, 1958, pp.187–193.

中的审美原则"[1]。同时，它还避免了忽视那些存在于当地人心中却不见于外来研究者身上的审美标准。

这种方法的危险似乎显而易见。故意作丑的物品，或有意偏离当地审美标准的作品，正是阐明这一观点的（有些极端的）例子。在这些情况下，如果我们没有任何背景信息，只是将其作为体现了当地审美标准的作品，那么我们显然南辕北辙了。哈彻尔基于汤普森对约鲁巴人的研究提出："举一个非常明显的例子，许多作品都具有讽刺意义，如一些约鲁巴面具，就被视为仅仅是奇怪的，人们想知道约鲁巴审美的怪异性，而实际上，约鲁巴的原则却是有意违背讽刺和滑稽的效果。"[2] 这一约鲁巴的例子有些简单（我们的确知道还存在其他类型的雕像），不过很具说服力。假如我们对某一文化的全部认知只是这些体现了相反的审美原则的物品的话（比如，这些物品是那一文化仅仅残存的东西），那么这一方法的根本缺陷就变得异常清晰了。

即使我们很好地基于当地信息，能够安全地假定所分析的作品的确有意识地表现出了美，我们仍然会面临一些严重的问题。比如，我们应该挑选何种形式特征作为审美标准的应用结果？因为如前所述，外来观察者会关注那些他熟悉的审美属性，这些属性在他自己的文化中有重要地位。不过，这些属性未必是最初的制作者和使用

---

[1] Robert Farris Thompson, "Yoruba Artistic Criticism", in W. L. d'Azevedo ed., *The Traditional Artist in African Societies*, Bloomington: Indiana University Press, 1973, p.19.
[2] Evelyn Payne Hatcher, *Art as Culture: An Introduction to the Anthropology of Art*, Lanham: University Press of America, 1985, p.201.

者所看重的,他们强调的可能是研究者没有注意到的其他属性。

普里斯夫妇的观察可以解释其中的一些困难。这些研究者同样强烈反对通过物品本身获得审美原则的方法,这种方法将它们从包括生产者和消费者在内的社会文化环境之中抽离出来。

> 仅仅研究博物馆的藏品,根本不可能再现那些方法,实际上,艺术家抽象的审美理想与工艺技能、手头的材料、实用的考量以及他人批判性的评价结合在一起,共同生产出了最终的作品。只有将注意力放到艺术家对他们的审美目标的陈述,以及将实际的生产过程作为对他们的审美理想的反思之时,才有可能理解这一创作过程。[1]

普里斯夫妇又提到,在他们研究南美苏里南的马鲁人(Maroons)艺术时,后一种方法"不仅可以很好地解释艺术在马鲁人生活中的地位,还有助于我们理解马鲁人对其艺术中可见的形式因素所持的态度"[2]。事实上,外来者和特定文化中的民众都能看到一件艺术品的某些形式特征,不过,二者对其所作出的解释很可能完全不同。普里斯夫妇对萨拉玛卡上游艺术的讨论便是一个显例。

---

[1] Richard Price and Sally Price, *Afro-American Arts of the Suriname Rain Forest*, Berkeley: University of California Press, 1980, pp.93-94; Sally Price, *Co-wives and Calabashes*, Ann Arbor: University of Michigan Press, 1984, pp.157-158.

[2] Richard Price and Sally Price, *Afro-American Arts of the Suriname Rain Forest*, Berkeley: University of California Press, 1980, p.94.

他们指出,最终结论与研究者的预想完全相反,当地的窄纹衣服有一个典型特点,就是纵横条纹交错出现,这并不——或至少不太被看作一种审美属性,"毋宁说是技术原则需要条纹进行交替,以减少不同服饰的经纬线"①。

这一例子表明,即使在某一作品中能够确定无疑地看到某种形式特征,我们可能也会错误地认为在它身上体现了某种审美原则。即使我们的推测有理有据,还是需要得到实际的生产者和使用者的确证。威利特如是评论汤普森对约鲁巴审美标准的考察:

> 来自非洲之外的怀有同情之心的观察者,如经验丰富的非洲艺术博物馆管理人员,在对约鲁巴雕像的好坏与否进行判断时,可能会得出和约鲁巴人同样的结论,即使他们不知道汤普森所确定的标准;不过,在田野过程中,我们如果没有看到这些标准的展示,那么就不应该认为它们是正确的。

此外,威利特认识到,田野调查还应该揭示,外来研究者与当地人公认的某些形式特征是否的确表现出了一种审美标准。事实上,尽管如同外来研究者所想的那样,某种形式特征能够引起当地人的审美愉悦,个中原因却常常与他们的设想大相径庭。威利特提到了一个例子,西方人可能会相当确定地认为,芳族雕像的对称性

---

① Richard Price and Sally Price, *Afro-American Arts of the Suriname Rain Forest*, Berkeley: University of California Press, 1980, pp.94-95.

是引起芳人审美愉快的基本条件。但是，他根本想不到，如费尔南德斯所示，对芳人来说，由于若干决定性的文化因素，对称性增强了雕像的动感和活力，这种活力正是雕像的对称性受到欣赏的原因。而西方人则认为对称性体现出了一种静态。[1]

下面，就根据某文化中现成的艺术品推测其审美标准的路径，我们总结一下其中的几个主要问题。第一，我们不能确认这些艺术品是否被认为是美的；第二，即便我们能够确认，仍会面临一个问题，即如何得知艺术品的某种特征能够激起正面的审美反应；第三，即使外部研究者所选的审美特征和某文化中的成员一致，他还是无法确定这些审美特征能够引起后者审美愉快的原因。尤其在缺乏书面的审美反思的情况下，为了探究这些具有文化决定性的"原因背后的原因"，研究者不得不借助于其文化成员以口头形式提供的信息。从实际的艺术品中推导审美属性的方法有很大的不利因素，这突出了关注明确的审美判断的方法的优势。

小　结

以上，我们针对特定社会中的审美偏好所做的经验性研究提供了几种方法论。其中最常见的是艺术批评研究。首先，这一研究可

---

[1] James W. Fernandez, "Principles of Opposition and Vitality in Fang Aesthetics", in C. F. Jopling ed., *Art and Aesthetics in Primitive Societies: A Critical Anthropology*, New York: E. P. Dutton,1971 (orig. *Journal of Aesthetics and Art Criticism*, Vol.25, No.1, 1966, pp.53–64，pp.356–373). (中译文见《民族艺术》2014 年第 4 期，蔡玉琴译，李修建校。——译者注)

以经由观察和检验特定社会中某些场合下时常发生的审美评价来展开，有些是正式的（如存在制度化的艺术批评），有些是非正式的（如观众对面具舞所做的评价）。除了这种观察，许多研究者会采取一种更为直接和可控的方法，其中包括通过组织所谓的审美竞赛，对艺术品排出名次并做出评价，以此引出艺术批评。特别是在那些不会公然展开艺术批评，尤其是作出负面评价的社会，这种方法非常有用，因为它可以在更为私密的环境中举行。早期人类学对审美所做的经验性研究引出艺术批评的方法——未必是在私下举行的，多少有些复杂的形式——至今仍占有突出地位。

在对非西方美学的经验性研究中，长期应用的另一个传统方法是将艺术家作为艺术和美的重要信息来源。作为艺术品或艺术事项的实际创作者，艺术家通常被视为精通技艺和风格，而且熟知其社区艺术品的审美维度，尤其是其亲自参与创作的作品。研究艺术家以期更好地理解地方美学，具有几种方法论的路径。首先，艺术家会被视为一个具有特权的艺术批评家，假如不是针对他自己的作品，至少对别人的作品是如此，那些作品有些是他同行的，有些是他学徒的。就后者而言，我们便进入了第二个前景广阔的领域，在其中可以通过艺术家获知美学信息，亦即将创作或工作过程作为一个整体加以考察。这可能采取几种形式，除了观察艺术家师傅对学徒的口头或非口头的指导，还可以深入研究某个艺术家的创作过程，甚或直接考察观众在观看一个或众多艺术家工作时的反应。不过，在考察审美批评，研究艺术家以获得关于当地审美的更多信息时，会遭逢一系列问题，其中一些问题要比另一些问题更为基本。这些问题绝大部分都源于艺术家所工作的社会文化语境，包括他们的社会政治地位、他们的社会经济利益、作为同行或对手的艺术家之间的关系、指导学徒的习惯方式、观众和艺术家之间的传统关系，以及他们所创造的作品的类型。

如果我们不想仅仅记录审美偏好（审美反应），而是意在通过考察审美判断以作出更深入的分析，口头表达或语言就变得异常重要。对于不能掌握当地语言的研究者来说，个中困难显而易见，因此颇有必要向当地同行寻求帮助，后者是对当地审美词汇提供透彻分析的最佳人选。作为这种语义考察的一个方面，还需要关注几种传统的或当代的口头艺术。学者们已经提出，在诸如传说、民间故事、赞歌、箴言、流行歌曲等文学体裁中，我们可能会碰到一些片段，它们体现出了共同的审美意识。对这些领域的研究结果，可以视为对其他领域的调查所得的补充，或者用来检验用其他方法得到的初步结论。

理想情况下，应该综合运用上述几种方法以得到某文化或社会的可信的审美图景。一旦这种图景确立起来，作为孤立的分析对象的审美偏好与其他社会文化领域之间的关系，应该会得到更为深入的研究。

第五章　世界上的美：美学的普遍主义和文化相对主义

神经学家奥利弗·萨克斯（Oliver Sacks）有一本书，名为《火星上的人类学家》[①]（*An Anthropologist on Mars*）。乍看书名，我错把它当成了"来自火星的人类学家"。"火星上的人类学家"的念头吸引了我，因为它使我马上想到了我在美学研究中试图发展的人类中心的研究方法。这一方法最初是由一个简单而综合的问题引起的：如何理解审美的人？亦即，对于人类生活中的"美"和其他审美现象，我们到底知道什么，我们又希望学到什么？探讨这些问题，需要采用同样简单而综合的视角，即在时空上皆要有全球视野，并且从生物学到哲学的跨学科参与。我预想这一项目需要邀请各个研究领域的学者同心合力，以阐明人类的审美问题。

我们可以设想一位外星学者，与人类极为相似，要研究目前地球上最为杰出的物种——智人（homo sapiens）。再想象一下，这位学者对全人类之中一个难以理解的现象表现出特别的兴趣。西方以及众多说英语的人称其为"beauty"，尼日利亚和其他地方的

[①] Oliver Sacks, *An Anthropologist on Mars: Seven Paradoxical Tales*, New York: Knopf, 1995. 萨克斯指出，本书的标题指的是孤独症学者坦普尔·格兰丁（Temple Grandin）的一个说法，"火星上的人类学家"这一意象描述的是她时常觉自己在人类世界中完全像个陌生人。

约鲁巴人将其唤作"èwa",中国人称之为"美",等等。事实上,这位外星学者很快会注意到"beauty"——我将严格限定于视觉之美——在人类生活中具有非常重要的作用。人们用"美"这一术语来评价别人和自己,经常竭尽所能地打扮自己。美还被视为所有用心创制的人工制品和事件的一大品质,美用于各种社会文化语境之中。我们所言说并讨论的美,通常指的是一种属性,它能引起愉快或满意的体验,既有日常的体验,又有稍纵即逝、强烈而短暂的体验。在世界各地的谚语、故事、诗歌和歌曲中呈现出的美,不仅用来指人类及其造物,还用来描述动物、花朵和其他自然事物。在诸多语境中,美还时常隐喻性地表达感激或满意之情。

美的多面性似乎是人类的一个重要特征,它会让我们的外星访问学者充满兴趣,意欲对人类的生活形式进行更为深入全面的探寻。不过,在将人类视为一个物种之时(同时亦要关注非人类及人类先祖),这位学者应该看到生活方式的多样性,同时不应忽视人类的历史进展。在确立了美在人类生活中的重要性之后,似乎可以基于人性及其文化多样性提出几个基本问题。

例如,哪种视觉刺激或视觉特征能够引起人类的愉悦体验?存在普遍性的视觉刺激吗?如果有的话,是何种刺激或特征,为何它们会有这种效果?是否有些刺激只能在某些文化而非全部文化中引起视觉愉悦?如果这样的话,是何种刺激,在哪些文化中,为何会如此?是否有些视觉刺激只对特定的文化具有吸引力?在审美相对主义的事例中，我们能否识别出某些环境因素——社会文化的或自然的——影响了审美偏好的形成？这些因素是如何施加影响的，为何会如此？对于环境如何影响人们的视觉观，其过程对特定的文化是唯一的吗，抑或我们能够分辨出一些跨文化的模式或普遍性的规律？在视觉偏好的形成过程中，这种过程时有重复，对此我们应该如何解释？

此外，美在人类文化中具有怎样的位置和功能？比如，在怎样的社会文化语境中，具有视觉吸引力的物品能够发生作用，为何会如此？美会实现什么目的，这一目的是如何达成的？它在无文字和文字交流中具有怎样的作用？从全球的视角来看，在关注文化独特性的同时，要想回答这些问题，需要找出美在其社会文化语境之中发生作用的普遍规律。

沿着上述问题，我们或许又会对如下问题发生兴趣，诸文化中的人们对审美现象做何反应和分析？世界各文化传统对美的本质有何论断？他们对美的来源、美的呈现以及美的发生提出了怎样的观点？美与其他品质如何发生关联？对于美的效果及其解释，又提出了怎样的观点？

现在，想象一位外星学者，作为研究的一部分，可能会对他的人类同行就美作为一种普遍性现象涉及的上述诸种问题所给出的解答怀有兴趣。他们在对诸文化中所获得的数据予以确立、分析和比较之后，得出了怎样的结论？他们是如何解释美的多样性与普遍性的？如果这位学者15年前拜访过地球，那么他几乎看不到针对普遍性的审美现象的任何问题的研究方法。[①]所有的都变得太快了，尤其是最近十年。的确，对于一个以人类中心为视角看待美学的人来说，这是一个激动人心的阶段。

我将简要介绍三种研究，它们以具有普遍性的术语分析了美学的不同方面，范围涉及人类进化史及其发展出来的各种文化传统。从方法论上探讨"人类本性"的审美维度，以及它在不同语境中的各种呈现，看来是可行的。要对"美"进行全球性的研究，我将首先探讨那些将审美现象视为社会文化整体的研究。美作为一种社会文化现象，是人类学家和其他对社会文化语境感兴趣的学者的主要关注领域。其次，人类学研究跨文化的共通性，使我们可以关注那

[①] 那一时期，很少见到从全球视野研究视觉艺术的成果。沙尔夫斯泰因（Ben-Ami Scharfstein）的《鸟、兽和其他艺术家：论艺术的普遍性》（Ben-Ami Scharfstein, *Of Birds, Beasts, and Other Artists: An Essay on the Universality of Art*, New York, London: New York University Press, 1988）是第一部将视觉艺术和美学作为一种真正具有普遍性的现象的著述，书中的例证来自非常广泛的文化，既有过去的，亦有现在的。尤其在书的最后一章，沙尔夫斯泰因探讨了艺术和美学的普遍性是什么。在前面的章节中，他还结合了动物方面的数据。迪萨纳亚克（Ellen Dissanayake）的《艺术为了什么》（Ellen Dissanayake, *What is Art For?*, Seattle: University of Washington Press, 1988）同样是以全人类的角度研究美学问题。此书所做的明显是行为学研究，其核心命题是"艺术是一种行为"，是一种使人"变得与众不同"的活动。[亦参见她的《审美的人：艺术来自何处及原因何在》（Ellen Dissanayake, *Homo Aestheticus: Where Art Comes from and Why*, New York: The Free Press, 1992）]；迪萨纳亚克提出了一种生物社会学的方法，她新近出版的著作是《艺术和性行为：艺术是如何开始的》（Ellen Dissanayake, *Art and Intimacy: How the Arts Began*, Seattle: University of Washington Press, 2000）。安德森的（Richard L. Anderson）《卡莉欧碧的姐妹：艺术哲学比较研究》（Richard L. Anderson, *Calliope's Sisters: A Comparative Study of Philosophies of Art*, Englewood Cliffs: Prentice Hall, 1990）集中于各个文化发展出了"艺术的基本性质和价值"的观点。在对这些观点进行分析时，安德森亦用了很大篇幅分析了大多数文化中的美或相关属性的观念[安德森的书在2004年由普伦蒂斯·霍尔出版社（Prentice Hall）再版]。

些针对人类审美偏好的生物进化论起源的研究。目前，美作为人类有机体的一种体验，越来越多地被进化论学者和神经学家进行研究。世界美学的第三种研究是对不同文化中审美现象所做的各种思想体系的考察。在世界各文化传统中，美作为一个反思对象，受到了各文化背景中的哲学家和其他人文学者的关注。除了描述这些蓬勃发展的研究路线，我还要指出这些方法是如何卓有成效地整合进更大的学术框架之中，使人们能够系统地研究人类的审美现象的。

在进入正文之前，有必要简要指出，全球视野中的美学研究除了分析"美"，还应探讨其他属性或范畴，至少包括美的反面，即"丑"。[1]当然还有其他相关的范畴。大家在此可能会想到与不同的审美体验有关的各种概念，它们在特定的文化传统中，被视为在艺术审美或其他审美中都很重要。比如日本的"幽玄"（yugen），西方的"崇高"（sublime），印度的"味"（rasas），都是非常重要的审美范畴。事实上，对于世界各文化中审美词汇的研究无疑能够提升我们的眼界，细描我们的观点，深化我们的问题。

---

[1] 为简便起见，我在文中用了审美属性（aesthetic qualities）这一术语。不过，我同意桑塔亚那（George Santayana）和其他学者的看法，我们最终要处理的是一些定性的经验，我们倾向于将这些经验转换为引发它们的品质（George Santayana, *The Sense of Beauty*, New York: Scribner, 1896），这一现象在美学中有时被称为"投射主义"。参见 James W. McAllister, *Beauty and Revolution in Science*, Ithaca: Cornell University Press, 1996, p.29。

一、美作为一个研究主题

人们可能对一些研究方法不予理会,这些方法表明我们在研究美学时,是将人类视为生物进化的、处于社会文化中的,并且是具有反思性的。事实上,在提议这一方法的关注焦点或对象为"美"之始,就出现问题了。不过,从当代西方的学术视角来看,马上就会出现两种反对意见。第一种异议现在已经衰微了,美不仅是一种可以接受的研究主题,而且还具有意识形态性或政治性。[1]更为严重的是,人们可能反对说,作为一种观念或分析性的概念,"美"与西方思想传统的联系如此紧密,将之作为概念工具用于任何全球性的研究是成问题的。 更糟的是,西方虽已有2500年的研究,却对美的本质没有任何令人满意的解答,哲学家还在说"美是一潭浑

---

[1] 例如,在一篇题为《令人振奋的沉睡的美》的文章中,兰伯特(Craig A. Lambert)以如下观察开端:"在美国的大学里,美已经被驱逐在外。尽管它在人类经验中占有中心位置,但美的概念几乎从学术话语中消失了。更为奇怪的是,人文学科中的情况更为彻底,文学、音乐和艺术,几乎都不谈美了。美被批判成一个精英主义的概念,是白种欧洲男人民族中心主义的发明,被污名化为性别歧视的、种族主义的和不平等的。有人说,对美的瞩目会使我们远离世界上的不公。"(Craig A. Lambert, "The Stirring of Sleeping Beauty", *Harvard Magazine*, Vol.101, Sept.–Oct.,1999, p.46, http://www.harvard-magazine.com/so99/beauty.ssi)亦可对比 Wendy Steiner, *Venus in Exile: The Rejection of Beauty in 20th-Century Art*, Chicago: The University of Chicago Press, 2001。如其标题所示,兰伯特的文章旨在唤起美再次作为学术研究主题的兴趣。就哲学美学来说,可以参考 Bill Beckley and David Shapiro, eds., *Uncontrollable Beauty: Toward a New Aesthetics*, New York: Allworth Press, 1998; James Kirwan, *Beauty*, Manchester: University of Manchester Press, 1999; Peggy Zeglin Brand and Eleanor Heartney, eds., *Beauty Matters*, Bloomington: Indiana University Press, 2000; Arthur C. Danto, *The Abuse of Beauty: Aesthetics and the Concept of Art*, Chicago: Open Court Press, 2003; 以及 Crispin Sartwell, *Six Names of Beauty*, New York: Routledge, 2004。

水，是最为模糊最不确定的一个概念"[1]。由此，我们还没有一个确定的概念，并以此为基础考虑基本的认识论问题，即从全球视角来研究这一现象是否可行。[2]

尽管我们对学术意义上的美的概念感到疑惑，不过大家都对其所指多少有些了解，这一事实正是许多美的研究的起点。[3]然而，在当代跨文化的语境中，对美仅有直觉性的理解是远远不够的。上述对全球性和跨学科的美学研究方法进行了简要描述，如果我们要以更为宽广的视域研究美，这种方法无疑是最好的，下文还要详述。

我们先将美视为英语世界所用的一个术语，它是对特定内容的快乐或愉悦的反应，诸如人的面部和身体，视觉媒体中对这些和其他对象的呈现，如一片风景或一枝花朵、一首诗歌或一曲音乐，还有行为、性格及观念。对美的这一描述过去常指任何"愉悦感觉和

---

[1] John Armstrong, *The Secret Power of Beauty: Why Happiness is in the Eye of the Beholder*, London: Allen Lane, 2004, p.19. 还可参考 Wolfgang Ruttkowski, "Was bedeutet 'schön' in der Ästhetik？", *Acta Humanistica et Scientifica Universitatis Sangio Kyotiensis*, Vol.19, No.2, 1990, pp.215-235, 以及罗杰·史克鲁顿（Roger Scruton）为《大英百科全书》(*Encyclopedia Britannica*, 在线版参见 http://www.britannica.com)"美学"词条所写的入门式导读。
[2] 从更为乐观的视角来看，有人可能会说，如果我们实在不知道"美"到底意味着什么，那么至少很难说西方之外的文化中没有任何与此概念相似的说法。这一评价（不管其是否基于学术分析、贬低西方的观念，或者坚持"差异的政治"）显然预设了一个相当明确的"西方美的概念"，其本身就是一个非常有趣的研究主题。此外，西方文化中美这一概念的不确定性和模糊性，似乎增强了在其他文化中找到与其意义相合的概念的可能性。
[3] 例如，哲学家詹姆斯·柯万（James Kirwan）在他的一本美学论著的序言中说："人人都知道美是什么。"(*Beauty*, ix) 在另一部著作中，心理学家南希·埃特考夫（Nancy Etcoff）提道："但美是什么？正如你看到的，没有什么定义能够抉发无遗……尽管美的对象时有争论，但美的经验却人所共知。"(James Kirwan, *Survival of the Prettiest: The Science of Beauty*, New York: Doubleday, 1999, pp.8-9)

精神"之物,其表现和强度有所不同,我们在各类英文词典中都能看到。就美的宽泛意义而言,大家可以看到在当代欧洲语言中有许多类似的术语,这些类似的概念应用于西方的早期历史中,涉及诸多层面。在认知其特定的地方来源的过程中,在我们从全球眼光探讨审美现象时,"西方"的美的观念承担了交流性和启发性的功能。(有趣的是,一位中国学者或约鲁巴学者在进行全球性的研究时,可能会以他们各自的语言,即汉字"美"或"èwa"作为研究起点。不同的跨文化研究,都会基于特定的美学概念,这将促进"世界美学"研究的多样性)

我的学术背景主要是"人类学",即对西方之外特定的文化类型所做的西方研究。这一学术领域强调文化相对主义,主张对文化的认知需要深入其内部,运用它们自己的术语,将文化视为历史特殊阶段的产物。[1] 人类学上的文化相对主义,由弗朗兹·博厄斯(Franz Boas)在20世纪早期力倡,并由其徒子徒孙在此后几十年里普及和深化,发展出了更为激进的形态,促使人们广泛关注西方在对其他文化的研究中所存在的认识论偏见。对于相关的西方研究,理论家们强调了其所使用的基本概念以及整个分析框架和阐释框架的文化边界与局限性。

有人可能会说,在考察美的概念的文化性和历史性时,可以采

---

[1] 文化的存在多少是可以识别的(尤其从跨文化比较的视角来看),通常都默认为可分析的,不过这一"本质主义"的前提,像许多概念一样,已在人类学界受到质疑。不过,我在此为了方便还是用"文化"(culture)这一术语,需要提出,应该将其视为在历时性和共时性上都富有变化的一个概念,同时还要认识到其内部的变化。

用这一批判性立场。20世纪50年代,文化相对主义成为人类学研究的核心范式,沃伦·德·阿泽维多(Warren d'Azevedo)发表了人类学界第一部对艺术和美学的系统性的研究著作。在文中,他强烈反对用"beauty"一词去观照其他文化,"因为它披着我们自己文明中的哲学和文学的外衣,完全不能应用于跨文化视角之中"[1]。奇怪的是,阿泽维多的建议并没有被其他人类学家遵从或复述。[2] 至今,在"审美人类学"(anthropology of aesthetics)最为关键的评价中,也在使用这一词汇。乔安妮·奥弗林(Joanne Overing)和彼得·戈夫(Peter Gow)十分激进地提出,美学的概念是西方中产阶级和精英分子建构起来的,不能用于跨文化研究之中。不过,即使在这一批判之中,"beauty"一词还是毫无疑义地用于非西方文化之中,甚至没有加上引号。[3]

---

[1] Warren L. d'Azevedo, "A Structural Approach to Esthetics: Toward a Definition of Art in Anthropology", *American Anthropologist*, Vol.60, No.4, 1958, p.708.
[2] 罗伯特·普朗特·阿姆斯特朗(Robert Plant Armstrong)在几十年前注意到(他没有参考阿泽维多的论著):"为了用'艺术'和'美'的概念研究其他民族的感动人心的事物或事件,需要组织一些具有民族中心主义的卓越例证,将我们自己的价值、结构和系统,输出到外来的语境之中。"(Robert Plant Armstrong, *The Affecting Presence: An Essay in Humanistic Anthropology*, Urbana: University of Illinois Press, 1971, p.10)
[3] 韦纳(James F. Weiner)对奥弗林和戈夫对该讨论的成果做了介绍,参见 James F. Weiner, "Aesthetics is a Cross-cultural Category", in T. Ingold ed., *Key Debates in Anthropology*, New York: Routledge, 1996, pp.251–293. 关于"beauty"一词的使用,我主要想到了奥弗林;至于戈夫,参见注2。有人或许会想,奥弗林和戈夫反对使用美学(aesthetics)这一术语实在激进,戈夫又发表了一篇文章(Peter Gow, "Piro Designs: Painting as Meaningful Action in an Amazonian Lived World", *Journal of the Royal Anthropological Institute*, Vol.5, No.2, 1999, pp.229–246),探讨的是"对于一个视觉审美系统能够提出什么问题",他提道:"我从对'yonata'(带有图案的绘画)的创作和审美的解释开始我的研究。"(转下页)

奥弗林和戈夫研究的都是亚马逊文化。从他们的观察来看，这些学者在当地的确遇到了一些非用"beauty"一词，否则很难解释的现象和观点。[①]这似乎是绝大多数"田野人类学家"[②]的经历，可以部分解释阿泽维多的建议何以从没成功。我们还应该认识到，很长时间以来，在西方人文学界存在的问题，不是用"beauty"这一术语解释人类学家研究的特定文化中的概念或现象是否恰当，而是这些文化中是否存在值得用这一概念进行比较的东西。因为，不像所谓的东方文化，这些文化被许多人视为"太过原始"，"还没有发展出"能和"西方美的概念"进行类比或相当的事物。

二、世界上的美

截至目前，人类学家和艺术学者对于审美偏好和美的标准的经验性研究已有数十种，尤其是对非洲、大洋洲和美洲土著的文化的

（接上页）奥弗林近来还和阿兰·帕斯（Alan Passes）合编了一本书，名为《爱和恨的人类学：亚马逊土著居民的欢宴美学》（*Anthropology of Love and Anger: The Aesthetics of Conviviality in Native Amazonia* Joanna Overing and Alan Passes, New York: Routledge, 2001）。

① 提及她在皮罗亚（Piaroa）的研究时，奥弗林甚至会说"皮罗亚的美的概念"和"皮罗亚对美的解释"，并没有提供当地术语，不过奥弗林注意到，皮罗亚在说"美""思想"和"作品"时，有同样的词根"a'kwa"（参见韦纳《美学是一个跨文化范畴》，第264页）。在《皮罗亚的图案》一文中，戈夫提到了皮罗亚术语"kigle"可译为美的，"mugle"可译为丑的（231），在这一例子中，"美的"加了引号（"丑的"亦是如此）。

② 对比雅克·马凯（Jacques Maque）的《变形的艺术》（Jacques Maque, "Art by Metamorphosis", *African Arts*, Vol.7, No.4, 1979, p.34），如上所示，"beauty"这一术语的使用，没有受到任何来自西方人类学传统上所研究的文化中的学者的批判。

研究，其中有大量研究提供了当地表达美的术语。我将提供一些术语，它们来自各不相同的文化，这些例子还需和一些更具历史性的词汇等量齐观，如古埃及的"nefer"，古希腊的"kalos"，以及其他时期和地区的术语（梵文和印地语"sundar"等）。通过简单探讨这些例子，我希望能够证明"美"（beauty）应该被视为一个具有文化普遍性的主题，因此是一个能够从全球视角进行研究的对象。

这些例子无疑表明审美经验为人类普遍具有，为了避免误解，我还应指出，导致美感的实际刺激物随文化之不同而有差异。我还应认识到，在某种程度上，审美经验本身具有文化变异性，尤其是在一个具体的文化传统的特定环境中，审美经验的产生丰富多样，在情感上存在细微差别。

来看看世界各地表达美的词汇。加拿大的因纽特人用"takuminaktuk"，纳尔逊·格雷本指出，其意为"好看，或漂亮"。他还指出，这个词不仅用来描述雕塑或装饰过的餐具，还可形容"雪橇、北极光，以及任何自然或人造之物"[①]。北美西南部的纳瓦霍人使用的是"hózhǫ́"，可以指身体具有魅力的人。在编织毛毯和创作沙画时，纳瓦霍人追求"hózhǫ́"。根据加里·威瑟斯庞（Gary Witherspoon）

---

① Nelson H. Graburn, "The Eskimos and Commercial Art", in M. C. Albrecht, J. H. Barnett, and M. Milton, eds., *The Sociology of Art and Literature: A Reader,* London: Duckworth, 1982, p.333. 研究因纽特文化的另一个学者斯温顿（George Swinton）亦提到了"takuminaktuk"这一术语，他将其译为"好看因而漂亮"。斯温顿还提供了三个其他因纽特术语（pitsiark, maitsiak and anana），他指出都是"视觉愉悦的感叹或表达"; "Touch and the Real: Contemporary Inuit Aesthetics–Theory, Usage and Relevance", in M. Greenhalgh and V. Megaw, eds., *Art in Society: Studies in Style, Culture and Aesthetics,* London: Duckworth, 1978, p.81.

的观察,"hózhǫ́"还可用于更为普遍的感觉,表达他们对人、社区以及世界所欲求的状态。因此,"hózhǫ́"是一个内涵丰富的概念,有"和谐""幸福""健康"等含义。[1]

如果我们拜访澳大利亚的阿纳姆地东北的土著居民,就会发现他们用的术语是"mareiin",这个词指的是"一种特殊的品质——魅力十足或非常漂亮"[2]。来到美拉尼西亚,会看到特罗布里恩人用的是"kakapisi lula",字面意思是"它深入了我的内心",用以表达人、花朵和雕刻等所具有的视觉吸引力。[3] 类似表达亦用于美拉尼西亚的其他文化,如舞蹈之中。[4] 新几内亚的穆利克人(Murik)面对同样的情况,会用"aretogo"即美的(beautiful)[5]进行评价。

非洲文化中的事例非常之多,在此我仅举一例。约鲁巴的"èwa"一词已被众多学者译为"美"。"èwa"可以指一个人的外在相貌、人工制品或自然现象等特征。在约鲁巴,该词还可被衍化为"ounje oju"(为眼睛提供的食物),或"oun t'oje oju ni gbese"(能使眼睛得到恩惠的东西)。许多非洲词汇能够表达视觉或其他感官的愉悦,许多西方与其他语言中的类似词汇亦是如此,"èwa"同样

---

[1] Gary Witherspoon, *Language and Art in the Navajo Universe,* Ann Arbor: University of Michigan Press, 1977.
[2] Ronald M. Berndt, *Love Songs of Arnhem Land*, Chicago: University of Chicago Press, 1976, p.60.
[3] Ulli Beier, "Aesthetic Concepts in the Trobriand Islands", *Gigibori*, Vol.1, No.1, 1974, p.39.
[4] Eric Schwimmer, "Aesthetics of the Aika", in S. M. Mead ed., *Exploring the Visual Art of Oceania*, Honolulu: University of Hawaii Press, 1979, p.289.
[5] Ulli Beier and Peter Aris, "Sigia: Artistic Design in Murik Lakes", *Gigibori*, Vol.3, No.1, 1975, p.22.

用来指称一个人的内在品质或性格（在此，人们会说得更为具体："èwa inu"，内在之美；相对的是"èwa ode"，外在之美）[1]。

在本章导语部分，我们已提及，一些非英语国家表达美的术语中亦有道德内涵。[2] 如汉字中的"美"，通常译成"beautiful"，在中国可以描述男人和女人的外貌，声音和歌曲，演讲和诗歌，风景和花朵等自然现象，食物和酒，性格和行为[3]，思想和抽象的观念，如未来、声望、梦想等。[4]

这些审美术语或概念可以成为我们深入研究的起点，比如，更为全面地探讨这些概念的语义场和应用领域，以及在具体的文化中与其他范畴的关联。人们肯定会发现，这些概念的语义场，使它们与第一阶段所分析的其他文化中的同义词，在内涵上或多

---

[1] Babatunde Lawal, "Some Aspects of Yoruba Aesthetics", *British Journal of Aesthetics*, Vol.14, No.3, 1974, p.239, and "From Africa to the Americas: Art in Yoruba Religion", in A. Lindsay ed., *Santería Aesthetics in Contemporary Latin American Art*, Washington, D. C.: Smithsonian Insitution Press, 1996, p.10. 关于"èwa"这一概念的更多解释，参见 Barry Hallen, *The Good, the Bad, and the Beautiful: Discourse About Values in Yoruba Culture*, Bloomington: Indiana University Press, 2000. 关于其他一些非洲的例子，参见拙著《撒哈拉南部非洲美丑观念的比较分析》(*A Comparative Analysis Concerning Beauty and Ugliness in Sub-Saharan Africa*, Ghent: Rijksuniversiteit, 1987, p.11ff.

[2] 英语、约鲁巴语和中文之中，都有更为精细的词汇描述由外部或内部刺激引发的愉悦或高兴的体验。不过，"beauty""èwa"和"měi"，在其相关语言中乃最常见的术语。

[3] 在早期儒家经典中，"美"总是和"善"联系在一起（Karl-Heinz Pohl, "An Intercultural Perspective on Chinese Aesthetics", in Grazia Marchiano and Raffaele Milani, *Frontiers of Transculturality in Contemporary Aesthetics*, Torino: Trauben, 2001, p.146）

[4] 参见丁光训：《新英汉词典》(Ding Guang-xun, *A New Chinese-English Dictionary*, Seattle: University of Washington Press, 1985, p.693f); Robert Henry Mathews, *Mathews' Chinese-English Dictionary* (rev. American ed.), Cambridge: Harvard University Press, 1975, p.619f; and J. DeFrancis ed., *ABC Chinese-English Dictionary*, Honolulu: University of Hawaii Press/Curzon Press, 1996, p.407ff.

或少存在差距。例如，约鲁巴的"èwa"在描绘艺术创作时，指的是那些被认为适当的或成功的作品或演出，而无论其动机如何，不管是要创作美的、丑的或幽默的东西。[1]（"èwa"的例子还表明，除了较多的进行日常表达，审美术语在用于艺术作品时，可能会获得一种独特的附加意义）为了保持审美术语在概念语义场中的所有细微差别，以及在具体的概念和形而上学体系中公正地分析其与别的概念的隐含关系，在我们的研究中有必要使用原始的术语，而不是全都译成"beauty"。这一点，正是西方美的概念所履行的启发功能。

三、世界美学

欲用全球视角研究美学，首先想到的第一个学科便是人类学。从语源上说，人类学（anthropology）指的是对人的研究。研究人类审美现象的学问，称作"审美人类学"（anthropology of aesthetics）似乎是很合适的。不过，人类学这一术语，尤其是在西方人文和社会科学的语境中，更多指的是对那些西方人曾经视为"原始"的文化的研究，这一特征在人类学界持续了 100 余年。事实上，众多当代的西方人类学家将人类学的研究对象视为 20 年前常常提到的"他者"。为此，他们将"我们"与"他们"判然二分，以突出二者

---

[1] Rowland Abiodun, Henry J. Drewal, and John Pemberton III, *Yoruba: Art and Aesthetics in Nigeria*, Zurich: Museum Rietberg, 1991, p.13.

的文化差异，这在很大程度上忽视了共通性（包括表面多样性背后的规律性）。除此之外，作为历史和实践产物的人类学，业已发展出了一套特定的研究方法，我们下面还会分析。由于人类学已经牢牢地与所谓的非西方文化这一特定的研究对象关联在一起，那么，"审美人类学"（anthropology of aesthetics）这一称呼似乎不太合适，因为我们的研究方法是跨学科的，研究范围则是全球性的。

"世界美学"（world aesthetics）是一个替代性的命名。我所提出的世界美学，主要研究美以及相关的现象，考察它们的起源、它们的社会文化维度，以及它们在各种文化传统中是如何被界定和思考的。这些话题本身，以及对它们的专门性研究，通常都纳入"美学"（aesthetics）。"美学"这一术语，多少还保留了其古希腊词源"aísthesis"的意义，即感知或意识。不过，需要指出的是，自从18世纪中期德国哲学家鲍姆嘉通（Alexander Baumgarten）提出"美学"（aesthetica）这一概念以来，它主要关注的是"定性的"感知或意识，尤其是由习惯上所说的"艺术"所引发的感知或意识。

研究此类定性经验，以及可以追溯至这些经验的社会文化现象与哲学现象的各学术领域，皆可归为美学。将这些不同的领域整合为一体的方法，就是权且沿用"美学"这一称呼。因而，在当下的语境中，美学指的是囊括了诸多学科方法及其相关理论的一个研究领域。考虑到"美学"一词几乎专指西方研究，那么，将"世界"

冠于"美学"之前,表明了一种全球性的视角。[1]因此,"世界美学"和"世界艺术研究"便有相同之处,后者希望通过整合一系列学术方法所获得的数据和思考,去理解"作为一种艺术物种的人类"。[2]

---

[1] 我已经指出,在一些学者看来,"美学"这一标签并不适用于外来的文化环境,在使用它时,应该限定于诸如"18世纪中后期的西方文化";亦见 Gregory Elliot, "Aesthetics", in M. Payne ed., *A Dictionary of Cultural and Critical Theory*, London: Blackwell, 1996, p.17f。在这件事上,我宁可采取实用主义的立场,注意到了世界各地的学者目前都在使用"美学"这一术语。这些学者的确在各种意义上使用这一术语,他们的用法随学术方法而改变,哲学家——和人类学家、心理学家和其他学者不同——喜欢将美学理解为"艺术哲学"。

[2] 参见 John Onians, "World Art Studies and the Need for a New Natural History of Art", *Art Bulletin*, Vol.78, No.2, 1996, pp.206-209. 关于两种方法的差异,参见本人的《世界艺术研究和艺术美学:难兄难弟?》("World Art Studies and World Aesthetics: Partners in Crime?", in L. Golden ed., *Raising the Eyebrow: John Onians and World Art Studies*, Oxford: Archaeopress, 2001, pp.309-319)。我最近在不同的意义上使用了"世界美学"这一术语,即即作为"跨文化美学"的替代命名。后者出现于1997年悉尼大学组织的环太平洋跨文化美学大会上,指的是对世界各文化传统中的艺术观及其相关问题的探讨。我提出,"跨文化美学"作为一个学术标签不太成功,不过还是在悉尼会议上被倡导出来,参见我的《世界哲学、世界艺术研究、艺术美学》("World Philosophy, World Art Studies, World Aesthetics", *Literature and Aesthetics*, Vol.9, 1999, pp.181-192)。我认为,形容词"跨文化的"(transcultural)的使用限制了这一多方面学术领域的视野,因为它可能暗示了"跨文化美学"只是集中于对跨越文化时空边界的艺术现象或审美现象的欣赏和解释。不过,"跨文化美学"显然还涉及各文化对艺术及其属性的思考方式的(比较)研究(还包括各文化的艺术和审美体系的相互影响,最终是全球视野的)。因此我提出,类比新兴的兄弟学科"世界哲学和世界艺术研究",我们以"世界美学"来指跨文化美学。在悉尼会议上,Grazia Marchianò 在其论文的最后,将"世界美学"视为"跨文化美学"的同义语,参见《百花齐放,百家争鸣:跨文化美学中的一些吉兆和现实性的观点》("'Let a Hundred Flowers Bloom, Birds and Crabgrass Notwithstanding': Some Auspicious and Realistic Views on Transcultural Aesthetics", in E. Benitez ed., *Proceedings of the Pacific Rim Conference in Transcultural Aesthetics*, Sydney: University of Sydney, 1997, p.5);帕尔默(Anthony J. Palmer)基于音乐的经验对"普遍性的审美"进行思考时,也用了"世界美学","Music as an Archetype in the 'Collective Unconscious': Implications for a World Aesthetics of Music", in Sonja Servomaa ed., "Comparative Aesthetics: Cultural Identity", special issue, *Dialogue and Universalism*, Vol.3-4, 1997, pp.187-200. 考虑到以"世界美学"指称"跨文化美学"的提议并没有流行起来,有人可能想撤回此一提议,并且建议保留"世界美学"的称呼用以指全球性和跨学科的研究,旨在更好地理解审美的人。

四、美作为一种社会文化现象

今天的文化人类学家通常并不采用全球视角，甚至经常反对社会文化现象研究中的普遍性视角和比较方法（比如，他们声称这种分析暗含了一种不可能做到的超文化或"全能之眼"的观念，或者会引发文化不能通约性的争论）。不过，人类学对从全球视角研究美学（以及艺术）提供了至少三重贡献。

第一，人类学面对世界各地的文化现象，对于概念、认识论和方法论等问题做了长期的思考。这就给我们提供了理论贡献，有助于我们在研究审美现象时，发展出一套成熟的理论框架，系统性地推进全球性的方法。

第二个贡献可以称之为地理—文化观念，人类学家极大地拓展了文化的范围和区域，这成为我们研究的基础。至少，在欧美人看来，很大程度上，正是人类学家增加了我们对东方和西方之外（如非洲、大洋洲等）的"原始文化"的认知。对于这些文化中的美学文献，我们还应提到那些专门研究非洲、大洋洲和美洲土著的艺术和美学的艺术史家们的工作。由于大多数此类学者基本采用了人类学的视角和方法，所以我在此将他们置于"人类学"名下。

这就引出了人类学提供给我们的第三个贡献，即它为社会文化现象的研究带来了独特的方法。对于这一方法，我提出了三个标志：以经验归纳为立场（empirical-inductive stance）、对语境的注重以及跨文化比较的视野。① 在文化人类学中，形容词"经验的"（empirical）通常指的是口头数据。就美学而言，它指的是特定文化中的成员被要求用语言说出他们的审美偏好和审美标准，解释他们的审美概念和审美观点（因此，语言、概念的语境化、不同文化之间可译性的问题变得很是重要）。② 此外，人类学家与美学家相比，后者基本是做概念分析，而前者则对人们如何思考美与丑等问题

---

① 对于以人类学方法研究美学的更多详细探讨，参见本书第三章的第一部分。
② 这一方法只能用于现存的社会之中，如果用人类学方法研究过去的文化，那么就会出现方法论上的问题。在后一种情况中，面对书面文献，人们会想到考察该文化中的书面作品和其他著述，寻找审美观的记录。例如，波尔蒂拉对阿兹特克美学的观察，Miguel Léon Portilla, *Aztec Thought and Culture: A Study of the Ancient Nahuatl Mind*, Norman: University of Oklahoma Press, 1963; 温特对美索不达米亚文化的研究，Irene J. Winter, "Aesthetics in Ancient Mesopotamian Art", in J. M. Sasson ed., *Civilizations of the Ancient Near East*, New York: Scribner, Vol.4, 1995, pp.2569-2580。在现存的社会中，在研究一个文化中的审美倾向时，对口头或书面文献中所体现出的审美观的分析，可以被视为一种辅助性的方法论工具。不过，无论我们要面对的是现存的社会还是过去的社会，我们都需要仔细检视美学研究中这种分析的认知价值。对此的初步讨论，参见我的《非洲口头艺术和非洲视觉美学研究》（"African Verbal Arts and the Study of African Visual Aesthetics", in Mineke Schipper ed., "Poetics of African Art", special issue, *Research in African Literatures*, Vol.31, No.4, 2000, pp.8-20）, 网上可以找到全文。依靠口头文献研究美学，人们对心理现象所做言语表述的准确性受到质疑，既有神经科学家，例如，Joseph Ledoux, *The Emotional Brain: The Mysterious Underpinnings of Emotional Life*, New York: Simon and Schuster, 1996, 亦有人类学家，如 Jacques Maquet, *The Aesthetic Experience: An Anthropologist Looks at the Visual Arts*, New Haven: Yale University Press, 1986, 以及更新的著作，Maurice E. F. Bloch, *How We Think They Think: Anthropological Approaches to Cognition, Memory, and Literacy*, Boulder: Westview Press, 1998。尽管如此，在美学研究中，对这些言语表述的分析，比从审美对象自身推断审美属性和概念的方法要好。后一方法涉及一些危险——美学的跨文化研究史表明了这些危险是实实在在的——可以概括如下：第一，我们并不能确切知道，我们在特定的文化中所挑选的能够推导出某些审美品质的艺术品，会传达或激起哪种审美品质；第二，尽管可以合理地假定我们不知道哪种品质在起作用，我们还是会面临如下问题，即应该确定对象的哪种属性对源出文化产生效果；第三，即使外来研究者会和特定文化中的成员选择同样的属性，他们也无法确知什么原因激发了后者对这些属性的反应。显然，我们在推断文化成员的审美反应时，必须非常慎重。

感兴趣。

在经验性研究中,学者们在观念上应该遵循一种所谓的横截面(cross-section)方法,关注具体的社会或文化中所有人群的审美观。[①]事实上,如果我们着手调查人类生活中的审美现象,我们需要掌握尽可能多的文化中尽可能多的人群的数据。不幸的是,直到现在,运用经验方法所做的美学研究基本局限于西方人类学界对(少量)文化所做的传统研究。相反,就"哲学美学",即对审美现象的体系性和论争性思考而言,我们的知识又几乎局限于所谓的东方和西方文化之上。在以后的研究中,需要对这一双重的不对称加以调整,下面还将详述。仔细搜罗对于审美倾向和审美观念的经验性数据,然后要在其所生成的更为广阔的社会和文化环境之中加以分析。

第二个标志是对社会文化语境的强调,这应当是人类学研究方法最为显著的特点。这一对语境的强调,部分源于人类学长期以来所确立的"田野"实践,局外人借此方法进入一种异文化,并融入其中,和它们成为一个整体。人类学家试图分析性地理解分离出的现象,它们本是整合于社会文化语境之中的。在美学研究中,对于语境的强调,就是要分析视觉偏好的社会文化条件是什么、如何形成的以及何以如此。一旦我们认识到审美现象发生的社会文化条件,与语境研究相关的其他路径就会显现出来。这涉及许多问题,

---

① 这些人群审美偏好和审美观念的差异,以及这些不断变化的观点之间的相互关系和交流,本身就是进一步研究的主题,既包括文化之内的,也包括跨文化的。

如美在社会文化生活的组织和动态中的位置，包括美的创造、在场和评价等。我将尽快回到与这些语境相关的问题。

人类学方法的第三个标志是区域性，最终是全球性的跨文化比较，这一特征让人想到人类学是对人类进行研究这一包罗万象的概念。然而，至少就美学和艺术研究而言，这一比较方法并没有在人类学界发展起来。究其原因，一方面源于经验性数据的缺乏；另一方面是对文化差异的范式的强调将文化视为不能比较的。不过，对于全球视角的美学和艺术研究来说，跨文化比较分析显然非常重要，它使我们探索全球范围内的美的相似性和差异性，更重要的还包括异中之同。

为了对异中之同——表面多样性背后的共通性进行阐释，我会简要提一下我在其他地方已然分析过的题目，其涉及的是视觉偏好中的文化相对主义。① 整个 20 世纪，人类学家坚称审美偏好是受文化限制的。不过，他们却不愿试着阐明美学中的文化相对主义。一些经验性和语境性研究表明，特定社区的视觉偏好可由该社区的社会文化价值观或理想来揭示。如果这样的话，那么美学中的文化相对主义可以表述为不同的社会文化理想导致了不同的审美偏好。

为了论证这一观点，我将简要讨论三个非洲社会或文化中的视觉偏好和社会文化价值观。第一个"语境中的美"的研究，是关于自称为博勒人（Baule）的。该分析主要利用的是艺术学者苏珊·沃

---

① 参见我的《语境中的美：论美学的人类学方法》，尤其是第七章和第八章。

格尔（Susan Vogel）的著作，还有几个学者对博勒人的文化、艺术和美学所做的研究。[1]博勒人居住在西非象牙海岸中部的大部分地区，人口约有50万。他们的社会特征被描述为民主和平等，表明社会成员之间的关系是平等的。博勒社会还被视为具有高度集体性的特点，这是在强调平等的同时又强调平均的结果，他们希望个体总能依照社区所规定的方式做事。事实上，一个博勒人最大的恐惧就是被视为不同于其他社会成员，这样他就有被孤立于群体之外的危险。这就为我们展示了这一民族的第一个社会文化价值或理想，即总是依他人之指导行事，避免任何出格的行为。

博勒人首先是农民，无论男女，都要到田间劳动。由此，勤于并乐于劳动会受到高度赞扬。这一工作伦理是博勒社会的另一主要价值，它又与其他几个社会文化属性有所关联。所以，良好的身体状况会受到重视，这对于辛勤劳作显然是必要的。身体健康还是生育能力强的前提，因此健康是博勒人生活中的又一个社会文化价值。像许多非洲民族一样，博勒人觉得拥有子女是生活中最大的幸

---

[1] 重点参见 Susan M. Vogel, *Beauty in the Eyes of the Baule: Aesthetics and Cultural Values*, Philadelphia: Institute for the Study of Human Issues, 1980，以及她的博士学位论文 *Baule Art as the Expression of a World-View*, Ann Arbor: University Microfilms International, 1977。还有 Alain-Michel Boyer, "Miroirs de l'invisible: la statuaire baoulé (1)", *Arts d'Afrique Noire*, Vol.44, 1982, pp.30-46, 和 Alain-Michel Boyer, "Miroirs de l'invisible: la statuaire baoulé (2)", *Arts d'Afrique Noire*, Vol.45, 1983, pp.21-34; Vincent Guerry, *Life with the Baoulé*, Washington: Three Continents Press, 1975; Philip L. Ravenhill, *Baule Statuary Art: Meaning and Modernization*, Philadelphia: Institute for the Study of Human Issues, 1980。关于对博勒研究文献的更深入细致的分析，参见我的《语境中的美：论美学的人类学方法》，第213页以后。

福，同时亦是一个人在社区获得尊敬的保证。

身体健康，一方面需要保重身体，另一方面还需要清洁。事实上，博勒社会高度关注个人卫生。此外，他们对于外貌更是非常看重，尤其注重发型和刻痕。这些身体装饰被视为"文明"的标志，或者用博勒人的话说，那个人是"村里人"（klôsran）。这一说法指的是一个受人尊敬的男人或女人，在他/她身上汇聚了全部良好的品质，包括一些社会文化价值，如节制和平均、健康、清洁、多产以及辛苦劳作。

博勒人创作精美的人形雕像，这些人物的刻制与被视为带来一系列厄运的两个神灵有关。为了禳除灾祸，占卜师可能会建议为导致灾祸的神灵雕刻一尊人像。所刻人像越漂亮越好，以便吸引神灵。因此，雕像所具有的吸引力，就根据评价人体之美的同样标准加以判断。这就要问，博勒人是根据哪些标准或基于何种视觉属性来评判人物和雕像的美的。为了回答这一问题，沃格尔对博勒人的审美倾向做了经验性研究。她要求40位男性信息提供者根据个人喜好对一系列博勒雕像进行品评排列，并说出他们喜欢此雕像而非彼雕像的理由。[1] 这些人的排列次序高度一致，表明他们对雕像何以美丽的视觉属性具有共识。

结果表明，博勒人认为使一尊雕像具有吸引力的视觉属性，正

---

[1] 沃格尔很遗憾无缘系统地调查女性评论者。"旁观的女性，经常表达她们的观点，看上去和男人的看法没有明显差异。"（Susan M. Vogel, *Beauty in the Eyes of the Baule: Aesthetics and Cultural Values*, Philadelphia: Institute for the Study of Human Issues, 1980, p.37）

是在他们的社区中被高度肯定的社会文化价值。比如，他们欣赏加工精美、擦得锃光瓦亮的表面，因为那代表了光滑细腻的皮肤。博勒人将光洁的皮肤与一整套社会文化价值关联在一起。据说，光滑闪亮的皮肤意指洁净，证明此人注重个人卫生。光滑的皮肤还说明此人没有热带皮肤病，这也代表了健康。健康与生育能力，以及许多其他品质，主要是和年轻人有关。因此，在博勒的评论家看来，人形雕像应该总是描绘一个人的青春年华，这点毫不为奇。

年轻人拥有健康，才能进行繁重的体力劳动。博勒的评论家总是对雕像的这一方面发表评论，他们无不偏好小腿饱满圆润的形象。这样的小腿表明此人肌肉发达，强健有力，足能胜任田间的劳动。推崇努力工作的价值观还体现在对人物脖子的评价上。对人物和雕像而言，博勒人全都喜欢笔挺、颀长而强壮的脖子。这种脖子表明此人能够运载重物，他们习惯于用头部运输。

显然，对于光滑闪亮的皮肤、饱满粗壮的小腿和颀长强健的脖子的偏好，可以很容易地与社会文化价值关联在一起，因为这些视觉特征的语义成分在语境分析中变得非常明显。不过，人们偏好的形式及其与社会文化属性之间的同样关联，还可通过更为抽象、据说亦更为纯粹而正式的美的标准建立起来。沃格尔和菲利普·拉文希尔（Philip Ravenhill，此人亦是研究博勒艺术和美学的人类学家）都认为，博勒人最重要的审美标准是"sèsè"，意指"中庸之道"（golden mean）。例如，尽管漂亮的人像上要有划痕，不过数量应该适度，不能太多，亦不可过少。同样，发型应该漂亮，但又不能太过花哨。此外，对于人物身体的各个部分，博勒人都强调适中。因此，拿臀部来说，不能太扁平，也不能太突出，就像脖子不能太短，也不可过长。

我们已然看到，中和或平均是博勒人的社会文化价值系统中最为核心的范畴。因此可以说，在博勒的旁观者心中，就像饱满的小腿和光滑的皮肤一样，在人像中能体现"sèsè"，便会具有重要的文化意义。事实上，甚至可以指出，只要一个事物表现出了这一最为抽象和最为重要的审美标准，就意味着在博勒人的平均主义和集体主义的社会中，将其视为最为普遍和最为重要的社会价值，即中和或平均。

以上在博勒语境中对其审美偏好的简单考察，引出了这样一个主题：在一特定的社区中，根据那些被视为具有审美愉悦的视觉特征，能够恰切地指出该社区的社会文化价值和理想。如果这一观点正确，那么我们应该能够证明，不同的社会文化价值系统会导致不同的审美偏好，或者换句话说，不同的审美观会关联着不同的社会文化理想。为了论证这一观点，我们要对伊博人（Igbo）的审美偏好进行更为深入的观察，艺术学家希克·阿尼亚克（Chike Aniakor）就此主题出版了数本论著，他本人就是一个伊博人。[1]

---

[1] 参见 Chike C. Aniakor, "Structuralism in Ikenga: An Ethno-Aesthetic Approach to Traditional Igbo Art", *Conch*, Vol.6, No.1-2, 1974, pp.1-14, and Chike C. Aniakor, "Igbo Aesthetics (An Introduction)", *Nigeria Magazine*, Vol.141, 1982, pp.3-15。关于伊博人的常用信息，我主要参考了阿尼亚克和艺术学家科尔对伊博艺术和文化所做的深入调查，Chike C. Aniakor and Herbert M. Cole, *Igbo Arts: Community and Cosmos*, Los Angeles: University of California Press, 1984. 关于其他细节和参考文献，参见我的《语境中的美：论美学的人类学方法》，第265页以后。

伊博人居住在尼日利亚东南部，人口约有 1200 万。经济以农业为主，不过商业亦占有重要地位。伊博人又细分为数百个所谓的村落，被各不相同的组织所治理，尤其是拥有头衔的人（title holders）。在伊博地区有若干头衔等级体系，他们拥有政治和道德权力，对成年群体发号施令，顶着头衔的人多为富人。事实上，在伊博社会中，权力与财富结合在一起，一个人拥有财富，便可以从低等、廉价、拥有较少权力的等级上升到昂贵而独有的等级，并具有重要影响。伊博人的头衔不是继承的，而是靠个人努力赢取的，一个人只要有足够的财富，就可以购买头衔，从而具有政治权力和社会地位。

至此已经透露出，个人的成功，无论是务农、经商还是从事其他活动，都受到伊博人的大力推崇。数位学者，有的是伊博人，有的不是伊博人，都认为个人成就是这一民族的核心社会文化价值。为了达成此一理想，就需要身体和精神的力量，以及决心和毅力。一个人只要坚持不懈，勇于奋斗，就可能积累资源，增加财富，这些财富最终就可经过头衔体系转化成高高在上的社会政治身份、影响力和特权。对于个人财富和身份的追求，还表明在个体之间存在相当大的社会经济上的竞争。因而，不同于博勒人的强调节制和平均，伊博人鼓励个人超凡脱俗、与众不同。

根据阿尼亚克的论著，对伊博人来说，使某物具有视觉吸引力的最重要的品质就是"igwogo ngwogo"，可以译为"曲线型并精致化"（curvilinear elaboration）。伊博语"igwo"意指"曲线"或"线圈"。曲线型的形状和装饰的确是众多伊博艺术（如独特的雕塑、身体绘画和房屋装饰）的典型特征。伊博人对于精致甚或繁复也表现出了明确的偏好，某些面具的上部结构和一些视觉艺术都体现出了这一典型特点。结构的复杂和装饰的精巧，时常和曲线结合在一起。例如，在头衔持有人作为象征身份之用的凳子上，就能看到一种复杂的曲线的相互作用。

为何精致的曲线如此受到伊博人的青睐？从本书提出的视角来看，要想回答这一问题，我们应该试着将对精致的曲线的偏好与伊博人对个人成就的推重以及其中囊括的一些品质联系起来。

我们首先来看曲线。比如，"Ikenga"雕像表现出了典型的曲线型。这些木质雕像呈人形，多坐在板凳上，被两个向上并卷曲的图案簇拥着。人像手中拿着物件，其外部结构多少有些精致，通常以曲线型为主。这些雕像用于庆祝一个男人——有时是女人——取得成就的个人膜拜仪式中。"Ikenga"图像上的曲线，实际上描绘的是犄角（horn）。在许多非洲文化中，包括伊博文化中，犄角代表了强大的力量。犄角的弯曲形状亦被认为代表了生长和增加。因此，弯曲的犄角可以意指强大而蓬勃的力量。而且，"Ikenga"雕像的犄角通常被伊博人视为公羊的象征。这种动物以坚韧不拔著称，这一性格同样是取得成就的人所具有的。受犄角启发形成的曲线，可以说代表了伊博人成就个人理想必须具备的重要条件和性格，即力量、坚持和扩展。在伊博文化中，曲线型图案还用来装饰房屋和人体，表达了同样的喻义。由于这些"uli"图案是根据苗壮成长的树叶，尤其是植物的卷须绘制而成的，所以它们也代表了活力、坚韧和成长。

为了理解伊博人对另一悦人的特征——精致的推崇，我们需要考虑一下阿尼亚克所认为的伊博美学中的重要因素：一件工作所需时间越少，花费就越低，它的构造就越不精致。相反，所需时间越多，花费越高，雕像就会越加繁复精致。因为它们费时费钱，所以雕像的精致和繁复就成为富裕和特权的象征。的确，只有那些有成就的人才有钱制作精致的雕像。

我们可以得出结论，伊博人偏好那些体现出了曲线型并精致化，明确传达出了其社会文化理想的视觉之物。曲线意指在务农、经商或其他事务中取得成功所需要的活力和坚韧，同时也代表了取得成就所具备的成长或扩张的理想。精致代表了财富、身份和特权，后者乃个人凭自身能量和决心成功换来的。

如果声称在特定的社区中，那些能够引起视觉愉悦的事物恰好反映了该社区的社会文化理想，那么就意味着，当这一理想变化时，审美偏好也会相应地发生变化。对阿散蒂人（Asante）在观念变迁时期视觉偏好的考察，恰恰表明了此点。下面的分析主要根据人类学家哈利·希尔弗（Harry Silver）的研究。[1]

---

[1] 参见 Harry R. Silver, "Beauty and the 'I' of the Beholder: Identity, Aesthetics, and Social Change among the Ashanti", *Journal of Anthropological Research*, Vol.35, No.2, 1979, pp.192–207, and Harry R. Silver, "Selective Affinities: Connoisseurship, Culture, and Aesthetic Choice in a Contemporary African Community", *Ethos*, Vol.11, No.1–2, 1983, pp.87–126. 关于阿散蒂的历史，我主要参考了麦克劳德的著作《阿散蒂》(Malcolm Mcleod, *The Asante*, London: British Museum Press, 1981)。对阿散蒂艺术的更深入探讨，参考我的《语境中的美：论美学的人类学方法》，第285页以后。

阿散蒂（或阿善提，Ashanti）人口约有 250 万，居住在今加纳中南部的大部分地区。阿散蒂的传统经济以商业为主，在黄金和此后的奴隶贸易中占有很大比重。在 16 世纪末期，欧洲商人进入商业网络，他们不仅带来了铁制工具，从而增加了农业收成，还提供给阿散蒂人火枪洋炮，这两大因素使阿散蒂人占领了周边地区。1700 年前后，阿散蒂人率领着一个小部落和村镇联盟，渐次扩张，并在接下来的 200 年间，控制了加纳中南部地区。

欧洲觊觎阿散蒂地区的奴隶和丰富的黄金矿藏，尤其是英国，试图和强大的阿散蒂帝国建立和平的交往。在 19 世纪的头 10 年，英国促成了盎格鲁—阿散蒂条约。然而，英国的干预越来越多，约在 1900 年，阿散蒂及其周边地区成了英国殖民地，被称为"黄金海岸"。1957 年，阿散蒂人和其他一些没有被英国要求并入加纳的民族独立，恩克鲁玛（Nkrumah）任主席。

经过 50 年的殖民化，现代化的力量也施于独立后的加纳身上。不过，对于如何应对变迁中的环境和需求，意见颇有分歧。（接下来，我所分析的是 20 世纪 70 年代中期希尔弗调查时的情形）根据官方政策，现代化应该在"部落间的同一化"（intertribal homogenization）上体现出来，意指消除加纳境内各种族间的差异。人类学家马尔克姆·麦克劳德（Malcolm Mcleod）认为阿散蒂人对自己的历史深感自豪，又深信自己具有先天的优势，因此强烈反对政府将阿散蒂人和周边民族混同为一的主张。想到要和那些原先是其部属民族或住在远北的民族（这些人不像大部分阿散蒂人信奉基督教，信奉的是伊斯兰教）混在一起，阿散蒂人感到此举威胁了他们强烈的民族认同。

阿散蒂人所要面对的挑战，不是遵从政府部落间同一化的政策，而是根据自身历史接受现代化，在其中，西方逐渐得到了肯定性的评价。尽管殖民有其消极的一面，不过在20世纪，阿散蒂人一直对西方持有同情的开放态度，采纳其新技术，吸收其文化特性。当面临现代化的需要时，阿散蒂人选择接受了西方的影响和价值，并将其与传统的阿散蒂文化和谐地结合在一起。因此，阿散蒂新社会文化理想可以表述为：传统的阿散蒂价值和现代西方价值顺利无碍地本土融合。

为了探讨阿散蒂人的审美倾向，希尔弗主持了一场实验，他让100多名调查对象，对25尊阿散蒂雕像进行品评。这些试验品可以分成四种类型。第一种类型由传统的阿散蒂雕刻组成，如阿库阿玛（akuamma，单数为akuaba）或所谓的丰产玩偶。妇女将阿库阿玛戴在背上，有助于她们怀孕，并确保生出英俊的孩子。丰产玩偶体现出了阿散蒂人心目中理想的人物之美的重要特征：椭圆形的脸蛋、宽阔的额头、浓厚的眉毛，以及笔直修长的脖子，戴着不少颈圈，或环绕几圈褶皱。这些颈圈代表了几小堆肥肉，被视为成功的象征。传统的阿库阿玛以高度风格化的方式表现头部和脖子的这些特征。头部得到大大的突出，通常占整个塑像的三分之一还多，剩下的身体抽象化为细管状，两根短平的线条代表了胳膊。

阿散蒂雕刻家还创作更具自然主义意味的丰产玩偶，一方面保留了对大头的强调，另一方面却对面部容貌和身体进行符合解剖学的细描。对阿散蒂人来说，自然主义风格无疑是从西方借鉴来的。他们通过照片、广告和基督教画像，熟悉了这种表现方式。现代的阿库阿玛变成了第二种类型，其中包括对传统主题的革新性处理。第三种雕像受到了一些西非面具风格的影响，主要是卖给游客的。第四种类型是所谓的风俗画雕刻，比如描绘妇女捣击付付（fufu）的场景，付付是一种颇受欢迎的阿散蒂食物。这些不是传统的艺术，不过不像那些取法其他非洲艺术风格而成的雕像，它们的确传达了阿散蒂人的本土经验。

根据他的审美排名的试验，希尔弗观察到，最受欢迎的是那些将传统主题转换为自然主义的新形式的雕像。最高的等级给了风俗雕像和自然主义风格的阿库阿玛。阿散蒂批评家最喜欢的两尊雕像，其一为风俗雕像，描绘的是一个人坐在老式凳子上，手拿一本打开的书。这一人物是西方化的，带有明显的自然主义色彩。阿散蒂批评家赞扬他有文化，认为他很值得尊敬，在加纳的未来发展中会扮演重要角色。因而，这一人像表明了传统加纳文化的持久性，不过，它同时又体现出了西方的价值。换句话说，阿散蒂人偏好那些将自身传统和西方元素和谐融为一体的塑像，简洁地表明了他们现在所持的社会文化理想。

阿散蒂受访人喜欢的另一尊雕像同样如此，那是一个具有浓厚自然主义风格的丰产玩偶。一方面，受访人欣赏传统的价值特征，如宽阔的额头、突出的眉毛和胖出褶的脖子；另一方面，他们又盛称人像的现代外观，尤其是自然主义的细节描绘。因此，这尊雕像同样成功地表达了阿散蒂人的社会文化理想，即将传统阿散蒂价值与现代西方价值融合为一。现代领袖的雕像之所以受到欢迎，很大程度上在于其流畅的融混，风格化是传统阿散蒂文化的特点，而自然主义又是西方文化的特征。

如果对博勒人、伊博人和阿散蒂人审美偏好的考察抽离于其社会文化语境，那么人们可能仅仅得出结论，这些民族的视觉偏好具有文化相对性。不过，一旦在其社会文化环境中分析这些审美偏好，并且对这些分析进行比较，就会看到一种模式，亦即，在某一文化中被视为漂亮的视觉特征正好体现了其社会文化理想。对视觉偏好的语境化经验性数据进行跨文化比较分析，即运用人类学的方法进行美学的田野调查研究，可能会发现审美偏好的文化多样性背后的一致性。在这一案例中，普遍主义和文化相对主义是结合在一起的，而不是各自为营的。

如果人们确实认为富有吸引力的视觉物品恰能反映他们的社会文化理想，那么，有人可能会提议对审美现象进行另外一些语境性的考察。例如可能会指出，审美评价在很大程度上能够揭示评价者的社会文化价值偏好。这种评价（和评价对象一样）可以被理解为比喻性的：根据某一事物（视觉偏好）简明并暗示性地表达另一事物（价值偏好）。如果此说成立，那么公众的审美评价就能被看成一种力量，其在维持和修正价值体系的过程中发挥着作用。如果特定的审美评价对象代表了长期建立起来的社会价值特征，那么对这些对象的肯定性的审美评价就是在隐喻性地强调这些现状。反之,否定性的审美评价就可能构成一种观念的批评。实际上,由于环境不断变化,一个社区的价值体系总是或多或少需要修正。在价值导向发生显著变化的时期,艺术品时常能够明显地反映出新的社会文化理想。根据对这些"价值论的试验气球"所作的肯定或否定的审美评价,就可以赞同或放弃这些评价对象所揭示的价值趋势,从而在价值重整过程中得到帮助。①

五、美作为人类有机体的反应

现在回到视觉偏好中的跨文化共通性和变异性这一话题,在美学中也有类似性或普遍性,它比社会文化理想和审美偏好之间所具有的泛性的文化关系更为直接显明。根据人类学家所搜集的经验性证据,如下标准普遍应用于能够引起审美愉悦的视觉对象的创造和评价中:对称和平衡、清晰、光滑、明亮、朝气和新奇。需要注意,当这些基本的审美标准应用于具体的文化中时,某些标准在视觉形态上具有相对性。尤其是对于新奇而言(因为对视觉之新

---

① 我在《语境中的美:论美学的人类学方法》的"反思"一节,探讨了这些及相关的话题,见 232ff、258ff、280ff、299ff。布尔迪厄(Pierre Bourdieu)也提到了审美评价的社会文化意义,Pierre Bourdieu, *Distinction: A Social Critique of the Judgement of Taste*, trans. Richard Nice, Cambridge: Harvard University Press, 1984; orig. 1979, 以及 Kris L. Hardin, *The Aesthetics of Action: Continuity and Change in a West African Town*, Washington, D.C.: Smithsonian University Press, 1993, 还有不少新成果关注了当代各种文化里面的美的展示。

奇的理解常随语境的不同而有差异），如清晰等其他标准，亦有一定的程度与范围。不过，大多数情况下，在一个文化中运用普遍性的审美标准所产生的视觉属性，也会在另一个文化中得到认同和欣赏。这些视觉属性可以称之为跨文化的审美普遍性（transcultural aesthetic universals）：它们能够跨越文化边界，吸引人们的视觉特征（如光滑）。

不过，新奇的情况有所不同，因为在一个文化中视为新奇的东西，在另一个文化中可能不觉得新奇。在涉及普遍性的审美原则（如新奇），而非全人类欣赏的属性（如光滑）时，我们可以使用泛文化的审美普遍性（pancultural aesthetic universals）这一术语，或者更好的表述：生成的审美普遍性（generative aesthetic universals）。[①] "生成的审美普遍性"这一术语指的是能够决定所有文化的审美偏好的任何原则（或过程、机制），不管这一原则在特定文化语境中的运用是否会产生跨文化的欣赏（不管这一原则是被当地所认同，还是由外来的研究者假定的）。

新奇是生成的审美普遍性的明显个例，涉及相对主义的一个层面，即形式层面。我们上面所说的普遍性规律可以看成是生成的审

[①] 在普遍性的意义上使用形容词"generative"时，我引用布拉德·肖（Bradd Shore）的说法，我从肖那里采用了与普遍性有关的形容词"generative"，他写道："人类普遍性中存在两种重大的区别，我将其称为实质性的（substantive）和生成的（generative）……生成的普遍性是那些共有的人类性情或特征，它们促成了人类重要的可变性。"Bradd Shore, "Human Diversity and Human Nature", *Being Humans: Anthropological Universality and Particularity in Transdisciplinary Perspectives,* Berlin: Walter De Gruyter, 2000, p.103.

美普遍性，其包括两个层面的原则：不仅代表了某一意义的形式层面具有相对性，而且代表了特定文化语境中的价值或理想的意义层面也是相对主义的。

如果要用层次分析法确立视觉偏好在世界范围内的共通性，那么我们接下来就要面临解释它们的任务。在此我要考虑两条解释推理，在更为复杂的案例中，需要加以结合。[①]

首先，从"经验"的视角来看，有人可能会根据各个文化共享的经验或共享的濡化形式，尝试解释所看到的审美偏好的相类性。例如，"经验的普遍性"[②]的观念可以用来说明人们对光滑的皮肤及其在人形雕像上的普遍偏好。人们可能会说，不管何种文化中的人，都会对健康的观念附以正面价值。这一对健康的共同的良好评价，在价值论领域具有经验普遍性。作出如下假设同样貌似合理，即世界各地的人们都将光滑、洁白的皮肤与健康关联起来，因此可以将光洁的皮肤视为健康的标志。于是我们又面对着符号学领域的经验普遍性。光滑的皮肤皆能使人们做出正面的评价，而不必顾及文化背景。根据这一观点，人类对皮肤的光滑这一视觉属性所做的

---

① 更多探讨，参见我的《视觉美学中的普遍性和文化特殊性》(Wilfried van Damme, "Universality and Cultural Particularity in Visual Aesthetics", in N. Roughley ed., *Being Humans: Anthropological Universality and Particularity in Transdisciplinary Perspectives,* Berlin: Walter De Gruyter, 2000, pp.258–283)。

② 延戈扬 (Aram A. Yengoyan) 提出了"经验的普遍性"(与"先天的普遍性"相对) 的概念, Aram A.Yengoyan, "Culture, Consciousness, and Problems of Translation: The Kariera System in Cross-Cultural Perspective",in L. R. Hiatt ed., *Australian Aboriginal Concepts*, Canberra: Australian Institute of Aboriginal Studies, 1978, pp.146–155; Donald E. Brown, *Human Universals*, Philadelphia: Temple University Press, 1991, p.47.

积极反应，可以用符号学的评价基础来解释，其中包括人所共知的发展经验。（还有一种，是从"先天论"的角度解释人类对光滑皮肤的欣赏，不涉及认知的中介，详见下文）

在某些实例和某些领域，这种经验性方法有其优点，不过仍有一些问题。如果用它来解释对称或清晰等标准的普遍性，要想让人信服，似乎更显困难。此外，这一方法对于认知评价过程的实际结果缺乏理论关注。那么，我们应该如何解释某一事物所意指的肯定性的意义评价最终会涉及一些令人愉悦的感觉？亦即，为何对具有良好评价的属性的意义感知能够引起积极性的情感反应？

在对审美偏好和社会文化理想的意义之间的关系进行纯经验性（或"文化主义"，或"社会建构主义"）的解释时，我们会面临同样的问题。有人可能会说，地方价值体系中的视觉象征可以简约含蓄地表达多重意义，浸润于此一文化的感知者会对其进行肯定性的评价。正如我在另一篇文章中所述，有人亦可能提出，这一象征所带来的喜悦源于对一系列具有正面评价的文化意义的深细经验，这些文化意义是由某一视觉对象有力地意指的。不过我们还是要追问，为何对具有正面评价的文化意义的深细经验会涉及"情感的"维度（而非只是引起"冷冰冰的认知评价"）？

或许有人会用达尔文主义的视角看待人类心灵的工作机制，并以此解释这一问题。这就是第二种路径："进化论"的解释方法，据此，人类的相类性可以通过进化加以阐明，人脑或人类心灵亦体现出同样的倾向。

对人类审美偏好规律的经验性解释，应用的是一种在当代极少采取的普遍性的阐释框架，它被称为"标准的社会科学模式"。进化论心理学家勒达·科斯米迪（Leda Cosmides）和约翰·托比（John Tooby）引入了这一术语，用来指涉支配了整个20世纪人文社会科学领域的看待人类心灵和行为的范式。[①] 根据这一"建构主义"范式（至少要追溯至17世纪和18世纪的英国经验主义者），人类初生之时，心灵就像一块白板（tabula rasa），有待于经验的填写，以及社会文化环境的塑造。

华生（J. B. Watson）和斯金纳（B. F. Skinner）是行为主义者，支持人类心理具有极端可塑性的心理学假设，他们认为个体在任何方面几乎都被社会文化环境所决定。人类学对文化相对论的强调就深受白板假说的影响，它强化了社会文化环境决定了人类心理的观点（几十年后，它又强烈影响了后现代思潮的兴发）。例如，博厄斯的弟子玛格丽特·米德在其书中指出，性别是完全由文化界定的，性嫉妒（吃醋）只是一种社会建构，有的文化中存在，有的文化中则没有。

诚然，早期的许多文化相对主义者明确支持"人类心理一致性"的观点，并预设了一个进化论心理学的基本观念。反之，进化论学者亦毫不怀疑社会文化环境对人类有机体成长的影响。然而，

[①] 参见 Leda Cosmides and John Tooby, "The Psychological Foundations of Culture", in J. H. Barkow, L. Cosmides and J.Tooby, eds., *The Adapted Mind: Evolutionary Psychology and the Generation of Culture,* New York: Oxford University Press, 1992, pp.19-136.

当代的达尔文主义者和自然主义者成功地挑战了仍具影响的白板范式及其相伴的极端文化决定论。他们的进化论方法融汇了来自进化生物学、神经科学、认知心理学、人类行为学、人类学,还有经济学等其他学科的数据和观察。他们据此提出,人类的大脑在初生之时并非白板一块,而是配备或发展出了大量"中央模块"或"心理程序",使其按照特定的方式思考和行动(如人类似乎天生怕蛇,忠于亲属,很能识别骗子,等等)。其中一些功能性的专门"程序"——由以遗传指令为基础建构的神经回路组成——是相当稳固的,而另一些程序在与外界提供的信息的交互作用中变得具有伸缩性和可塑性。事实上,人们越来越清楚地认识到,环境因素(通过打开或闭合它们)能够影响基因的表达,最终揭示了"先天即有还是后天培育"(nature versus nurture)的二分法是错误的。[①]

上面所说的"中央模块"或"心理程序",与进化心理学尤为相关。[②] 正如学者们采取生物进化论的视角,进化论心理学家应用新达尔文主义的方法——融合了达尔文的自然选择学说和孟德尔的遗传学——研究人类心灵。他们试图解释人类心理和行为(包括情感或评价行为)中的任何规律。绝大多数人文领域的学者都熟悉进

---

① 参见 Matt Ridley, *Nature via Nurture: Genes, Experience, and What Makes Us Human*, New York: Harper Collins, 2003.
② 导论性的研究,参见 Steven Pinker, *How the Mind Works*, New York: W. W. Norton, 1997, and *The Blank Slate: The Modern Denial of Human Nature*, New York: Viking, 2002; Edward O. Wilson, *Consilience: The Unity of Knowledge*, New York: Knopf, 1998; David M. Buss, *Evolutionary Psychology: The New Science of the Mind*, Boston: Allyn and Bacon, 1999; and David M. Buss ed., *The Handbook of Evolutionary Psychology*, New York: Willey, 2005.

化论的基本观念：DNA 序列（包括基因和基因表现调节器）中自然发生的变化引起了人群的变化，这些变化被保留或选择，以利于有机体（或者说，它携带的基因材料）的生存和繁衍。[1] 达尔文之后的 150 年，我们已经非常熟悉这种观念：遗传基因的变化和自然选择能够说明有机体的结构和心理性能的进化（它们的骨骼、器官以及功能等）。现在，进化心理学家运用这种视野研究一种器官的进化和工作方式，直到最近，这种方法还莫名其妙地被排除于对此器官的研究之中，这一器官即人类的大脑，我们认为大脑的运转中包括了人类的理智和精神。

据称，纵观数百万年的进化，基因编码随机的改变与非随机的自然环境选择结合在一起，缓慢却持续地规划了大脑处理信息的方式，以及以此为基础的行为方式。"模块"或"程序"的进化予以特别强调，二者都是逐渐发展的，以应对与生存和繁衍有关的切要问题（如食物、掠夺、择偶、家庭和社会生活等问题）。[2] 重要的是，

---

[1] 在这一简短的说明中，我冒昧地没有区分"性"选择和"自然"选择，实际上倾向于表述为"环境选择"（自然、性和社会文化环境）。此外，我此处没有考虑如基因漂移等进化力量。通常说来，并非人类所有典型的心理和行为都可看作"适应"：一些是这种适应的产物，另一些构成所说的（非不适应的）"杂音"。还要清楚，进化过程是无方向或无目的的，它们并不朝向一预先设定的目标——也就是，它们不是目的论的。

[2] 大脑基本的"模块"——大脑是由神经回路组成的，专门处理特定的信息类型——可以很好地得到解释，当特定的区域受到损伤时，就会导致非常具体的紊乱。比如，现在知道视觉（语言等亦是如此）是由若干相经影响的神经回路来控制的，每一条神经回路负责视觉的某一特定方面，如深度、轮廓、颜色、运动等，还有一些组件，涉及诸如识别人脸之类的具体任务。某一神经回路受到伤害，就会导致特定组件的功能障碍，而其他部分则完好无损。因而，有些人就不能认知正常的人类经验，如持续的运动，有些人不能识别人脸，等等。进化心理学研究中所假定的精神模块或心理程序更为复杂（包括诸多基本的神经回路），它们反过来又受制于更高级的组织。

这些功能性的专门程序，或有人所说的"后生的规则"，大多被视为具有情感性的成分，被卷入了这一决策过程。

进化论学者持有一种宽广的归纳视野，至少对人文学者来说，它唤起了一种极大的时间深度。事实上，有人认为，人类这一物种的典型特征，主要是在更新世的非洲（人类及其原人祖先在非洲度过了99%的时光）作为觅食者发展起来的。在这一巨大的时间框架中，进化心理学家至今很少关注当前的文化差异，其被视为晚近的局部发展。他们主要将精力放在了人类在基础层面的共同性上，最终目的是弄清楚典型的人是什么，以便来定义"人的本性"。

这些进化论的观点如今亦被用来探讨审美偏好的普遍性。在开始之前，可能已注意到，进化论学者主要关注的是审美普遍性"是什么"和"为什么"的问题，而神经美学的研究者还会关注"如何是"的问题。随着神经解剖学和神经化学（包括那些情感领域）[1]的日渐成熟[2]，以及脑部扫描技术如PET和fMRI成像技术[3]的出现，

---

[1] 例如，参见 Jaak Panksepp, *Affective Neuroscience*, New York: Oxford University Press, 1998。我要感谢多梅尔斯（Erik Dormaels）提醒我注意到这本书，我们就认知的神经学方法进行了诸多探讨，也影响了我对一些美学问题的看法。

[2] 参见 V. S. Ramachandran and William Herstein, "The Science of Art: A Neurological Theory of Aesthetic Experience", in Joseph A. Goguen ed., "Art and the Brain", special issue, *Journal of Consciousness Studies*, Vol.6,No.6-7,1999, pp.15-51; 同行的评论，pp.52-75. 讨论延续到了第二期关于"艺术和大脑"的专刊，Joseph A. Goguen ed., *Journal of Consciousness Studies*, Vol.7,No.8-9,2000. 对比 Semir Zeki, *Inner Vision: An Exploration of Art and the Brain*, Oxford: Oxford University Press, 1999; see also http://www.neuroesthetics.org。关于神经美学的第一次国际性会议由加州大学组织召开，时间为2002年1月。

[3] 参见 Itzhak Aharon etl., "Beautiful Faces Have Variable Reward Value: fMRI and Behavioral Evidence", *Neuron*, Vol.32, No.3, 2001, pp.537-551; Hideaki Kawabata and Semir Zeki, "Neural Correlates of Beauty", *Journal of Neurophysiology*, Vol.91,2004,pp.1699-1705.

目前对审美欣赏的神经学研究正成为热点。这些研究者所取得的成果应该被纳入进化论的分析之中，反之亦然。

目前，"进化论美学"主要关注的是人类对特定身体特征的情感反应。进化论学者将这种对肉体美学的强调与择偶的重要性关联了起来，显然，择偶是以身体偏好为基础的。[①] 进化论学者根据（跨文化）实验和民族志文献，提出了普遍认为具有吸引力的身体的几个特征，其中包括对称的面部和体型、光滑的皮肤，对女性来说，是所谓沙漏形的体形。[②] 有人指出，这些偏好不仅是普遍性的，还是先天性的，意味着在进化过程中，人类大脑发展出了对这些视觉属性感到愉快的神经回路（我们要面对的是爱德华·欧·威尔逊所说的"初级后生规则"，它处理的是程序化的，经常是情绪引导的

---

① 配偶选择和许多因素有关，包括气味（和信息素），还有一些无形的标准，如善良，尤其在女性的选择中，更看重男人的可靠和身份。参见 David M. Buss, *The Evolution of Desire: Strategies of Human Mating*, New York: Basic Books, 1994。米勒（Geoffrey Miller）最近指出，在人类进化史上，除了身体特征，女性还倾向于选择能言善辩、有创造力和幽默感等心理特征的男性为配偶，这些特征被视为"智力健康"的标志。米勒试图表明，艺术在人类生活中具有重要作用，参见 Geoffrey Miller, *The Mating Mind: How Sexual Choice Shaped the Evolution of Human Nature*, London: Heinemann, 2000。艺术的进化论方法有时被称为"生物诗学"；参见 Brett Cooke and Frederic Turner, eds., *Biopoetics: Evolutionary Explorations in the Arts* Lexington, Kentucky: International Conference for the Unity of the Sciences, 1999。比较 Jan Baptist Bedaux and Brett Cooke, eds., *Sociobiology and the Arts,* Amsterdam: Editions Rodopi, 1999; Gregory J. Feist ed., "Evolution, Creativity, and Aesthetics", special issue, *Bulletin of Psychology and the Arts*, Vol.2, No.1, 2001; H. Porter Abbott ed., "On the Origin of Fictions: Interdisciplinary Perspectives", Special issue *Substance*, Vol.30, No.1-2, 2001; 以及本文注 51、54、55。Denis Dutton 从进化论的视角对艺术和美学研究做了概要的讨论和评价，"Aesthetics and Evolutionary Psychology", in J. Levinson ed., *The Oxford Handbook of Aesthetics*, Oxford: Oxford University Press, 2003, pp.693-705。

② 有关评论，参见 James Etcoff, *Survival of the Prettiest: The Science of Beauty*, New York: Doubleday, 1999, 以及 Eckart Voland and Karl Grammer, eds., *Evolutionary Aesthetics*, Berlin: Springer, 2003。

方式，无须任何先前的经验作为中介。"次级后生规则"是更为复杂的规则，涉及有机体相关的环境经验[1]）。

这一先天论的命题的背后有如下基本原理。第一，根据医学调查，相关的身体特征可以被视为一系列客观标志（是一些外在的标志），诸如健康、青春和多产等属性（例如，对称暗示了发展的稳定性；光滑的皮肤可视为青春和身体健康的标志；女人的细腰表明了健康和生育能力）。于是可以说，人类的某些祖先通过随机的基因改变，偶然产生了对这些身体特征中的某一偏好，结果证明比其他人更能生育后代。于是，相比那些缺乏这一倾向的人，这些祖先更偏好于选择那些更健康更具生育能力的配偶。由于这一偏好最终是由基因规定的，会传递给后代，这些后代就比其他人更具有进化优势。对某些身体特征的天生偏好就会在人群中代代传播，多年以后，最终成为全体人类的特征。

这一冷静的进化论逻辑目前亦被用于解释风景中的普遍性倾向[2]，

---

[1] Edward O. Wilson, *Consilience: The Unity of Knowledge,* New York: Knopf, 1998, p.151.
[2] 在这一领域的两部先驱性的研究，一是 Gordon H. Orians and Judith H. Heerwagen, "Evolved Responses to Landscapes", in J. H. Barkow, L. Cosmides and J. Tooby, eds., *The Adapted Mind: Evolutionary Psychology and the Generation of Culture,* New York: oxford University Press, 1992, pp.555-579, and Stephen Kaplan, "Environmental Preference in a Knowledge-Seeking, Knowledge-Using Organism", in J. H. Barkow, L. Cosmides and J. Tooby, eds., *The Adopted Mind: Evolutionary Psychology and the Generation of Culture*, New York: Oxford University Press, 1992, pp.581-598.

叙事性作品中引人关注的话题[1],以及音乐的普遍性[2]。这一逻辑亦被试验性地用于阐明视觉艺术作品的评价中存在的普遍性标准或原则。[3]有人可能会提出,在一种不完全的解释中,对称、平衡和清晰的属性皆会增强视觉对象(无论是自然的还是人工的)的可感知性,光滑和明亮亦是如此。先民由于心理程序的随机式变异,更易受到这些属性中的某些方面的吸引,尤其关注这些特征,从而对其环境中的视觉对象便有了更好的感受。由于在环境中获取信息的能力显然有利于生存和繁衍,这种能力的增强便是有选择性的优势。后代将会继承这些基因材料,置入发展出来的神经回路之中,对这些视觉属性就有了更强的敏感性。那些为了满足人类视觉审美需要

---

[1] 卡罗尔(Joseph Carroll)用进化论的方法对文学加以研究, Joseph Carroll, *Evolution and Literary Theory*, Columbia: University of Missouri Press, 1995; Joseph Carroll, *Literary Darwinism: Evolution, Human Nature, and Literature*, New York: Routlegde, 2004; Robert Storey, *Mimesis and the Human Animal: On the Biogenetic Foundations of Literary Representations*, Evanston: Northwestern University Press, 1996; Jonathan Gottschall and David Sloan Wilson, eds., *The Literary Animal: Evolution and the Nature of Narrative*, Evanston: Northwestern University Press, 2005。还有 Brett Looke ed., "Literary Biopoetics", special issue, *Interdisciplinary Literary Studies*, Vol.2, No.2, 2001; Nancy Easterlin ed., "Symposium: Evolution and Literature", special issue, *Philosophy and Literature*, Vol.25, No.2, 2001; and "Darwin and Literary Theory", special issue, *Human Nature*, Vol.14, No.4, 2003。

[2] 关于用进化论和神经心理学方法研究音乐和音乐欣赏的著作,参见 Nils L. Wallin, Björn Merker and Steven Brown, eds., *The Origins of Music*, Cambridge: MIT Press, 2000; Robert J. Zatorre and Isabelle Peretz, eds., *The Biological Foundations of Music*, New York: The New York Academy of Sciences, 2001; William Benzon, *Beethoven's Anvil: Music in Mind and Culture*, New York: Basic Books, 2002; Steven Mithen, *The Singing Neanderthals: The Origins of Music, Language, Mind and Body*, London: Weidenfeld and Nicolson, 2005。

[3] 参见我的《视觉美学中的普遍性和文化特殊性》(Universality and Cultural Particularity in Visual Aesthetics, p.267ff)。关于另一种视角,参见 Eckart Voland, "Aesthetic Preferences in the World of Artifacts: Adaptations for the Evaluation of Honest Signals?", in Eckart Voland and Karl Grammer, eds., *Evolutionary Aesthetics*, Berlin: Springer, 2003, pp.239-260。

的人工制品,将这些特征或属性进行了发挥和放大,使人们具有了相对强烈和愉悦的感觉。①

同样,就新奇而言,我们可以说,个体由于基因编码的改变,对于新奇的事物变得更为敏感,表现出比常人更多的探索行为,更想去寻找新的东西。从进化论的视角来看,探索行为对于寻找生活必需品大有必要,如水、食物和配偶;还有利于发现危险,找到逃跑路线等,所有这些行为都有利于生存和繁衍。如果越来越多的探索行为(达到某一程度)提供了进化的优势,那么人们很可能就会在基因中传递这种对新奇的敏感。相关的心理程序及其行为类型就会在人群中传递。

在视觉性的人工制品中,新奇是一种主要的属性,它由环境决定(无论是自然的还是文化的),体现在形式方面。如果上述分析讲得通,那么新奇的例子表明了进化论方法亦可用来解释视觉偏好的文化或地域差异。为了确定某物新奇与否,我们要应对一种逐渐形成的心理机制,在做出反应之前,要权衡接收到的信息中哪些是经常碰到的(涉及先前经验的影响,这一在刺激过程中的假定的规则,可以看成"次级后生规则"的一个简单例证)。

对于地方社会文化价值体系中的视觉象征所引起的积极的情感

---

① 这一解释是对去语境化的审美标准进行跨文化比较分析的结果,明显忽略了文化决定性的原因,这些原因可能会解释在特定语境中对具体实例的欣赏。对这些原因的解释,参见我的《视觉美学中的普遍性和文化特殊性》(Universality and Cultural Particularity in Visual Aesthetics, p.262ff)。

反应，有人甚至会提出进化论的假设。[1]（进化论学者通常会进行更为严格的分析，他们基于进化理论提出可验证的假设，然后根据经验性的或实验性的数据推翻或证实这些假设。下面，针对作者根据非进化论的学术框架得出的规则，进行后验的进化论的解释）

人类进化出了群居生活的方式，总是会遇到社会融合问题。社会融合，需要个体行为至少要基本符合其生活的群体所发展出来的行为规范或价值。那些不遵守集体行为规范的个体，就会面临被排除在外的危险。[2] 尤其是在数百万年以前，群体以狩猎和采集为生，与群体格格不入就会严重降低个体生存和繁衍的希望。相反，认同集体价值或规则就会大大有利于人类有机体的生存及其基因的分享。在组织和进行各种群体活动时，如采集和分配食物、躲避危险等，这种服从显然是有帮助的。大家都会认为，这些合作能够给群体成员的生存和繁衍带来好处。

人类的社会服从、社会融合及其所需的潜在的合作形式，可以视为是在选择压力下不断面临并且越来越复杂的问题。[3] 有人可能

---

[1] 参见《视觉美学中的普遍性和文化特殊性》（Universality and Cultural Particularity in Visual Aesthetics, p.281ff）。

[2] 关于社会融合对人类的重要性，参见 David M. Buss, *Evolutionary Psychology: The New Science of the Mind*, Boston: Allyn and Bacon, 1999, p.61f; 参见鲍迈斯特和利里的研究《归属的需要：作为基本的人类动机的人际交往欲望》（R. F. Baumeister and M. R. Leary, "The Need to Belong: Desire for Interpersonal Attachments as Fundamental Human Motivation", *Psychological Bulletin*, Vol.117, No.3, 1995, pp.497-529）。

[3] 这个问题会变得越来越复杂，因为它涉及一个持续的进化过程，有机体对群体的忠诚以及自我和亲属的利益之间的平衡不断加以微调，在其他有机体面对同样的问题的情况下，发展出更为精微的机制以平衡社会动物的这两个维度。而且，人类进化的环境体现出愈来愈多的社会文化的复杂性，部分原因正是上面提到的过程。

会想，选择的过程会有利于那些对集体价值做出积极的情感回应的人。在本例和其他许多案例中，情感反应是一种多快好省的行为动机，事实证明它对基因的生存是有利的（或更准确地说，在先辈的环境中表明是如此）。[1] 如果这样的话，那些简约地标示着地方社会文化价值的视觉象征，在那些具有内在基础的观察者身上能够激起一种相对强烈的情感反应。[2]

为了继续这一推测，人们可能会提出，这一假设建立在对超越个人（和超越亲属）的价值的满足之上，在基本的意义上说，诸种形式的"自我超越"，经常被视为"审美经验"的典型特征。这一观点，不仅出现于西方思想传统中，而且在诸如印度和中国的传统中亦常能见到。[3]

---

[1] 参见 Victor S. Johnston, *Why We Feel: The Science of Human Emotions*, Reading: Perseus Books, 1999。
[2] 这个感知过程的第一阶段明显包括了社会文化环境的调节，因为感知者的心理已经适应了当地文化，被假定为对视觉形式所代表的文化的地方价值以及这些价值的表现方式皆有内在的认知。不过，一旦感知者认出了呈现着集体价值的刺激物所代表的意义，后生的规则或先天的程序就会被激活，从而对这些价值产生积极的情感反应，以一种集中的方式表现出来。
[3] 注意，在对审美经验或艺术经验的探讨中，10世纪印度思想家 Abhinavagupta 及其追随者用了一个术语"vísranti"，意为"失去个性的意识"（depersonalized consciousness）；参见 Grazia Marchianò, "The Potency of the Aesthetic: A Value to be Transculturally Rediscovered", *Frontiers of Transculturality in Contemporary Aesthetics*, p.27。波尔指出，在中国思想中，"一件艺术品"应该"对观者或读者具有一种诗性的或自我超越的效果"，参见 Karl-Heinz Pohl, "An Intercultural Perspective on Chinese Aesthetics", p.146。亦可参见《语境中的美：论美学的人类学方法》(*Beauty in Context*, p.15f、17f、166、169f）。

六、美作为反思的对象

从西方哲学有案可查以来,思想家就关注这样的话题:艺术的起源和艺术的本质;艺术的分类和艺术的功能;艺术创作过程中的技巧和灵感;对艺术属性的体验和评价;这些属性的本质。近几十年来,各文化背景的学者开始搜集非西方文化中对这些问题及相关问题的解答。

迄今为止,大家重点关注的还是具有文字传统的东方文化,学术分析主要集中于各类文本中对于艺术及其属性的反思。在 20 世纪下半叶,对于印度、中国和日本传统的艺术和美学的研究,在西方学术界被称为比较美学(不过,真正的东西方传统的比较研究并不多)。[1]

只是在最近 15 年,艺术哲学或美学研究才发展出了一种真正的全球视野。学者们开始重视各不相同的文化表述的观点,从阿兹特克到约鲁巴,从美索不达米亚到纳瓦霍,等等。[2] 此类研究越来

---

[1] See, for example, Eliot Deutsch, *Studies in Comparative Aesthetics*, Honolulu: University of Hawaii Press, 1975; Deutsch's entry on "Comparative Aestheties", in M. Kelly ed., *Encyclopedia of Aesthetics*, Oxford: Oxford University Press, 1998, pp.409–412; Grazia Marchianò ed., *East and West in Aesthetics*, Pisa, Rome: Istituti Editoriali Internationali, 1997, and Rolf Elberfeld and Günter Wohlfahrt, eds., *Komparative Ästhetik: Künste und ästhetische Erfahrungen zwischen Asien und Europa*, Cologne: Chora, 2000.

[2] 安德森的《卡莉欧碧的姐妹》是这一领域开创性的比较研究之作,囊括了各文化中的艺术哲学观和审美观,不仅有西方、印度和日本,还有阿兹特克文化,以及因纽特、澳大利亚土著、新几内亚的塞皮克文化、纳瓦霍、非洲的约鲁巴等口头传统。(转下页)

越来越多地纳入"跨文化美学"的麾下。这一名称最早出现于 1997 年在悉尼召开的一次会议上,会议首次提出了从全球视角进行艺术及其属性研究的可行性。①

一旦我们考察世界各文化传统中的艺术和美学观,那么,除了一些理论问题,它们自身还会提出一系列研究主题。"世界美学"的研究尤其让人感兴趣,其关注的是特定文化中被认为重要的艺术语境之内或之外的审美特征。②

可以通过分析特定传统中主要的审美术语或概念作为研究起

(接上页)关于美索不达米亚巨文化,参见 Irene J. Winter, "Aesthetics in Ancient Mesopotamian Art", in J. M. Sasson ed., *Civilizations of the Ancient Near East,* New York: Scribner, Vol.4, 1995, pp.2569-2580。此外,伊斯兰对艺术及其属性的讨论,参见 José Miguel Puerta Vilchez, *Historia del pensamiento estético árabe: Al-Andalus y la estética árabe clásica,* Madrid: Akal, 1997; Doris Behrens-Abouseif, *Beauty in Arabic Culture,* Princeton: Markus Wiener, 1999; Valérie Gonzalez, *Beauty and Islam: Aesthetics in Islamic Art and Architecture,* London: I.B. Tauris, 2001; Oliver Leaman, *Islamic Aesthetics: An Introduction,* Notre Dame: Notre Dame University Press, 2004。布恩用一本书的篇幅探讨了非洲文化中的美,参见 Sylvia A. Boone, *Radiance from the Waters: Ideals of Feminine Beauty in Mende Art,* New Haven: Yale University Press, 1986; 哈伦(Barry Hallen)关于约鲁巴文化的《好的、坏的和美的》(*The Good, the Bad, and the Beautiful*);关于美拉尼西亚文化,参见斯科迪蒂关于特罗布里恩雕刻家专著, Giancarlo M. G. Scoditti, *Kitawa: A Linguistic and Aesthetic Analysis of Visual Art in Melanesia,* Berlin: Mouton De Gruyter, 1990。

① 参见 E. Benitez ed., *Proceedings of the Pacific Rim Conference in Transcultural Aesthetics,* Sydney: University of Sydney, 1997。第十三届世界美学大会 (Aesthetics in Practice, Lahti, Finland, 1995) 已有多篇论文涉及非西方传统中的艺术和美学问题。这些论文的选集作为《对话和普遍主义》(*Dialogue and Universalism*) 的专刊,出版于 1997 年,第 15 届世界美学大会 (Aesthetics in the 21st Century, Makuhari, Japan, 2001) 首次在非西方国家召开,集中于各种非西方的,尤其是东方传统中的美学。跨文化美学的第二次大会于 2000 年在博洛尼亚召开,第三次会议于 2004 年在悉尼举办。
② 无论跨文化美学最终会形成怎样的学科,它总是会处理与"艺术"哲学和"美学"相关的问题,参见我的《世界哲学、世界艺术研究、世界美学》。关于对各文化中审美现象的反思的更多分析,包括关注这些反思的不断变化的"哲学身份",参见我的《跨文化美学和美的研究》,尤其是第 64 页之后的内容。

点。这就回到了上面提及的观点，其关注的是此类术语的语义场和应用语境，及其在传统的概念体系和本体论体系中与其他概念的关联。在彻底掌握了一个文化中的审美词汇之后，就可以提出其他问题了（对这些问题的解答，当然也是那些致力于研究特定文化中的艺术的学者的兴趣所在）。

研究似乎应该集中于具体的文化关于美的起源或其他审美品质的观点。比如，像一些西方传统那样，美是从一种神圣的源头发展出来的吗？这种观点所认为的结果是什么？有人抑或会问，在特定的文化语境中，其审美特征是如何创造和体现出来的？这种创造需要依据什么规则或指导吗？如果有的话，是何种规则？为什么？在创造审美对象或审美事件时，想象、灵感或其他相关的现象具有怎样的功能？例如，像博勒和其他许多文化一样，梦在审美过程中具有重要作用吗？此外，还可以提出其他问题，比如审美特征的本质，对其进行审美判断的标准，或如何认知审美经验？

人们可能会对审美观与实际的审美或艺术实践的关系进行更切近的观察。例如，所发展出的系统性的审美观是描述性、分析性或解释性的吗？抑或它们是规定性的？如果是后者，仅仅是思想指导实践，还是实践亦需提供规范性的思想？此外，在一个特定的文化中，谁在负责阐明、修正和传递审美观？这一过程是在怎样的语境中发生的？

对于审美反思的研究不能局限于孤立的思想领域，而要结合各种审美现象以及具体的美感，还要关注审美观所隐含的社会文化寓意。从这一更为语境化的视野切入，我们的研究需要关注在某一特定的文化传统中是否存在被明确表述和应用的审美观，考察审美品质在诸如教育、宗教、政治宣传或医疗等领域的作用。比如，在世界各地的思想体系中，审美经验被视为能引起道德或精神的兴奋。这一观点可以举出哪些论据？它在教育或宗教等领域具有怎样的应用价值？就美的宗教功能而言，美经常被认为能够愉悦并取媚于神灵或鬼神，约鲁巴和诸多文化中即是如此。我们从这些文化传统对美的本质的理解中学到了什么？谈到宣传，美就有宣传政治意识形态的功能，如在纳粹德国、苏联和其他诸多例证中，便是这样。这一功能是基于审美对象对人类心灵和行为产生影响的何种假定？在纳瓦霍和其他文化中，美还被认为有助于治疗人的心理和身体。这一功能又是根据怎样的前提和观点？或者说，它们提出了怎样的后验的思想体系？

无论以上所提出的这些问题是怎样的初步和不完善，新兴的跨文化美学（或新形态的比较美学[1]）提供了一种适当的、多文化的环境，让我们探讨与人类心灵相关的美和其他审美现象等问题。世界各文化传统中最为敏锐的观察者和感知者提供了关于美的问题的反思，对这些反思的研究能够极大地拓展我们对人类审美现象的分析和理解。

---

[1] 参见 Kathleen M. Higgins, "Comparative Aesthetics", in J. Levinson ed., *The Oxford Handbook of Aesthetics*, Oxford: Oxford University Press, pp.679–692。

小　结

我在文中对如何从全球性和多学科的视角研究美学提出了一些观点。我介绍了几种当代的学科或研究方法，它们均旨在考察这一宽广的研究领域的一个独特方面。显然，这些多样化的研究还处于初始阶段，不过至少有众多学者现在已经用全球性的视角进行美学研究了。这些不同的努力成果应当被理想地整合进更为广泛的人类美学图景之中。

在开始这一跨学科整合时，我做了一些相当大胆的断言，像每种学术形态一样，这些断言需要加以修正。在这个过程中，我提出人类学家可以诉诸进化论思想，从中寻找解释模式，可以借此说明审美领域的普遍性规律。尽管人类学家喜欢强调美学中的文化差异或相对主义，不过比较一下世界各地不同文化中关于审美偏好的经验性数据，可以看到这些规律呈现不同的分析层面。人类学家所提供的跨文化数据可能会给进化论学者以启发，体现出美学文化多样性的经验性调查，尤其会给进化论学者带来挑战。

当人类学家的工作从记录审美偏好，扩展到考察当地的审美概念、分析审美背后的系统的文化观念，他们的研究就变成了跨文化美学研究者优先考虑的对象。这些具有哲学倾向的学者所运用的分析方法，又会为人类学家的工作提供信息。例如，人类学家可能会得到启发，关注某一文化中各种口头或书面文献所提供的审美思考。跨文化美学的研究者反过来又会从人类学家对社会文化语境的强调中获得教益，从而对审美思想的文化形式做出更为丰富的分析。因而，他们会注重特定文化中的地方性美学思想与当地的艺术和审美现象的实际生产及其社会文化功能之间的互动关系。

一方面是对审美问题的文化反思的研究，另一方面是对这些问题的生物学基础的调查，有人可能会提出在二者之间建立一种互助互利的关系。进化论和神经科学理论最终或许会用来阐明不断发生的审美现象的特征，这些审美现象已被各种文化思想传统加以解释。反过来，在对世界各地多样的哲学传统的研究中，所出现的敏锐的美学研究视角也会启发进化论和神经科学的研究。例如，跨文化美学的研究提供了大量具体的审美经验方面的术语，这就使得进化论学者和神经科学家在探讨美学问题时，可以进行更为精细的研究。

所有这些学科和相关学科的共同努力，应该是阐明各类审美经验（视觉的或其他的）的本质：为什么会存在审美？为什么审美现象在人类生活中占有如此重要的地位？我希望这些学科能引起读者的关注，将来的研究者能够认识到这些学科所解决的问题和提出的问题。学者们可以从自己的专业和优势出发，为阐明这些问题贡献自己的力量，从而帮助我们更好地理解人类生活中的审美现象。

第六章　功能美学：非洲社会文化生活中美与丑的融合

迄今为止，大多数"审美人类学"或最好称之为"审美民族志"的研究，都是在撒哈拉以南非洲开展的。研究者主要是西方人类学家和艺术史家，但也有非洲学者。此类研究在第二次世界大战之后蓬勃发展，对这些调查结果的比较分析表明，非洲审美往往在功能上融合了各种社会文化习俗。不仅融合了美，也包括有意为之的丑。本章探讨了美与丑在撒哈拉以南非洲传统社会文化语境中所承担的主要功能。

一、审美效能：美的宗教功能

非洲美学研究最有说服力的一个结果是，人类创造的美拥有一种力量，能够实现特定的目标。我们将看到，这同样适用于有意为之的丑。美发挥其功效的环境可以宽泛地描述为宗教。这里的限定词"宗教"，指的是人类与假想的非物质世界的互动，特别是被认为寄居于人类领域之外或与之相类的领域的各种精神存在。

美在神灵世界发挥重要功能，人类在赋予它这种能力时，似乎将自己对美的积极体验投射到了其他感知对象上。魅力四射的面具舞、惟妙惟肖的雕像，或者诸如占卜盘之类引人注目的物品，都可以用来荣耀和抚慰神灵，取悦和吸引祖先，引诱和安抚灵魂。

（一）美的荣耀和抚慰

象牙海岸丹人的面具表演，清晰地阐释了美在撒哈拉以南非洲的宗教功能。接下来的论述基于艺术史家范顿霍特的著作，范顿霍特首次记录了丹人面具，这种面具至今仍在发挥审美及相关功能。[①]

像许多非洲文化一样，丹人相信他们在世间的福祉有赖于祖先的恩赐。祖先的仁慈和庇佑，保证了他们子孙繁盛、六畜兴旺、土地高产、百病不侵、一生平安。因此，活人必须与死者搞好关系，在丹人文化中，这种亲密关系必然涉及审美抚慰。丹人通过面具表演与亡灵交流。丹人的头领反复告知范顿霍特，舞者所戴的面具越漂亮越好。只有通过审美引诱，人们才能和祖先有效地建立联系，取悦祖先，并最终获得他们的青睐和护佑。[②]

丹人在评价面具之美时，采用的标准包括对称、光洁平滑、饱

---

① 范顿霍特在20世纪30年代末对丹人进行了研究，范顿霍特的博士学位论文于1945年提交给比利时根特大学，阿德里安·A.格布兰德（Adrian A. Gerbrands）在书中对其做了概述。（Adrian A. Gerbrands, *Art as an Element of Culture, Especially in Negro-Africa*, Leiden: Brill. 1957, pp.78-93）
② 音乐学家丹尼尔·B.里德最近研究了丹人的面具，证实了范顿霍特概括的丹人面具的功能，里德提道："我所有的信息提供人都认为（戴面具舞者的表演）是一种向祖先致敬的方式……祖先是社会世界的一部分，我们必须定期抚慰他们，向他们请教。"（Daniel B. Reed, *Dan Ge Performance: Masks and Music in Contemporary Côte d'Ivoire*, Bloomington: Indiana University Press, 2003, p.75）

满的前额、精致的鼻子和嘴巴,以及微微突出的颧骨。[1]不过,面具舞者所呈现的是一场更大的艺术活动,木制面具只是其中一部分。面具美丽的外形增添了表演的魅力,迷人的服装和优美的舞蹈动作同样如此。最终,身着盛装、头戴面具的表演者载歌载舞,让人陶醉其中,吸引了祖先的关注,并获得他们的庇佑。[2]

在世的丹人同样喜欢面具表演。艺术史家威廉·西格曼（William Siegmann）讨论过一种名为"卡托"（Korto）的舞蹈面具,卡托是"一个常用的女性名字。可以译成'你没法干活了',意指面具实在漂亮,让人目眩神迷,没法工作"[3]。

（二）美的诱惑与安抚

我们在博勒文化中发现了几个有说服力的例子,足以说明美在应对神灵世界时所发挥的作用。下述讨论基于艺术史学家苏姗·M.

---

[1] P. Jan Vandenhoute, *Classification stylistique du masque dan et guéré de la Côte d'Ivoire Occidentale*, Leiden: Brill, 1948, pp.7-8.
[2] 撒哈拉以南的非洲地区也有类似观念和活动的记载。例如,人类学家科德维尔（Justine M. Cordwell）报告说,比尼人（尼日利亚）为祖先创造了各种令人愉悦的艺术形式,以确保他们护佑生者的福祉（Justine M. Cordwell, *Some Aesthetic Aspects of Yoruba and Bini Cultures*, unpublished PhD., dissertation, Northwestern University, 1952, pp.60-70）。
[3] William Siegmann, "Masquerades among the Dan", *Art and Life in Africa*, University of Iowa Stanley Museum of Art, https://africa.uima.uiowa.edu, 2014, p.5. 1986年,西格曼在利比里亚的一个村庄里观看了一场面具表演。在其他非洲文化中,人们也看到过类似的有趣的面具名称。象牙海岸的博勒人就有一个很好的例子:"最受欢迎的面具有一个共同的称呼,叫'alie kora',直译为'晚餐着火了',因为这些面具总是最晚现身,前往观看面具的女人常常不愿做饭。"（Susan M. Vogel, *Baule: African Art, Western Eyes*, New Haven: Yale University Press, 1997, p.128）

沃格尔（Susan M. Vogel）的著作。①

博勒艺术家创作的木制人形雕像，与两类给人带来麻烦的神灵联系在一起。一类是自然神灵阿西乌苏（asiε usu），巫师认为它们是个人不幸的根源，如身染疾病或家畜死亡。患者会尽可能刻一个漂亮的雕像，以此吸引神灵，希望把引发问题的阿西乌苏诱惑到村子里。神灵就栖身于雕像上面，由此，人们可以与它接触，并献上祭品进一步安抚它。②

人们还为另一类神灵制作人形雕像。这类神灵被称为布劳布劳比安（blɔlɔ bian）和布劳布劳布拉（blɔlɔ bla）。每个成年博勒人都在另一世界（blɔlɔ）有一个神灵伴侣，人类在出生之前寓居其间，死后又回归彼处。女人有布劳布劳比安（blɔlɔ bian，"bian"的意思是"男人"），男人有布劳布劳布拉（blɔlɔ bla，"bla"的意思是"女人"）。当这些来自另一世界的配偶感到被冷落，或者对对方的人类情人心怀嫉妒，就会以各种方式侵扰其世间伴侣，如让其不孕不

---

① Susan M. Vogel, *Beauty in the Eyes of the Baule: Aesthetics and Cultural Values*, Philadelphia: Institute for the Study of Human Issues, 1980; See also Philip R. Ravenhill, *Baule Statuary Art: Meaning and Modernization*, Philadelphia: Institute for the Study of Human Issues, 1980, confirming Vogel's findings.
② 相反，为襄助博勒猎人的神灵雕刻的小雕像显得丑陋，这是有意为之，因为如果雕得太美，"神灵就会一直待在雕像上，不会进入森林帮他们捕猎"（Susan M. Vogel, *Beauty in the Eyes of the Baule: Aesthetics and Cultural Values*, Philadelphia: Institute for the Study of Human Issues, 1980, p.3）。例如，在卢鲁瓦（Luluwa，刚果民主共和国），也有美会吸引神灵的记载。艺术史家康斯坦丁·彼得里迪斯（Constantine Petridis）观察到在生育崇拜中使用的人形雕像，"女性雕像所呈现的理想化的美，也意味着欢迎祖先的灵魂寄居在她们身上"（"A Figure for Cibola: Art, Politics, and Aesthetics among the Luluwa People of the Democratic Republuic of Congo"，*Metropolitan Museum Journal*, Vol.36, 2011, pp. 235–258）。

育。和神灵伴侣重归于好的方式之一就是制作一个美丽的雕像来取悦他/她，一定要雕得非常漂亮。

为上述两类神灵制作的雕像，通常称为瓦卡斯兰（waka sran，木人），在外形上难以区别开来。博勒人常见的一个说法也表明了一种普遍观念，即这两类雕像都有实现其功能所需的视觉品质：像雕像一样美丽（klanman kε waka sran）。

克兰曼（klanman，美丽）一词有着明确的伦理和社会内涵，兼具审美和道德意味。博勒人认为视觉和道德之间有着密切的关系，在他们的词汇中，克兰曼和其他术语都能表明这点，这同样鲜明地体现在博勒人对雕像的评价中。[1] 这就引出了一个问题：一尊雕像何以变得美丽，从而在抚慰神灵时具有强大力量？

沃格尔说，被评为美丽（*klanman*）的博勒雕像，应该类似于"理想的乡民"。[2] 通过精心护养的发型以及从前身上的划痕，可以辨认出这种理想的"乡民"（klo sran）。这两种身体修饰都被视为文明的标志，因为他们将自然的身体转化成了文化的身体。[3] 任何美

---

[1] 另一博勒术语"Kpa"，意指兼具身体之美和道德之善。"Kpa"和"te"都表示丑陋和邪恶（Susan M. Vogel, *Beauty in the Eyes of the Baule: Aesthetics and Cultural Values*, Philadelphia: Institute for the Study of Human Issues, 1980, p.8）。用于评价的核心观念融合了审美和道德，这几乎是所有撒哈拉以南非洲语言的一个特点。在本文后面，我们还会列举其他例子。
[2] Susan M. Vogel, *Beauty in the Eyes of the Baule: Aesthetics and Cultural Values*, Philadelphia: Institute for the Study of Human Issues, 1980, p.6.
[3] 这种观念在撒哈拉以南非洲的文化中很是常见。中非卢巴人（刚果民主共和国）的案例参见 Mary Nooter Roberts and Allen F. Roberts, *Memory: Luba Art and the Making of History*, New York: Museum for African Art, 1996, pp.111–112.

丽的雕像都需要体现这两个特征，人们认为，只有具备这两个特征才称得上得体而完整的人。

此外，一个受欢迎的乡民应该整洁、健康、勤劳和多育，体现出这一农业社会的基本价值观。因而，在评价那些努力呈现人类理想的雕像时，博勒人会准确地欣赏那些能恰当地唤起这些价值观的视觉特征。据说雕像应展现光洁无瑕的皮肤（表示个人卫生和健康）、修长结实的脖子和肌肉发达的小腿（需要用头部搬运重物和在田间辛勤劳动），以及年轻的外表（意味着生育能力，以及身体健康，能胜任繁重工作）。简言之，如果一件博勒雕像堪称漂亮（klanman，吸引眼球），它就能很好地满足取悦神灵的目的，而当一件雕像的视觉特征彰显了博勒人的社会文化价值，其外形能够恰切而多维地导向这些价值，它就是漂亮的。

与许多非洲个案一样[①]，丹人和博勒人的事例表明，审美和实用功能不必相互排斥，这是西方自浪漫主义以来一直在争论的观点。这些案例令人信服地表明，一件物品的审美性实际上可能是它发挥正常功能的一个必要条件。视觉艺术之美确保了整个丹人村落的幸福康宁，并让博勒人摆脱严重的个人问题。因此，当外来者认为非

[①] 在尼日利亚的约鲁巴文化中可以找到美发挥宗教功能的若干例子。其中包括美化奥里沙（orisha，神灵）的神龛，人们为奥里沙献上美的抚慰，希望他们回报各种恩惠（Babatunde Lawal, "Some Aspects of Yoruba Aesthetics", *The British Journal of Aesthetics*,Vol.14, No.3, 1974, pp.239–49、p.242）。此外，约鲁巴人的占卜托盘和碗的视觉之美是为了取悦帮助占卜的神灵（Justine M. Cordwell, *Some Aesthetic Aspects of Yoruba and Bini Cultures*, Unpublished PhD. dissertation, Northwestern University, 1952, pp.34–36、39–40）。

洲雕像的美感或视觉性仅仅是一种审美过剩,内部或外部的鉴赏家对它的欣赏不必考虑其在原初环境中的功能时,这种想法是成问题的。

在最后的评论中,我们来看一下"神灵美学",这在诸多非洲思想体系中都有记载。在丹人文化中,亡故的祖先与活着的人有同样的审美偏好。博勒人的神灵伴侣,甚至阿西乌苏(*asiε usu*),亦是如此,尽管这些来自丛林的神灵显然属于非人类领域。然而,在撒哈拉以南非洲的传统中,人类和非人类对美的感知有时是有区别的。艺术史家珍·M.博加蒂(Jean M. Borgatti)注意到,在尼日利亚的奥克佩拉人(Okpella)看来,"戴面具的节日报信人(Anogiri)对人类来说是丑陋怪异的,但对神灵却是美丽的……因为人类的审美标准与神灵不同"[1]。同样,在尼日利亚的乌尔霍波(Urhobo)文化中,为奥沃鲁(Ohworu)神雕刻的面具对人类毫无吸引力。事实上,在人类看来它们是恐怖的,但在神灵眼中却是美丽的。[2] 我们可以补充一句,这些例子以最纯粹的形式说明了审美偏好中的文化相对论。

二、丑的审美

我们常会看到,在非洲,视觉艺术作品如能有效地履行其宗

---

[1] Jean M. Borgatti, "Dead Mothers of Okpella", *African Arts*, Vol.12, No.4, 1979, pp.48–57、91–92, p. 57.
[2] W. Perkins Foss, "The Festival of Ohworu at Evwreni", *African Arts*, Vol.6, No.4, 1973, pp.20–27, p. 95、23.

教、社会、政治、教育或娱乐功能，就被视为成功的。无论涉及其他任何因素，作品的审美属性往往对达成功效至关重要。上面讨论的例子表明，视觉艺术的表现形式（图像、服装和表演）往往务求漂亮，如此才能达成目标，比如吸引祖先和神灵。在其他情况下，艺术表现形式唯有丑陋才有效果。在非洲视觉艺术中，有三个主要的语境需要有意为之的丑陋：恶行、恐怖和幽默。

（一）可见的恶行

第一种语境是为了展现邪恶，通常是恶劣的性格和反社会行为，但有时也包括普遍存在的消极而具有破坏性的力量。尼日利亚安南人的面具表演有力地证明了撒哈拉以南地区艺术和文化中丑陋和恶行之间的联系。安南人所表演的，不仅有"丑的"角色，也有"美的"人物。因而，对这一案例的讨论也让我们来分析一下美在非洲的另一个功能：展示良好的性格和行为，并将之作为为人典范。

安南人相信，死者每年都会来探望一次他们的后人。在这一场合，死者的灵魂（εkpo）体现于戴着面具、身着盛装的舞者在公共场合的表演。这些表演至今还能看到。死者的灵魂分成两种。那些过着良好道德生活、等待轮回转世的亡灵名为莫方埃克波（mfɔn εkpo），代表这些亡灵的表演者亦作此称。人类学家约翰·C.梅辛杰记录了安南人的亡灵面具舞，他提到，莫方（mfɔn）意味着道德之善和身体之美。[1] 每个舞者的面具全都左右对称、色彩鲜艳、表面光滑、额头饱满、鼻子短小笔直、嘴唇较薄，有的露出一排整齐的牙齿，在安南人看来，这些特征都是一个漂亮的人该有的特征。表演者的服装光鲜亮丽，他举手投足优雅有度，都被视为美丽的。

相形之下，那些过着邪恶生活的死者，像鬼魂一样游荡在夜间的村庄里，表现他们的面具舞者追逐着这些幽灵，被称为伊迪克埃克波（idik εkpo），伊迪克（idik）的意思是"丑陋和邪恶"。表演者身披黑色棕榈树叶，用木炭把露出的胳膊和腿部涂黑，让人想起与伊迪克埃克波有关的漆黑夜晚。表演者的动作狂野无度，有时对观众做出攻击性的手势。舞者戴着一个黑色大面具，通常故意做得不对称。比如，鼻子扭曲、嘴脸歪斜。面具的脸颊经常高高鼓起，有时会裂开，破裂的黑皮肤之下露出红色的肉。有时还表现为眼睛暴突、鼻子毁损、嘴唇严重开裂等特征，审美标准明显颠倒了。雕刻家争先恐后地把面具弄得尽量丑陋，安南观众知道那是麻风病和

---

[1] John C. Messenger, "The Carver in Anang Society", in Warren L. d'Azevedo ed., *The Traditional Artist in African Societies*, Bloomington: Indiana University Press, 1973, pp.101–127. 梅辛杰1951—1952年在安南人那里待了一年多。半个世纪后，人类学家大卫·普拉特纳（David Prattner）提供了这些面具舞的新材料。David Prattner, "Masking Youth: Transformation and Transgression in Annang Performance", *African Arts*, Vol.41, No.4, 2008, pp.44–59.

各种热带疾病所致。①

至关重要的是,安南文化将疾病及其可怕的身体症状解释为神灵世界对不道德或反社会行为的惩罚。相反,健康及其相关的迷人特征证明了一个人的行为获得了"神灵的认可"——是对正确行为的奖励。②因而,安南人埃克波表演的视觉美学清晰地阐述了安南的解释哲学所认知的适当行为和不当行为所造成的身体后果。在这种情况下,审美可能也会鼓励观众的某些行为,劝阻另一些行为。

在尼日利亚的伊博艺术中,视觉之丑也与恶行联系在一起。其中一个例子是伊博中南部的奥科罗什(Okoroshi)面具舞会,舞者佩戴黑色、粗糙、不对称的面具,有的地方被突出出来,显得凶猛好斗。艺术史家赫伯特·M.科尔(Herbert M. Cole)提到,这些表演者代表了邪恶的男性神灵,被称为奥科罗什奥约(Okoroshi ojo,"坏的/令人反感的/丑陋的"奥科罗什)。他们与戴着光洁对称的面具的舞者形成鲜明对比,这些面具代表了温和的女性神灵,被称

---

① 梅辛杰注意到,雕刻家完成一件"idiok ɛkpo"面具时,就会祭献一只动物,把它在面具上摩擦,"祈祷……他未来的子孙后代不要长得像他刻的面具",see John C. Messenger, "The Carver in Anang Society", in Warren L. d'Azevedo ed., *The Traditional Artist in African Societies*, Bloomington: Indiana University Press, 1973, pp.112–113. 在卡拉巴里文化中有一个相关的例子,"人们建议孕妇不要长时间盯着神灵雕像,以免生出的孩子长出雕像一样的大眼睛和长鼻子,因此变得丑陋"(Robert Horton, *Kalabari Sculpture*, Lagos: Federal Republic of Nigeria, Department of Antiquities, 1965, p.12)。
② John C. Messenger, "The Carver in Anang Society", in Warren L. d'Azevedo ed., *The Traditional Artist in African Societies*, Bloomington: Indiana University Press, 1973, p.103.

为奥科罗什纳玛（Okoroshi nma，"善良/漂亮/美丽的"神灵）[①]。

在伊博东部，或阿菲克波（Afikpo），表演者戴着一个故意做丑的面具，名为伊胡奥利（ihu ori，字面意思是"脸难看"），指的是老年男子（有时也指老年妇女）所做的应受谴责的行为。面具呈黑色，相当粗糙、不对称、脸颊肿胀。人类学家西蒙·奥登伯格（Simon Ottenberg）说，"面具意味着老年人的贪婪和自私；面部扭曲似乎不被视为身体疾病的征兆，比如麻风病和毁损脸部的热带病，而是社会疾病的象征"[②]。

讲一个中非的例子。人类学家比耶比克（Daniel P. Biebuyck）观察到，莱加人（刚果民主共和国）在布瓦米会社（Bwami association）中使用的一些雕像，故意偏离了莱加审美与道德（busoga）的标准。这些作品是"以一种笨拙且未完工的方式"制作的。[③] 雕像可能显示了身体缺陷，用来隐喻性地说明邪恶的品性。[④] 比耶比克评论说，"这些物品是有意为之的，意在表现丑陋，并通过负面比较，

[①] Herbert M. Cole, "Art as a Verb in Iboland", *African Arts*, Vol.3, No.1, 1969, pp.34–41、p.88、pp.36–38. 在奥科佩拉文化中，也有美丽的面具和故意做丑的面具。参见 Jean M. Borgatti, "Okpella Masks: In Search of the Beautiful and the Grotesque", *Studies in Visual Communication*, Vol.8, No.3, 1982, pp.28–40。

[②] Simon Ottenberg, *Masked Rituals of Afikpo: The Context of an African Art,* Seattle: University of Washington Press, 1975, p.43, quotation p.48.

[③] Daniel P. Biebuyck, "The Decline of Lega Sculptural Art", in Nelson H. Grabum ed., *Ethnic and Tourist Arts*, Berkeley: University of California Press, 1976, p.346.

[④] Daniel P. Biebuyck, *The Arts of Zaire*, Vol.II, *Eastern Zaire: The Ritual and Artistic Contexts of Voluntary Associations,* Berkeley: University of California Press, 1986, p.64.

重申布瓦米新入会者的雄心壮志"[1]。在这一语境中,他谈到了"丑的美学"(aesthetic of the ugly)[2]。比耶比克很可能是非洲研究领域第一个使用这种表述的人,显然比更流行的说法"反美学"(anti-aesthetics)好得多,后者将审美等同于美丽。

正如奥登伯格和比耶比克所说的那样,对疾病的视觉表达可能有一种隐喻功能,用来指称不道德的行为。视觉上的恐怖类比了道德有亏之人,其隐喻功能以两个激起强烈负面情绪的评价领域为基础。不过,将疾病描述为不道德的行为也可能是非隐喻性的。在某些社会,人们受其文化熏陶,相信疾病是超自然力量对不正当行为施以惩罚的形式,对疾病的图像化结合了一种文化因果关系,将疾病及其可怕的特征追溯到了邪恶。疾病的外在表现成为恶行的非常具体而有效的解说,显示了其可怕的身体影响。与此同时,它们对于不当行为也可以起到非常真实而触动人心的警戒作用。

(二)视觉恐怖

显然,故意为之的丑陋有时也会用来恐吓人。在非洲传统中,视觉上的恐怖可能会有效地促成意在恐吓、威胁和震慑的情境。故意为之的丑陋给观者注入了恐惧和敬畏之情,可以保护并强化秘密与权力,或在战争中操控对手的思想。

---

[1] Daniel P. Biebuyck, *Lega Culture: Art, Initiation, and Moral Philosophy among a Central African People*, Berkeley: University of California Press, 1973, p.235.
[2] Daniel P. Biebuyck, "The Decline of Lega Sculptural Art", in Nelson H. Grabum ed., *Ethnic and Tourist Arts*, Berkeley: University of California Press, 1976, p.346.

巴马纳（Bamana，马里）的科姆（Kɔmɔ）社会禁止妇女和没有参加过入会仪式的人涉足。为了强调这个社会的隐秘性，让外人望而却步，社会成员表演的面具舞有着可怕的效果。①人们在这些场合所戴的面具，让人想到一种危险的野生动物，有意偏离了用于其他雕像形式的审美标准。

艺术史家帕特里克·R.麦克诺顿（Patrick R. McNaughton）提到，在巴马纳，漂亮的雕像要展示出"雅安"（jayan，清晰），而考莫面具则是"雅安"的对立或补充，即"迪比"（dibi），"一个抽象概念，意指'黑暗、混沌、非常危险的地方'"②。厚重坚硬的祭品盖住了面具的表面，显然，这没法实现清晰。硬硬的涂层让面具看上去很是粗糙，与其他巴马纳雕像的亮洁平滑形成鲜明对比。面具上杂乱无章地放了一些尖锐的物品，如豪猪的刺、动物的角和爪子，增添了暴力和恐怖色彩，更能发挥迷惑和侵扰的视觉效果。③它们会唤起一些联想，其中既包括面具所唤起的更为普遍的"原始而邪恶的动物性"——让人联想到荒野的危险和神秘，超自然力量潜伏其中——还有科姆社会带给外人的神秘和恐惧感。④

---

① 没有入会的人被隔绝在外，实际上看不到面具表演，但在面具进入村庄后以及表演过程中发出震耳欲聋的声响，听来惊心动魄。他们也知道"Kɔmɔ"面具的样子，因为他们熟悉巴马纳文化中公开表演的面具，二者的样子差不多。
② Patrick R. McNaughton, *The Mande Blackmsiths: Knowledge, Power, and Art in West Africa*, Bloomington: Indiana University Press, 1988, pp.143–144.
③ Patrick R. McNaughton, *Secret Sculptures of Komo: Art and Power in Bamana (Bambara) Initiation Associations*, Philadelphia: Institute for the Study of Human Issues, 1979.
④ Patrick R. McNaughton, *The Mande Blackmsiths: Knowledge, Power, and Art in West Africa*, Bloomington: Indiana University Press, 1988, p.143.

喀麦隆的一个案例能看到类似的运作机制。邦瓦（Bangwa）文化中的特洛（Troh），又称夜间社会（Night Society），司审判之权。这个社会的成员无论作出判决，还是执行判决，包括处决犯人，都在夜间进行。据说，邦瓦首领利用这个秘密社会来实行社会控制。为了强化邦瓦人对特洛的恐惧感，或许还为了不让其他人发现其处决者的身份，人们跳舞时会戴上面具，有时也会展示面具，通过其骇人的形象和可怕的公开表演激起人们对该社会的恐惧。

人类学家罗伯特·布雷恩（Robert Brain）指出，夜间社会面具"体现出一种崇尚丑陋的审美观。裸露的牙齿，暴突的脸颊，悬长的眉毛……欲望或愤怒扭曲了它的外观"[1]。面具上有一层厚厚的硬壳一样的铜绿，上面聚积着祭奠物和烟灰，还有暴突的眼睛或凹陷的大眼窝，看上去就像骷髅。"戴着面具的成员以戏剧化的方式公开亮相。他们的动作怪异放诞，他们的服装意在吓人——他们确实做到了。"[2]

再举利用丑达到震慑效果的最后一个例子，约鲁巴（尼日利亚）有一种叫作阿拉科罗（Alakoro）的面具，艺术史家罗伯特·F. 汤普森（Robert F. Thompson）指出，这种面具用于"心理战的艺术之中，其形象恐怖，意在恐吓或侵扰敌军"[3]。其中一个面具前额

---

[1] Robert Brain, *Art and Society in Africa*, London and New York: Longman, 1980, p.150.
[2] Robert Brain and Adam Pollock, *Bangwa Funerary Sculpture*, London: Duckworth, 1971, p. 133.
[3] Robert F. Thompson, *Black Gods and Kings: Yoruba Art at UCLA*, Los Angeles: University of California Press, 1971, ch.3/5.

肿胀，被人视为丑陋而邪恶的，因为肿胀与疾病和死亡有关。[1] 面具粗糙的表面"是对约鲁巴光洁平滑的审美标准的嘲弄与扭曲"[2]。

在西非和中非文化中，还记录了另外一些故意做丑的战争面具。在谈及撒哈拉以南地区的文化时，文学研究者斯坦利·J. 马塞布（Stanley J. Macebuh）评论说："众所周知……在行军打仗时，队伍前面会有人举着一副面目狰狞的面具缓步前行，他们期望面具会让敌军心生恐惧，闻风丧胆……我们从历史记载中得知，这种心理战有时非常有效。"[3]

（三）幽默的缺陷

最后，故意偏离当地审美标准的物品或表演，也可以用来创造喜剧人物。表演这些角色的舞蹈演员所佩戴的面具，本身可以被视为当地"审丑标准"的实例。不过，这些面具并不是为了让人心生恐惧或想到邪恶，当它们在特定的场景中出现时，与服装、舞蹈、手势、音乐、歌曲组合为更大的语境，让观众清楚地看到，面具之所以公然背离审美准则，实际上是为了创造一种幽默效果。就此而言，最重要的是面具表演没有攻击性或威胁，相反，它展现出了一种无伤大雅的笨拙，而且往往带有淫秽动作。由此，诸如恐怖或威

---

[1] Robert F. Thompson, "Yoruba Artistic Criticism", in Warren L.d'Azevedo ed., *The Traditional Artist in African Societies*, Bloomington: Indiana University Press, 1973, pp. 51–52.

[2] Robert F. Thompson, *Black Gods and Kings: Yoruba Art at UCLA*. Los Angeles: University of California Press, 1971, ch.3/5.

[3] Stanley J. Macebuh, "African Aesthetics in Traditional African Art", *Okike*, Vol.5, 1974, pp.13–24, p.17.

胁等最初印象都被消解，任何不道德的意味都以轻松愉快的方式呈现出来，人们的注意力会转移到面具特征的反转和夸张（比如，长着大而扭曲的鼻子，而非笔直的小鼻子），这与漫画、戏仿、讽刺和类似的幽默形式密切相关。

在芒德（塞拉利昂）文化中，我们发现了为了幽默故意做丑的两个例证：男性贡戈里（Gongoli）和女性贡德（Gonde）。在塞拉利昂和利比里亚的其他地方也能见到这两个面具人物。

艺术史家威廉·L.霍梅尔（William L. Hommel）写道："贡戈里滑稽有趣，不对称、超大、不成比例、格格不入，违背了芒德艺术的所有规范。"[1] 贡戈里的表演为亲人刚刚故去、处于哀痛之中的家庭提供了喜剧性慰藉。在表演过程中，这个角色还可以公开批评酋长、嘲笑长老，且不会受到惩罚，有人认为这可以缓解紧张的社会关系。[2] 贡戈里至今仍受欢迎，可以说，贡戈里很像中国古代的俳优（宫廷喜剧演员）、中世纪和现代早期欧洲的小丑、北美拉科塔人（Lakota）的"荷约卡"（heyoka，小丑）、当代西方及其他地区

---

[1] William L. Hommel, *Art of the Mende*, College Park: University of Maryland Press, 1974, not paginated (under subheading "Gongoli").

[2] William L. Hommel, *Art of the Mende*, College Park: University of Maryland Press, 1974, not paginated (under subheading "Gongoli"); William Siegmann and Judith Perani, "Men's Masquerades of Sierra Leone and Liberia", *African Arts*, Vol.9, No.3, 1976, pp.42–47、p.92、p.46. 不过，人类学家塞缪尔·M.安德森（Samuel M. Anderson）指出，贡戈里"作为一名政治讽刺家的身份……有可能被夸大了，因为我（在2011—2013年）见到的每一位贡戈里之所以让人快乐，就在于他们行事粗笨简单"。(Samuel M. Anderson, "Letting the Mask Slip: The Shameless Fame of Sierra Leone's Gongoli", *Africa*, Vol.88, No.4, 2018, pp.718–743、p.724).

的喜剧演员。[1]

艺术史学家露丝·B. 菲利普斯（Ruth B. Phillips）说，女性角色贡德像贡戈里一样，"体现出反审美，有意颠倒了正常的审美标准"[2]。贡德身披一件由破布和各种"破烂"做成的百衲衣，与高贵而美丽的桑德（Sande）形成鲜明对比，桑德是芒德表演中的一个面具人物，其外表和举止都代表了"理想的女人"。贡德围绕在桑德近旁，通过滑稽的动作和拙劣的模仿消解了这位高冷美人可亲可敬的品质。[3] 至于其喜剧效果，就幽默与紧张的纾解而言，贡德的恶搞式表演给观众呈现了一种与桑德所宣扬的崇高志向截然相对的东西，达到了缓解紧张的效果。

桑德的面具可能是一个被桑德社会的头领厌弃的头饰，因为它与桑德人不般配，或是由于虫害或其他损伤而被丢弃。它的上面洒着红白相间的斑斑色点，是在嘲弄乌黑闪亮的理想的桑德面具。头饰也可能是专为贡德表演雕刻的。这些样品看上去制作粗糙，两只眼睛明显不对称。[4]

---

[1] 感谢中国艺术研究院研究员李修建为我提供中国的例子，二人对话，2019 年 4 月。
[2] Ruth B. Phillips, "Masking in Mende Sande Society Initiation Rituals", *Africa*, Vol.48, No.3, 1978, pp.265–277、p.273.
[3] Donald J. Cosentino, "Lele Gomba and the Style of Mende Baroque", *African Arts*, Vol.16, No.2, 1978, pp.54–55、75–78, p.92, p.78.
[4] William L. Hommel, *Art of the Mende*, College Park: University of Maryland Press, 1974, not paginated (under subheading "Bundu"); Ruth B. Phillips, "Masking in Mende Sande Society Initiation Rituals", *Africa*, Vol.48, No.3, 1978, pp.273–274; Sylvia M. Boone, *Radiance from the Waters: Ideals of Feminine Beauty in Mende Art*, New Haven: Yale University Press, 1986, p.39.

西非众多文化都有戴着难看面具的滑稽人物的记载。中非也有类似情况，如彭德人（Pende，刚果民主共和国）喜欢"尽可能丑的滑稽面具"[1]。

小　结

非洲学者所做的大量"审美民族志"，令人信服地展示了美与丑如何在一系列社会文化事务中发挥重要作用，从而生动地论证了审美在撒哈拉以南地区日常生活中的普遍性。本章讨论的例子表明，在道德、宗教、幸福、教育、社会控制和娱乐等经常相互关联的语境中，美与丑发挥着核心功能。它们告诉我们，在这些环境中，如何运用审美去引诱和威慑，奖赏和惩罚，安抚和颠覆，阐释、庆贺和娱乐。此外，这些"语境美学"的研究聚焦于民众的"生活美学"，也使我们认识到，审美以怎样的方式与人类的社会文化结构紧密地交织在一起。学界对非洲美学所做的深入研究，堪为典范，启发我们可以对世界各地文化（既包括传统文化，也包括现代文化）中的审美进行类似的语境研究。

---

[1] Zoë S. Strother, *Inventing Masks: Agency and History in the Art of the Central Pende*, Chicago: The University of Chicago Press, 1998, p.64.

附录1 通过人类学研究美学：我的学术之旅

读大学的时候，我有幸发现了对审美的人类学研究这一话题。此后证明，这个话题不仅令人着迷，值得探究，而且牵涉层面甚广，对我是个十足的挑战。我不会想到，我在上面投入的精力，远比最初所认为的要多得多。当然，我更不会想到，三十多年后，我会受邀向中国同行介绍我的研究历程。对此我深感荣幸。

我将集中于从人类学的视角研究美学这一话题，来谈我的学术研究历程。我所做的其他工作暂时不谈，因为这些工作大多都是近年开始做的，并且不够集中。此外，我主要介绍我在学术自觉期的工作，对于学术生涯的兴衰沉浮尽量不予置喙。

在收到撰写这一学术回顾的邀请时，我手头有点忙。所以我决定不再重读我自己的著作，或那些对我有过启发的其他学者的著作，而是将浮现于眼前心中的东西径自写出。这种方式或许最好，尽管话题有些宽泛。

一、在根特的学习生涯：拓宽学术视野，发展跨文化视角

我在比利时根特大学艺术史和考古学系读大学期间（1980—

1982），回想起来，有三门课程确立了我对后来所称的"审美人类学"（anthropology of aesthetics）的最初兴趣。我觉得那时候的其他高校都不会同时给本科生开这三门课程："民族艺术""文化人类学"和"美学与艺术哲学"。这些领域对我来说大都非常新鲜，所以我对这三门课程充满兴趣，非常投入。的确，正是这些课程的宽泛性以及带有些许"异域情调"的话题，一开始就吸引了我。

根特大学用了"民族艺术"（ethnic art）一词，而非带有蔑视性的"原始艺术"（primitive art），"民族艺术"这一术语在当时广为使用（至今某些学术领域仍在使用），指的是欧洲以外的小型社会的视觉艺术。"民族艺术"和"原始艺术"这两个术语，都特指西方人类学家研究了超过百年的非洲、大洋洲和美洲土著等文化中的艺术。大一时所修习的"民族艺术"课程，给我打开了一个全新的世界。它把我引向了那些此前闻所未闻的多姿多彩的艺术——西非朴素的人形雕像、美拉尼西亚瑰丽华美的面具，还有北美西南部外观漂亮的陶器、波利尼西亚做工精良的木制枕头。不过，令我更觉震撼的，是这些艺术形式所具有的社会文化语境。事实上，这门课程并不关注艺术史老师所讲的艺术的形式和风格，它引导学生留意那些欧洲之外的"传统"文化中视觉艺术形式背后的各种语境——从入会仪式和秘密社团到葬礼活动和祖先崇拜。艺术似乎完全融进了其生产者和使用者的生活和文化之中。

"民族艺术"一课针对大量欧洲之外的小型社会中的各种艺术语境，提供了民族志细节，而另一门为期两年的导论性课程"文化人类学",则对此做了很好的理论补充。"文化人类学"集中于对更为宽泛的小型社会的西方研究。教这门课的人类学家,先前学的哲学,因此尤其注重对当地"世界观"(此乃这门课的关键词)和知识体系的探讨。通过如"民族科学"和"认知人类学"等亚学科的研究,我们学到了世界各地的所谓无文字文化如何认知世界,如何将各种现象分门别类,以及如何组织与此相关的知识。在一个欧洲人看来,这些文化有的物质非常贫乏,然其精神世界却很富足。

这门课一以贯之的是博厄斯的文化相对主义范式,当地每种对人类有意义的生活方式及其相关领域都被认为具有逻辑的一致性,使我们懂得了它的基本前提,以及它的独立价值。同时,这些历史决定论和文化决定论的世界观,被认为能够阐明西方人所不熟悉的文化实践。于是,对一个人类学专业的学生来说,所受挑战在于最大可能地祛除西方偏见,避免将西方的思想范畴强加到其他文化身上,并"从内部"理解这些文化。

最后,两学年的相当深入的导论性课程"美学与艺术哲学",使我们清楚地认识到,在过去的2500年间,艺术和美学一直是西方哲学思考的重要话题。在欧洲历史上,从古希腊开始,几乎所有重要的思想家都对艺术的本质、艺术的创造以及人类的艺术经验等基本问题有系统性的思考。为什么会被某种音乐形式深深吸引?诗人的灵感从何而来?一幅绘画及其描述的现实之间是什么关系?这些不断被提出的问题涉及"美"的观念,以及它和真与善之间的联系。尽管有一些非常深入的思考,力图对这些以及相关问题(如艺术在社会中的功能)做出回答,不过却是言人人殊,难有定论。每个重要的哲学家似乎都会关注艺术和美学的问题,在自己建构的更具普泛性的思想体系中对其加以探讨。

由于根特大学的本科教育涉及如此宽广的文化范围,我逐渐具备了一种全球性的视野,思考世界上其他哲学传统中的思想家如何解释艺术创造、艺术存在与艺术经验等基本问题。比如,我首先想到的是中国哲学和印度思想传统。此外,文化人类学课上提到了西非马里多贡的哲人奥格托莫力(Ogotemelli)[①],此人被视为多贡宇宙论方面的专家。这表明,以口头传统为基础的社会中,同样存在将其文化中的思想体系加以系统表述的思想家,他们或许亦会对其加入个体性的和批判性的维度。因此,在这些社会中,我们能够发现一些擅长思考的人,他们对于西方人所涉及的艺术的各个层面,都有自己的系统性思想。

对我产生冲击的另一方面,是西方哲学分析注重"高雅艺术"或"美的艺术",以及精英消费者们对这些艺术的有教养的思考方式。在西方艺术哲学和美学的传统中,对于普通大众的艺术形式和审美经验的"人类学"兴趣实质上是阙如的,古希腊时代某种程度上是个例外。同样让我印象深刻的是,西方审美和艺术哲学思想倾向于做纯粹的思辨,即使在审美经验等领域。在这些领域中,经验

[①] 奥格托莫力是一位多贡思想家,法国人类学家马塞尔·格里奥勒(Marcel Griaule)曾与他进行对话,并于1948年出版《与奥格托莫力对话:多贡宗教思想导论》(*Conversations with Ogotemmeli: An Introduction to Dogon Religious Ideas*),此书已有多个语种的译本,在人类学界颇具影响。——译者注

性科学已有相当进展,尤其是心理学,可能提供了较少的思辨性视角。

二、对"民族美学"产生兴趣

在学习"美学"一课的第二学年,我们要做一份作业。老师要求我们任找一个艺术史文本,考察其中的审美判断是否有所依据,以及依据的是什么。作者是否有资格作出或者能够证明诸如"这是一件建筑精品"或"这是一幅相当成功的绘画"之类的价值评判,如果可以,当以何种方式证明?我挑选了一个导论性的艺术史文本,其中有些对个人作品所做的审美评价,似乎颇有道理。作者在做肯定性的评价时,指出作品的"单纯""生动"或"颜色的协调"等。这又引出了其他一些问题。尤其是,并且毫不奇怪的是,它使我思考这些论断本身的基础何在。例如,如果用"和谐"来证明一种肯定性的审美评价,那么人们不免要问,和谐本身具有审美重要性的基础或有效性是什么(还有必要说明,像"和谐"这种相当模糊的术语到底指的什么)。在我所选的文本中,并没有提供这种基础——其所依据的审美标准似乎是想当然的。

我们又会接着思考:作者认为这些标准是"自然的"或"普遍性的"吗?有什么证据能够支持所用标准的普遍有效性?比如,这些标准能为非洲的约鲁巴人或波利尼西亚的毛利人所赞同吗?——我很自豪能将这些名字信手拈来作为非欧洲文化的例证,因为我在大一的时候对它们已经非常熟悉了。还是说作者所用标准实际上属于一种特定的文化传统更为确当？如果这样的话，为什么这一传统发展出了这些标准？世界上的其他文化体系进行艺术评价时提出了什么标准，个中原因是什么？尽管我们能够看到文化多样性，然而通过跨文化比较，是否能够得出结论，某些审美评价原则能为世界所有文化普遍认同？更普遍地说，暂且不论诸文化中的评价标准是规定性的还是描述性的，我们想问，艺术之中是否存在一些属性或特征，能为全人类所欣赏？如果这样的话，应该如何解释人类审美欣赏的这种相似性？

这一关于西方艺术史文本的审美评价基础的作业，最终使我对一些基础性的问题展开思考，在论文中，我称之为"跨文化美学"。当时，我的确觉得存在这一学术领域，后来证明我过于乐观了，我认为，那些对艺术评价中的普遍性和文化相对性的记录和解释，是研究任何文化传统中的美学时都需要考虑的主要问题。

在写论文的时候，我想我早已决定要专攻"民族艺术"，这是根特大学艺术史和考古学系下面的一个硕士专业。受以上三门课程启发，我又考虑我的硕士学位论文可以做"民族美学"相关的题目。"民族美学"这一名称，是我在完成上面所说的论文之后，很快就形之于心的。在欧洲之外的各种小型社会的视觉艺术品创造的背后，有着怎样的审美概念和审美观？当地艺术家、赞助人和使用者用什么样的标准来评价这些作品？

从人类学的导论课中，我知道了美国土著纳瓦霍人的审美观已被研究，在第二学年的更具理论性的"民族艺术"课上，我了解到尼日利亚约鲁巴人的审美评价也被调查过。此外，还有其他一些研究。事实上，正是在"民族美学"这一术语的基础上，我推想出了一个令人激动的新的学术领域，即对西方人类学家传统上所考察的无文字社会的审美观的研究，尽管这一领域明显很少有人关注。

鉴于我在后来注重对于"美"（beauty）的研究，在此有必要指出，当我思考民族美学的研究时，我明确认为，不应该只是考察欧洲之外的小型社会中的"美"的观念。"民族美学"要面对不同的审美概念、范畴或观念——以及关于艺术品应该是什么或应该做什么的不同观点，这更加令人兴奋。纳瓦霍和约鲁巴的例子确切表明，欧洲之外的文化中的人们存在一些观念，它们与西方视觉之美的观念相类似。这些观念是在日常意义上使用的，而不是像欧洲那样与学术相关，乃是某些哲学派别的专门术语。诚然，这些文化对于是什么导致某物具有视觉吸引的观点不尽相同——比如，他们关于美的来源和效果的观念。不过，我推测，有一些文化除了具有美的观念或关于视觉吸引力的观点，还会强调指导该文化中有重要地位的物品生产的全然不同的观念或观点。这些物品被创造出来，或是为了体现和散发某些"神圣能量"或"精神能量"，或是通过激起敬畏或恐惧之情，以恐吓观看者。除非获得足够的相关文献，否则我们便无法确知其含义。

除了希望了解各种地方性的"审美概念"和相关问题，我还对如下更为一般性的问题产生了兴趣，即非洲、大洋洲和美洲土著文化中的人们如何概念化我们所指的艺术现象。例如，当地的艺术是以什么方式进行分类的，它们的起源和性质是如何进行解释的，它们的创作者持有怎样的观念？我觉得，除了探讨审美观念和审美评价，在"民族美学"的语境中，我们还应该研究更为一般性的当地艺术概念，正如西方的"美学"指的不仅是与美相关的事物和其他审美范畴，还用于指称更为广义的艺术哲学和艺术理论。

当然，我知道"美学"是一个西方概念，我们将其引申到了"民族美学"之中。但我也知道，"美学"这一术语产生于18世纪，而关于美学得以确认的各种表现形态在接下来的两个世纪一直存在于西方的传统中，在更漫长的历程里，美学都是以各种形式存在着，并没有一个包罗万象的总体性术语来指代美学事实。因此，我感到我可以使用"美学"这一名称作为研究指导，就像其他学者使用"经济""政治"等术语，以探索性地划分那些在其他历史时期或其他文化中没有被概念化或明确表述的领域。实际上，寻找当地的概念，以描述被西方"美学"这一宽泛而多样使用的术语所涵盖的领域，正是人们遵循当地视野进行研究时，所需要明确提出的一个问题。

在根特大学开始为期两年（1982—1984）的硕士学习的前几周，我找到了教我们人类学的教授，问他以"民族美学"为题做论文并请他指导是否可行。我当时认为，民族美学应该被视为他在课堂上讲的民族科学的一部分。民族美学或许该是民族科学的二级学科，它关注作为当地思想世界一部分的审美观以及相关内容。（无论是在这一特定意义还是在更为宽泛的意义上,"民族美学"这一术语从来没有真正流行起来;尽管它继续被使用,但此后被普遍采用的是"审美人类学")然而,这位教授强烈建议我不要选取"美学"作为人类学调查的主题,认为它太过模糊和不稳定。他提议我以"建筑环境"(the built environment,有人称之为"当地建筑")作为人类学研究的主题。他补充说,以非洲为例,对于当地的房屋和村庄规划观念的专门知识,可能会使我在发展援助组织中找到一份工作(对于专修民族艺术的学生来说,工作前景很不被看好)。对于教授的好心提议,我略加思考之后,还是觉得美学对我更富有学术冲击。

我又找到民族艺术专业的主管教授(他坚持本专业所有硕士研究生的毕业论文都必须由他指导),他允许我以美学为题,不过给出了条件:要和本系其他学生一样,必须集中于非洲,他认为,在现有文献中,没有足够的材料让我写出至少250页的论文(当时,250页是硕士论文的非正式的最低要求),为此我不得不改变题目,重新开始。根据原来的计划,我开始阅读人类学界的美学研究著作。这最终使我在论文中列入了理论性的几章,涉及审美的人类学研究的概念、认识论和方法论等问题。此外,所谓的非洲审美数据的稀缺,还促使我查找了一些专门性文献,这些文献不仅涉及非洲的美丑观以及其他审美范畴的观念,而且包括诸如当地对传统的责难与艺术生产的自由之间的关系的观念。

幸运的是,对手头所得文献的系统性研究,其数据的丰富程度远远超过一份描述性和比较性的硕士论文——即使集中于严格意义上的非洲审美，那也足够了。尽管广博而详细的研究确实不多，不过倒有数十位人类学家和艺术史家从事过对非洲的考察，出版了诸多文章和著作，全部或部分涉猎了当地的美丑观，包括进行审美评价时所用的标准，尤其表现在建筑领域（西方学者喜欢将建筑作为一个论题进行研究）。这些学者局限于他们所考察的文化，极少或根本没有关注到对非洲其他文化中的类似研究，所以他们几乎不做比较性的观察。

我发现，这些研究都没有关注当地个人对于他们文化中的审美观的系统性阐释——在我的调查中没有出现"奥格托莫力的美学"（这并不意味着非洲没有这类人存在，比如，一位美国哲学家此后出版了一部著作，讨论的就是约鲁巴哲人的审美观）。这些研究不是寻找并记录与西方"美学家"相对应的非洲人的观点，而是记录当地各阶层人群的审美偏好、审美标准和审美词汇。我非常喜欢这些关于民众的实际审美偏好和审美标准的经验性调查。我认为，此类各文化中的普罗大众的视觉愉悦相关的"硬"数据，应该成为任何真正的审美人类学研究的基础。我还认为这种经验性材料对于更为宽泛的美学研究具有重大价值，它对于"哲学美学"即是如此，令人惊讶的是，后者极少参考现实生活中的审美偏好。

非洲学者亦开始介入对非洲美学的研究，不过许多人不是从事经验性调查，而是关注他们自己的文化所通行的审美术语。这些学者有时亦把关于美和丑的谚语作为分析对象，将其视为对感觉经验或当地集体审美思想的简明表达。

在此有必要简单指出,在我进行文献检索时,没有发现任何非洲"审美概念"与西方的美丑观有所类似,目前流行于芳人中的"ening"(活力)概念,在某种程度上算是个例外。

三、从非洲美学到审美人类学

我以英文写成的对于非洲美丑观的比较分析成果,后来由根特大学纳入非洲学者系列研究丛书出版。[1] 不过我首先在比利时勒芬大学学习了两年(1984—1986),获得了"社会与文化人类学硕士学位"。当时,这一硕士后(post-MA)培训是比利时唯一的官方人类学项目。鉴于比利时曾殖民统治过中非,因此这一项目主要集中于非洲。由于我在根特大学的硕士课上已经学过普通人类学课程,还有非洲学者的人类学课程,所以不觉得课业有多繁重。于是我利用时间开始查询西方出版的"东方美学"论著。我拜访了根特大学的中国语言文学教授,我对"中国美学"的兴趣,让他感到既惊且喜,他对此亦不无兴趣(后来他写了一篇关于谢赫的"绘画六法"的文章,还复印了一份给我)。他提到根特大学图书馆中的中国美学著作寥寥无几,从自己的书房中找到几本书给我借阅,其中一本是林语堂的《中国艺术理论》(*The Chinese Theory of Art*,

---

[1] Wilfried van Damme, *A Comparative Analysis concerning Beauty and Ugliness in Sub-Saharan Africa*, Ghent: Rijksuniversiteit, 1987 (*Africana Gandensia*, 4).

London, 1964）。应该是在那时候，我了解到中国的"气"的范畴及其与中国绘画的关系。我还阅读了很多对非洲之外地区的审美偏好的经验性研究，拓展了我在"民族美学"上的兴趣——许多研究考察的是大洋洲和美洲土著的地方美学，相比非洲方向的研究很是有限。

总的来说，有了根特大学的学习经历之后，我在勒芬大学的课程并没有让我"眼界大开"。不过，由于我在本科和硕士阶段对人类学的研究方法所知有限，所以在此能够更为深入地学习与领会，对我还是很有助益的，在此期间，至少我学习了一门重要的课程。在根特大学，学生们被告知调查和理解外在于自身的文化是件非常困难的事情。跨文化翻译和跨文化阐释的困难，意味着即使是经验性的记录外部文化的某些方面，尤其是那些关乎所思所感的部分，都是一个非常艰巨与充满不确定的任务。作为一名人类学家，在某一文化中待了足够时间，能够熟练运用当地语言之后，其所可致力的最高目标，便是"从内部视角"对该文化作出恰当的描述。毕竟，任何不以忠实记录为基础的阐释行为，都有将外部调查者的思想体系强加于研究对象的危险。即便是从当地视野所做的解释，最终也被视为仅仅是西方外来人的建构。这种批评在"后现代人类学"中变得很是盛行。与此同时，勒芬大学的人类学家似乎对从内部视角进行精确描述时所具有的问题充耳不闻。他们认为，人类学家理所应当有这种描述能力，人类学家的任务就是搞清一种外部文化，要比其成员所能意识到的层面更加深入。人类学家应该利用一种外部视角（通常由一种理论做指导），寻找文化成分之间的关系，避开那些经历了当地文化的内部人。例如，作为外来学者，人类学家可能会指出整个当地文化表述背后隐含的特定组织原则。抑或，人类学家提出当地某种现象所可能具有的社会功能以提升我们的认知，当地人对此却是日用而不知。正如勒芬大学一位资深教授所说："鱼儿意识不到自己生活在水里。"尽管我接受不了这种危险的解释方法在认识论反思上的缺乏，不过勒芬的课程，使我更感兴趣并留意于那些往往潜藏于文化持有者背后的文化现象之间的关系。特别是，它促使我不仅关注对于审美偏好、审美标准和审美概念的细致记录，更注重探讨审美与其他文化元素的关联。

在根特大学的硕士论文中，我已得出结论，非洲人视觉之美的观念与道德之善的理念密切相关，正如视觉之丑被认为与道德之恶联系在一起。这种关联似乎乃是非洲文化成员们的自觉意识。基于这种关系，我开始认识到，我所研究的一些案例表明了当地审美偏好与当地社会文化理想之间存在关联（后者与道德之善的观念有关，不过比它宽泛）。有三个例子更是说明了这种关联。其中两个，人们持有相反的美的理念，同时亦有着对立的社会文化理想。我记得在读到写根特的硕士论文时没有关注到的一本书时，使我确信了这种价值上的关联性。这一非洲的案例表明，在一个社会中，社会文化理想的变迁会导致审美偏好的变化。我开始思考，这究竟是一个"孤证"还是重复出现的跨文化规律，这个问题对于内部人来说太具分析性，不能明确表达出来。

勒芬大学人类学系要求学生写一篇 50 页的"终期研究论文",探讨美的观念与社会文化理想之间的关系不失为一个好题目。不过,指导老师再次建议我不要选美学作为题目。"移民"及其"涵化",是勒芬大学人类学系青睐的两个问题,当时这两个问题在西方社会日益受到关注,以此为题,被认为是成为一名职业人类学家的颇佳选择。"媒介人类学"是另一个研究重点,亦被视为在发展中的多元社会中将会大有前途。不过,这些话题不是我的兴趣所在。我一如既往地将对审美的人类学研究视作我的一种学术承诺,决意继续这一孤身独行的研究。

完成勒芬大学的论文之后,我意识到审美理想与社会文化理想之间的关系,颇可成为博士论文的研究起点。之前我已听说,博士毕业需要一篇"论文":应该提出、详细阐述并论证一个命题,比如能够解决或至少阐明一个现有的学术问题。我所思所想的上述关系,可对"美学中的文化相对主义"提供一个解答。一般都承认,美的观念或审美偏好会随文化的不同而改变。不过无人对这一现象作出系统性的解释,甚至没有将其作为一个需要解释的问题提出来。如果审美偏好取决于其文化语境,那么这个语境中的哪些元素能够对其产生影响?此外,这些文化元素何以能够塑造审美经验——它是如何依靠人们的认知过程而运作的?最后,这些来自文化环境中的元素为何会影响人们的审美偏好?美与社会文化理想之间的联系似乎对"是什么"的问题提供了解答:一种文化元素能够影响审美经验,已经得到认可。如果这一认可是正确的,那么就会得出如是结论,假如人类社区的社会文化理想发生变迁或改变,相关社区的审美偏好就会随之发生变迁或改变,这就造成了文化层面的审美相对主义。在写作勒芬的论文时,受美与社会文化理想之间的关系的启发,我还初步提出了一些关于"如何"和"为何"的问题。

在博士论文中提出如上论题,还使我系统地提出了"美学的人类学方法"。我将这种方法界定为经验的、社会文化语境的和跨文化比较的——在传统的哲学美学研究方法中,根本没有这些特点。对这一方法进行概述,便会恰切地引入论文的中心主题。通过应用人类学方法,我开始了论文写作。我采用不同文化中审美偏好的经验性数据作为研究起点,在其社会文化语境中考察这些审美偏好,然后比较它们在各自文化中与其环境关联的方式。这一"人类学"方法表明,美和社会文化理想之间的关联乃是一种常见的跨文化现象。

提出这一人类学的方法并对其应用详加说明,还给我提供了一个框架,以调查"二战"以来西方学界涌现出的关于审美的人类学研究。这一领域的研究状况尚无人述及,不过人类学对于美学的研究兴趣在20世纪80年代已经确然可见。我在博士论文中提出了如下基本问题:这一领域的概念基础是什么?在其方法后面有着怎样的认识论预设?应用了什么方法?

除了详述人类学家的审美相对主义观念,我还记录并分析了其论著中呈现的审美偏好的普遍主义。对普遍主义的探讨,需对具有人类普遍性的基本审美偏好的经验数据作一概观。这又使我要对"审美普遍主义"的存在作出解释。为此，我又对诸如以神经美学和社会生物学的方法解释人类视觉偏好做了探索，这两种方法在当时都处于萌芽阶段。论文中要解决"如何"和"为何"的问题，单靠文化人类学已是不足，很明显要用到认知心理学。我的博士论文融入了上述各学科的新视野，便透出一种跨学科的味道。

通过上述说明可以见出，我在博士论文中提出的问题以及给出的回答，是将人类作为一个整体看待，而非仅仅关涉欧洲之外的小型社会——尽管后者的确是所有审美人类学研究的重点。通过提出更具一般性的人类审美问题，我从欧洲之外的当代"传统"社会的审美人类学，转换到了将人类作为整体（此乃人类学的初义）进行研究的审美人类学。

对如许主题作出解答，我花了相当长的时间，部分原因在于我没有奖学金的资助。为了谋生，我做过客席策展人、译书，也编书。1991年，我终于获得了一家法国基金会的助学金，为期一年，这加快了我的研究进程。1993年，我向根特大学提交了我的博士论文《语境中的美：论美学的人类学方法》。经过修改和扩充，次年将书稿投给博睿（Brill）出版社，经过同行评审，于1996年出版。[1]

---

[1] Wilfried van Damme, *Beauty in Context: Towards an Anthropological Approach to Aesthetics*, Leiden: Brill, 1996 (*Philosophy of History and Culture*, 17).

四、在两个方向拓宽研究

此书出版以后,我又完成了另一本内容完全不同的书(对根特大学的大洋洲艺术藏品的研究),交给了出版社。1997年初,我终于在家里装了网络。上网的第一天晚上,我在引擎搜索"美学"一词,发现了一个即将在悉尼召开的会议通知,会议主题是"跨文化美学"。通知上信息不多,看似是一场哲学会议,上面留有电子信箱,可以询问更多会议内容。我写下了生平第一封电子邮件,打听会议情况,并言及我的兴趣是"审美人类学"。第二天,我收到了第一封邮件,邀请我在会上做一发言,这是1997年6月的事儿。

悉尼会议拓展了早期提出的"比较美学",将东西方审美思想与艺术哲学汇集一处,首次探讨了各文化如何思考艺术和审美的问题。我非常赞赏"哲学美学"发展真正的跨文化视角的努力——悉尼会议的专题论文,尽管主题宽泛,涉及中国(两位发言者来自中国)、日本、非洲、美拉尼西亚、澳大利亚土著文化以及波利尼西亚——我热切地希望推动这一及时的全球性视角。悉尼会议重燃了我对全球各文化普通思考的艺术和审美现象中涉及的基本问题的研究兴趣。这鼓励我更加系统地思考对一系列文化传统中发现的艺术和审美思想进行记录和比较的前景。

由于对审美研究的全人类视角颇有兴趣,我感觉,除了人类学家和相关艺术学者所采取的对各文化审美偏好的经验性调查与社会文化语境性研究之外,要在这一跨文化工作中增加一个新的层面或维度。欲知审美在人类生活中的地位和功能，我们还需重视各文化中的思想家如何思考审美这一重要维度。比如，学者们可能会考察这些思想家在理解审美问题时所运用的论证方法或类型，他们得出的结论，尤其是从人类学家的社会文化视角来看，他们对本文化中艺术生产、艺术使用甚或艺术经验产生的影响。

当年的另一进展使我进入了一个全新的，甚至是相反的方向。1997年秋季，我收到了一位英国哲学家的邀请，他正在主编一卷关于"哲学人类学"研究状况的书。他认为这一领域涉及的是对人之何以为人的思考，因而要关注那些更为经验性的学科，使我们能从各个角度理解人的本质。这位哲学家既对人类的共通性充满兴趣，亦欲探讨因文化语境之不同而产生的差异方式。他要求不同专业的学者各从特定的角度处理这些大问题，在大家的讨论中融入各相关学科的研究成果。他想在书中有一章，涉及人作为审美的存在。他在邀请函中提到，他很高兴看到了我的新书，因为他还没发现别人从全人类的视角探讨审美问题，更别说从跨文化的视角提出共通性和文化差异性的问题。

就后者而言，他似乎对我在《语境中的美：论美学的人类学方法》中尝试用行为学和神经科学的方法说明审美普遍性的存在尤感兴趣。于是，我决定进一步探讨这些方法，在写作博士论文的时候，这些方法对于理解人类的审美偏好只是一些非常初步的尝试，希望在此后的这段时间能有一些新的进展。结果表明，神经美学仍然只是个迷人的标签，少有新的研究。另一方面，行为学，或社会生物学似乎转变成了"进化心理学",这是一个新的领域,其所做的人类身体的魅力评价具有跨文化的共通性的实验,引起了相当大的关注。重要的是,进化心理学根据达尔文的"自然选择的进化"理论,提出了一些理论模式对这些共通性加以解释。此后我做了三年的博士后(1996—1999),从而有大量时间阅读进化心理学的基础理论。在人文学科的背景中,生物学方法不仅是缺失的,而且在将其用于作为社会和文化存在的人时,会被视为不可救药的误导而遭到蔑视,我花了一段时间进行调整,进入了进化论的论证思路。一旦我清楚了它的逻辑,读到了它在我们身上的应用,我便发现这一方法与我们对人类的研究高度相关,并且令人耳目一新。我们毕竟是生物有机体,像其他生物一样,通过自然选择过程进化而来。考虑到进化的历史,不仅可以阐明我们的身体性,而且能够解释我们的社会性和文化性,甚至我们的精神性。

至少,当不同文化中的人类的社会文化行为和心理行为(包括对特定刺激物的反应)表现出共通性之时,便可尝试运用生物进化论的方法对这种相似性加以解释。这些具有普遍性的人类活动,是人们致力于生存和繁衍——此乃任何物种进行生物进化所孜孜以求的两大动因——的缘故吗?抑或,人们可以采取更为传统的人类学方法,以人类共享的文化经验来解释这种普遍性(不过需要指出,大多数当代文化人类学家都不愿接受人类文化和心理之中存在普遍性)。我在《语境中的美:论美学的人类学方法》中曾经尝试采用这种"文化主义者"的方法,结果不甚满意,现在发现进化论的

"自然主义"方法更适合解释审美的普遍性。[1]熟悉了达尔文主义的视角以及后来渐为人知的"进化论美学"之后,使我更加认识到对于刺激物的纯粹视觉维度——它们的形状和颜色等——产生的审美反应的重要性。作为一个人类学的"语境主义者",对于美学中只强调"纯粹形式"的"形式主义者"是持怀疑态度的,我至今仍注重对于文化语义关涉物或视觉刺激物的特征相关的价值反应的意义,即使这些特征初看上去是纯形式的。简而言之,在探讨作为人类普遍现象的审美时,这些新得的视角使我增加了一个更深的层面,也是最为基础的层面:将人类作为一个审美物种,从生物进化论的角度加以考察。

1999年初,我受邀在首届国际"世界艺术研究"大会上做一发言,此次会议将于2000年4月在美国的马萨诸塞召开。大会希望我能讲讲从全球视角对审美的研究。我决定在论文中将以上所述三条研究路线并置在一起。整体来看,这三条路线分别指向了审美在人类生活中的不同维度:进化论学者寻找人类共有的审美偏好的生物进化论基础,人类学家研究审美的社会文化维度,哲学家考察各文化传统中对于审美问题的系统性反思。通过引入这三种方法,揭示它们之间的关联,我提出了一种综合的跨学科框架,以研究审美在人类生活中的各种维度。

---

[1] Wilfried van Damme, "Universality and Cultural Particularity in Visual Aesthetics", in Neil Roughley ed. *Being Humans: Anthropological Universality and Particularity in Transdisciplinary Perspectives*, Berlin, New York: Walter De Gruyter, 2000, pp.258-283.

由于这三种方法皆具有全球性的或跨文化的视角，在当时还很新颖，所以我觉得值得介绍给对于全球方法感兴趣的艺术学者，尽管我将这些方法应用于审美而非艺术。然而，我的会议论文反响不佳。特别是对进化论方法的关注，受到了一些与会者的嘲讽，其中不乏知名艺术史家。（我记得一位年龄稍大的听众悄悄告诉我，他很欣赏我对人类生物本质的关注。他研究的是全世界的儿童艺术，确信进化论视角之于艺术生产具有相关性。）此外，还有参会者反对我的论文的主要话题——"美"（beauty），认为在跨文化术语中，"美"乃是一个"奇美拉"（妄想），它只与西方有关。

会议主办人计划出版一本论文集，之前可对参会论文进行修改。他没有在意听众的批评，不过提到我最初所做30分钟的发言太过抽象，建议我增加一些案例和应用，以便吸引读者。为使论文骨肉丰盈，还有回应几位学者的批评，我大大地扩充了论文初稿。为了更为全面地阐释全世界"美"的相关性，我补充了众多文化中与"美"接近的地方性术语。我还更为细致地介绍了一些学科方法，尤其是进化论方法，人文学者对其误解尤多，完全无视其基本原则。我还讨论了每种方法的基本研究话题，对现有的研究成果进行了概述。论文最终成了对于世界上的审美研究的学术总结，同时也有助于以后的综合性的跨学科研究。[1] 我认为，论文对作为一种

---

[1] Wilfried van Damme, "World Aesthetics: Biology, Culture, and Reflection", in J. Onians ed. *Compression vs Expression: Explaining and Containing the World's Art*, New Haven, London: Yale University Press, 2006, pp.151-187.

全球现象的审美研究进行了综述，至今仍有学术价值。

上述这篇论文提出了系统性的概要和综合性的框架，对各相关领域进行了考察，意味着我对世界审美的研究暂时告一段落。之所以有这种感觉，还因为我于2000年在一家荷兰博物馆谋得了职位，工作繁忙，很难抽出时间参加学术活动了。此外，我在2004年成为莱顿大学"世界艺术研究"方向的聘任讲师，这使我投入到这一新鲜而令人振奋的领域的发展之中，与人合编了一本书，意在为作为跨文化和跨学科的世界艺术研究建立第一个理论框架。在莱顿大学的教职，亦促使我为学生开设新的课程，其中包括一些吸引人的话题，如旧石器时代视觉艺术的起源等。2005年开始，我又成为根特大学非洲艺术方向的访问教授，自有一些工作要做，于是，近来很少做美学的课题。

五、书写审美人类学学术史

尽管这一阶段几乎没有写关于审美人类学的论著，不过我一直保持着兴趣。在2008—2009学年的寒假，其时世界艺术研究的编辑工作业已完成，我在网上搜索审美人类学的最新进展。除了英文术语，我还用了德语关键词，结合"Aesthetik"和"Anthropologie"与"Ethnologie"——后者更接近英文里的"文化人类学"，前者通常指"体质人类学"或"哲学人类学"。输入关键词"Ethnologie"和"Aesthetik"，映入眼帘的第一条结果，便是一篇名为"Ethnologie und Aesthetik"(《人类学与美学》)的文章。我感到惊喜,以为是对该领域的最新调查或评论。出乎我意料的是,我看到该论文的发表日期是1891年。这显然激起了我的兴趣,我以前做研究时,怎么没有听说过这篇如此之早的文章?它让我陷入了思考。19世纪末,仍是人类学的前田野调查时期,如果说在审美领域有什么论著的话,基本也是局限于博物馆人类学家对"原始社会"的"饰物"的考察。这些人类学家似乎从来不会追问,这些饰物的生产者和使用者如何审美地看待它们。他们也不会对他们自己所认为的这些饰物的审美维度进行评价。博物馆人类学家关心的,是确立这些从世界各地获得的具有实用性的物品之"装饰"的起源和风格的发展。20世纪上半叶,人类学家对人们审美偏好以及审美观的兴趣十分有限,直至"二战"以后的几十年,才对此话题有了较多关注。

因此我猜想,德国学者格罗塞1891年所写的这篇论文,或许只是关注人类学领域中此类进化论者对装饰的研究,其所用"美学"一词,指涉甚广,举凡人类艺术及相关研究,或都囊括在内。我的好奇心大起,面对审美人类学,我真像个完美主义者。我通过馆际互借订制了这篇文章的影印件(网上没有找到)。在编辑世界艺术研究的著作时,我已了解到,格罗塞对于系统性的跨文化艺术研究表现出了很大的兴趣。

收到复印件后,我开始阅读格罗塞的这篇文章,越读越觉惊喜不断,不由击节称赏。首先,这篇文章讲的确实是美学而非艺术。尽管二者在格罗塞的观点中紧密相关,不过他的重心是探讨人类学语境中的美学的基本问题。文章明确假定所有人都有审美感觉——这一具有解放性的人类学视野，通常被视为博厄斯在1927年出版的《原始艺术》中提出的（尽管我知道早期已有一些相关论述）。格罗塞提出的三个基本问题中，其中两个与我的博士论文的中心论点基本一致，这已是100年以后的事了。

第一，尽管使用了不同的术语，格罗塞提出了审美普遍性的可能性，认为只有人类学有助于解决这一美学的基本问题。他建议我们进行经验性的研究，将世界各地的数据作为分析的基础。这种科学的归纳方法，应该取代思辨哲学的推理。有必要指出，格罗塞所指的经验基础包括了艺术品自身，在他看来，从艺术品不断重复的特征中，可以见出当地的审美品位。这就清楚地表明了格罗塞和我的方法的差异，我所谓的经验性数据，指的是民众对他们的审美偏好或趣味的言语表达。

第二，格罗塞似乎对审美偏好中的文化相对主义颇感兴趣，尤其是如何解释"趣味的民族差异"等问题。听上去或许不可思议，就我所知，在人类学或其他领域的文献中，除了我自己的著作，这是唯一对此基本问题做出阐述的文章。而且，格罗塞提出的回答审美偏好中的文化相对主义的方法，与我在《语境中的美：论美学的人类学方法》中给出的方法基本一样。他将这一方法称为"人类学方法"，建议在研究基本的经验数据时应与其当地环境关联起来，既包括自然环境，亦包括文化环境。在格罗塞看来，自然环境，如气候，会影响社会文化环境，尤其是其经济基础。于是，根据诸多世界各地的案例，我们可以研究当地语境如何影响了审美趣味，这表现于民众的艺术生产之中。跨文化比较是"人类学方法"的另一关键特征，借此可以得出一些规律，使我们获知自然与社会文化环境的变迁如何影响了审美偏好的变迁。格罗塞将经济活动作为审美活动的主要决定因素。在格罗塞提出的这种唯物主义的方法论框架内，任何对社会文化理想的作用的考察似乎是不可行的了。不过，用马克思主义的术语，我们可以说基础设施会影响上层建筑。在我自己的案例研究中，也多少发现了这点，不过没有将其予以理论化。

我有着强烈的冲动，要写一篇对格罗塞论文的分析和解读，很愿意将其视为学术史的一个发现。毕竟，所有人都忽视了格罗塞这篇表明"审美人类学的诞生"的纲领性文章，德国学者亦不例外。此外，这篇论文还给人其他一些惊喜，其中包括一个简要却创新性的跨文化艺术研究史，还呼吁艺术研究的跨学科性（甚至还提到了达尔文的方法）。这篇文章的如上特点，使得格罗塞亦成为当代世界艺术研究的先驱。

我对1891年论文的分析越写越长，很难单独发表，于是我将其分成了两部分，较短的部分谈的是格罗塞的艺术理论，较长的部分关注他的审美人类学。2012年，在网上查找后一部分的资料时，我记得格罗塞在1894年出版的一本关于艺术的著作被译成了中文（该书已被译成了各种欧洲语言，还有日文）。我想在文章中增加这一新的信息，由于我不懂中文，无法从网上获得足够的出版信息，于是我联系了李修建博士，2011年我初访中国时认识了他。他很快给我提供了所需的详细信息，提到他读过这本书，还说《艺术的起源》一书至今在中国还很有名。李修建对1891年的这篇文章同样很感兴趣，并请他的朋友从德语原文译成了中文。他本人翻译了我对格罗塞的审美人类学的分析，这两篇文章同时发表于《民族艺术》2013年第4期。

接着，李修建问我能否为《民族艺术》的"海外视域"栏目推荐一些西方审美人类学史上的重要论文，并为每篇论文撰写一个导读，我欣然接受了这一邀请。撰写西方审美人类学史是我的一大学术愿望，不过我一直无暇顾及。现在似乎时机已到。发现并分析格罗塞的论文，刺激了我的欲望（我并不期望再有另一类似发现），《民族艺术》的邀请，表明有读者愿意了解西方审美人类学史。此外，人到了一定年纪，我感到有必要把我积累的该领域的相关知识传递给年轻学人，只有采取历史视角，才有可能把它写出来。除了格罗塞的论文，我还为另外两篇经典文本写了导读，我希望能继续做下去。

小　结

就像检视审美人类学史令人愉快、给人启发，写这篇文章回顾自己的学术历程，同样给我以愉快的教益。对我们以往的学术研究进行反思，有助于看到其间的关联、持续和断裂，我们对此可能不曾留意或者只是忘却了。我觉得，首先，这一回顾使我更好地认识到，我的学术研究是诸多外在影响和偶然事件的结果。人文学者时常将他们的工作看成个体性和个人性的，我亦是如此。回顾往事，很容易看出，个人的兴趣和意志对于我的学术之路起到了至关重要的作用，我也清楚地知道其他学者以及无数外部环境对我的影响，其中一些的确具有偶然性。故事太多，难以备述，不过这篇回顾至少展示了我当学生时上的课、需要做的作业、可供选择的研究主题等诸因素，使我走上了独特的学术历程。这一历程的持续性，会受到若干因素的深刻影响，比如同行对我们的工作的接受和反馈，其中包括受邀发言、撰写论文还有接受批评，以及其他学术领域出现的相关的新的研究方法。认识到我们身为学者，同样是其他人的思想以及诸多外部环境的产物，甚或会受偶然性的支配，这多少让人感到不快，尽管我们都知道这在所难免。不过我更感到幸运，外部环境依然在激励我，使我接受外面的挑战，吸收外界的影响，继续充实我的研究。这一学术成果可能会被视为另类的，然在人文学科中，实在别无他途。

附录2 审美人类学：经验主义、语境主义与跨文化比较
——审美人类学访谈

李修建：请简单谈一下您的学习生涯和工作经历，您现在的研究领域和读书期间的专业是相同的吗？

范丹姆：荷兰是我的故乡，我生于斯长于斯。20世纪80年代早期，我在荷兰的文法学校毕业之后，进入比利时的根特大学，学习考古学和艺术史。现在，在根特大学，这一研究领域被称为"民族艺术"，作为硕士研究生的研究领域或专业。这意味着它要研究非洲的视觉艺术，还有澳洲和美洲原住民的艺术，还会研究欧洲的"民间艺术"。我后来才知道，在那个年代，根特大学可能是欧洲唯一设置了这一专业的大学。即便是目前，我们也很难找到一所大学的硕士课程中会安排现在所称的"艺术人类学"，或可能更具误导性的"世界艺术"（world art）。不过，根特大学的民族艺术系已经被很随意地取消了。

在读大学时，我们就有民族艺术、文化人类学和美学与艺术哲学的导论性课程，后者介绍了西方对艺术和美学的哲学观念史。这三门课程我都喜欢。读硕士时，我的专业是民族艺术，我决定撰

写的毕业论文是当时所称的"民族美学"(ethno-aesthetics)，这样，就把三门课程的研究主题汇聚在了一起。学校希望我们这些硕士生能够研究非洲，所以我研究的是非洲美学，分析了近几十年来人类学家和艺术学家关于单纯的非洲文化的各种研究，并对这些研究进行了比较。让我感到有些惊奇，而且也感到幸运的是，这一文献检视工作以前还没有人做。实际上，我的导师担心材料不足以进行调查和比较，不值得做一硕士学位论文选题，后来证明他的担心是没有根据的。

李修建：这么说来，艺术、人类学和美学这三门学科构成了您的学术背景。在2011年中国艺术人类学学会和玉溪师范学院联合主办的中国艺术人类学国际学术研讨会上，您发表的题为"风格、文化价值和挪用：西方艺术人类学历史中的三种范式"的演讲，就是您的硕士学位论文的浓缩。我将这篇文章翻译出来发表之后，许多中国学者对它评价很高，从中可以见出您对相关文献的精彩剖析与评述。那您在硕士毕业之后继续深造了吧？

范丹姆：此后，我在比利时的勒芬大学进行了为期两年的学习，取得了社会和文化人类学硕士学位，这使我得以对欧洲以外的小型社会中的美学研究进行了深入考察。在这几年里，我的博士学位论文酝酿成型，有了一个纲要，最终写了出来，我在1993年将其提交给根特大学，并于1996年出版。在这一名为《语境中的美:论美学的人类学方法》的研究中,我提出了"美学的人类学方法",我指的是应用经验性的、语境性的和跨文化的比较方法研究审美偏好问题。此后,我在两个方面拓展了我的美学研究,一是向上的,进入比较哲学美学的领域;二是向下的,进入达尔文主义或生物进化论方法的领域。尽管多年来我卷入了多个学术领域的研究之中,不过我对审美人类学一直很有感情,我喜欢称之为我的学术"初恋"。

李修建:中国的审美人类学受到了马克思主义和文化批判理论的影响。他们更多关注美的社会建构问题。您和中国学者的研究在方法论上有何区别?马克思主义对您有影响吗?哪种理论或哪些学者对您影响最深?

范丹姆:《语境中的美:论美学的人类学方法》主要关注美的社会建构问题,或者准确点说,它处理的是审美经验的社会文化决定因素。这本书的出发点是民族志和文化史的观察,我们发现,美的观念在不同时空的文化中变动不居。然后,该书通过指出在特定的社会中,美的观念和社会文化理想之间存在关联,更具体地说,这些理想影响了人们所认为的审美愉快,试图解释这种审美偏好的文化多样性。结果表明,如果社会文化理想发生了跨文化的变化,或者随着时间发生了变化,那么审美偏好也会相应地发生变化。我希望通过四个经验性的个案研究论证这一观点,所有个案都在非洲。

关于马克思主义，我记得在我研究的早期，浏览过马克思主义的美学研究，老实说，不是因为"美的社会建构"的观点，而是因为我希望找到人类审美偏好的经验性研究，这次不是在人类学传统研究的文化中，而是在东方和西方的各种社会中。我假定，与西方精英哲学家关注资产阶级艺术（运用马克思主义的术语），并以之作为美学思考的对象不同，马克思主义应该重点考察大众或"群众"的趣味——这会鼓励学者们研究普通大众的审美观，正如对非洲或澳洲的美学进行人类学的检视，也就是说，会关注"民众的审美偏好"（尽管没有一本著作是明确受到马克思主义的影响的）。然而，这种研究证明非常之少。我能找到的唯一例证是皮埃尔·布尔迪厄1979年出版的《区隔》(*La distinction*)，该书基于大量得自法国的经验性数据，认为社会阶级通过他们在视觉艺术、音乐以及体育运动上的排外性偏好来区分自身。总体而言，"马克思主义美学"似乎像一个标签，它毋宁说是一种特殊的艺术理论，它以马克思主义原理为基础，关注诸如上层阶级运用艺术压迫下层阶级等类似的主题。

最后，在我的书中，我的确引用了一位马克思主义者对审美偏好的分析，他是一位美国学者，名叫彼得·杰伊·纽卡门（Peter Jay Newcomer），他的简短研究关注了美的社会建构问题。我引用他的著作，是因为纽卡门是我所能找到的为数极少的试图说明审美偏好的文化多样性或文化相对主义的学者。纽卡门认为，在一个特定的社会中，有些东西被视为美的，是因为它们代表了财富。很巧，他所举的一个例证是中华人民共和国成立前中国的"莲足"。他认为这些被包裹起来的小脚,暗示了女主人有一位富足的丈夫,不能也不需要参加日常劳作,这是财富的象征。人们认为它们是美的,正是因为它们让观看者想到了财富和物质上的富裕。多年以后,我看到马克思主义理论家普列汉诺夫在一篇写于1899年的美学和艺术的论文中采用了同样的分析路线,他引用了一个与中国的"莲足"类似的来自非洲的例证。这表明,在马克思主义美学中,可能还有其他有趣的研究,只是我没有看到。其中有些可能是用中文写的,但是很遗憾我不懂中文,也找不到西方语言的译本。同样,我必须承认我无法阅读中国近年来的审美人类学研究著作。我知道在中国有大量相关研究,许多著作似乎具有纲要性和理论性,而不是具体的描述,不是对中国或国外某个具体的群体的审美偏好进行经验性的语境性的调查。

李修建:您提到的布尔迪厄和普列汉诺夫,中国学者对这两个人多有研究。普列汉诺夫写于1899年的专论艺术的《没有地址的信》,在中国被视为马列经典著作之一。不过中国学者对纽卡门关注得较少。纽卡门关于"莲足"的例证很有意思,尽管我不大同意他的观点,因为"莲足"不仅仅是财富的象征,可能包含更丰富的文化内涵。谈到您的研究,您的美学思想发生过变化吗?您是如何开始研究审美人类学的呢?

范丹姆：这些年来，我的美学思想的确有一些变化，一是在主要研究论题上，二是在如何最好地处理美学基本问题上。就论题而言，在我着手研究世界美学时，我对美学的普遍主义和相对主义皆持开放态度。不过我对探讨曾在西方传统影响之下而今又背离这一传统的地区的审美特性和审美标准尤感兴趣。我受到了人类学的文化相对主义的明确影响，期待发现与1900年左右欧洲传统统治下的美的概念完全不同的审美概念。因此我一直期待碰到一些概念，我的确也碰到了一些概念，或许在强调艺术应该通过视觉方式散发一些神力，应该使无形之物变得具体化，应该能激起观众的敬畏之情，等等。不过，几乎所有关于美学世界的研究均表明集中于快乐的感觉，亦即英语世界所称的"beauty"，我想在中国人们称之为"美"，当然还有其他多种术语。当然，能够引起观看者快乐感觉的视觉刺激物可能因文化之不同而相异，但是美，或它的类似意义，在现有的各种研究，包括所谓的土著学者的著作之中，毫无疑问都是个主要概念。

在深入研讨文献的过程中，还有一个发现触动了我，那就是人们评价美的标准有许多相似性。它表明在全世界人们都会坚持这样的标准，如对称、平衡、清晰和新奇，在描述人物时，都偏爱健康和青春。尽管《语境中的美：论美学的人类学方法》一书主要关注对审美偏好的文化相对主义的阐述，不过我同样对审美普遍主义现象给以充分重视，并有些犹疑地试着解释这些普遍性——它们是人类生物构成的一部分吗？如果是这样，原因是什么？它们是由于共同享有的文化经验引起的吗?《语境中的美：论美学的人类学方法》出版之后不久，我受邀为一本运用跨学科的方法探讨人类存在的各种维度的书撰写美学的章节。在这种情况下，我回到了审美普遍性的观念，尝试运用达尔文主义的视角解释这些普遍性，这一视角凭借进化心理学在20世纪90年代进入了社会科学和人文学科领域。同时，让我感到震惊的是，绝大多数人类学家对人类的整个普遍主义观念持有敌对态度，这部分由于当时流行的后现代主义的深刻影响，它强调激进的文化相对主义，这种强调本身是基于大量人类学的调查，尤其是美国博厄斯学派的调查。很多人类学家拒绝任何意义上的普遍主义，对美学同样如此。不过，这纯粹是个教条，根本不符合观察所得数据。这不仅因为我想要反对这种学术的无知立场，而且还由于并不容易解释审美偏好的普遍性，我花了大量时间关注这些普遍性而不是美的经验受到社会文化环境的影响的观点。自那以后，我暂时离开了审美人类学的研究，因为我转向了一个新的领域——"世界艺术"。不过在2009年，当我发现德国学者恩斯特·格罗塞的一篇论文之后，重又燃起了对审美人类学的兴趣。这篇论文受到了所有人的忽视，然而却在19世纪末期提出了以系统的人类学方法研究美学！说到这一点，我在研究这篇论文时，又看到了普列汉诺夫的著作，同时还有其他一些有趣的研究。总之，我对审美人类学的新兴趣，既关注普遍主义也关注相对主义，这是在经验性的、语境性的和跨文化比较的美学研究中两个最主要的论题。

李修建： 世界艺术研究（world art studies）和审美人类学是您的两个研究领域，这两个领域之间有着怎样的关联呢？

范丹姆： 它们当然有关联。在我看来，其关联总体说来，一是全人类的视野，二是研究方法。为了解释其中的各种关联，我首先需要指出，对我而言，审美人类学最终意味着对人类存在的审美维度的研究。为什么我们人类会对某些知觉刺激发生情感性的反应？何种刺激能够引起这种反应？为什么会有这种反应？我们在何种情境之下，由于什么原因倾向于创造令人惊叹的美的对象，甚至丑的对象？人类学意指研究人类，这是对这个单词的字源学上的正确解释。不过，大多数人将人类学理解为对如今所说的小型社会的研究，以前称之为原始社会，或名之为部落社会或传统社会。那么审美人类学指的仅仅就是对这些社会的美学研究。由于我将人类学视为宽泛意义上的对人类的研究，所以我认为上述概念太过狭隘。（这就是我对马克思主义对大型社会的经验性美学研究感兴趣的原因）尽管如此，对小型社会的美学研究大大地提升了我们的美学知识及其在人类生活中的位置。重要的是，人类学家和艺术学者在对这些小型文化进行研究时，发展并应用了一种特殊的方法，可以称之为人类学方法，其特征包括经验主义和语境主义。这种特殊的人类学方法明显不同于哲学方法，除了人类学家所做的传统性研究，也可以应用于对一些文化的美学研究之中。

现在来谈谈"世界艺术研究"，这一课题最初是在20世纪90

年代由英国艺术学者约翰·奥尼恩斯（John Onians）提出的，它将艺术视为一种普遍性的人类现象加以研究。因此，就其全人类或全世界意义上的宽泛构想而言，它与审美人类学具有平行性和重合性。当然，由于世界艺术研究提升到了全球性的视野，因此它需要考察世界上各种小型社会的艺术。这种对视觉艺术的关注超过了有文字的文明的大传统，审美人类学同样如此。最后，我希望世界艺术研究将会发展出一种方式，这种方式对人类学的方法或者说人类学的思想形式给予高度关注。这意味着持有并应用一种视角，考察某个特定社会中的所有艺术形式，而非仅仅关注精英艺术；关注这些多样的艺术形式在社会文化生活中的融合；需要在其语境中对艺术进行跨文化的比较。

从一个稍有不同的角度回答你的问题，有人可能会说，考虑到其词源学上的正确含义，即指对人类的艺术研究，那世界艺术研究实际上与"审美人类学"是同义的。相反，有人可能会对审美人类学提出另一命名，即"世界美学"，强调了此类研究应该是真正的全球性视野，不要局限于以前所称的原始主义文化，那种局限是较为狭隘意义上的人类学概念的遗产。

李修建：审美人类学在西方的研究情况如何？您能否作一介绍？盖尔的《艺术与能动性》在西方很受关注，您是否认同他的观点？

范丹姆："二战"之后的几十年里，对大洋洲、美国土著，尤其是非洲社会的审美观的研究蔚为大观。美国人类学家和艺术史家尤为活跃，他们大多接受的是博厄斯的文化相对主义传统，这使他们关注美和丑的观念是如何整合到当地社会文化母体的细节之中的，并且强调某种文化的美学的独特性。很快，一群来自非洲和澳洲的优秀学者加入研究者之列，他们开始记述自身文化中的美学，对语言给以与众不同的关注，亦即审美性词汇及其表达方式，比如与美有关的谚语。作为结果，各种小型文化中的美学数据不仅稳步增长，而且更为精致细腻。

博厄斯学派对文化特殊性的强调部分解释了为什么没有人对现在的数据进行进一步的比较研究。毕竟，对某种文化来说，如果其审美偏好和审美观念从根本上被视为独特的，那么人们就没有动力将其与其他文化进行比较。比较研究的缺失也显示了这一领域中更为缺乏反思和元分析，进而导致了在审美人类学中甚少关注概念上的、认识论上的和方法论上的观点。事实上，由于对这种基础性的理论话题缺少反思和讨论，我们很难说有一种系统性的审美人类学。相反，存在的是对尼日利亚的约鲁巴文化的美学研究，或对新西兰的毛利文化的美学研究，尽管这些研究对于"审美民族志"本身非常重要。

令人沮丧的是，在20世纪90年代，对美学出现了大量批判性的资料，美学研究前景不妙，它成为人类学中的分支学科似成事实，人类学对美学的兴趣开始减退。西方学者被其他话题所吸引，他们对非西方文化中的艺术及相关问题有了兴趣。许多人类学家将他们的关注点转移到诸如殖民语境中的艺术收藏，或西方民族志博物馆中殖民地民众的文化再现等"后殖民"主题。艺术史家有时也会处理这些问题，他们开始越来越多地研究受过西方训练或国际时尚影响以及全球艺术世界操控下的当代非洲、太平洋地区或美洲土著艺术家的作品。这无助于英国人类学家阿尔弗雷德·盖尔宣称的美学研究和意义研究与对艺术表现过程的人类学分析毫不相关。

盖尔对于审美人类学的研究领域有一个完全错误的观念。由于某些原因，他认为这一领域涉及的是西方艺术爱好者表达他们对所谓的原始艺术或部落艺术的欣赏。他显然没有认识到人类学家和艺术史家几十年来就"从内部"对各种小型社会进行美学研究了。实际上，这些研究在某种程度上恰恰是通过探讨原初的生产者和消费者自身的观点，以反对西方或外在于他们社会的艺术审美评价而激发的。盖尔首先在1992年出版的论文中表达了他错误的美学研究观，此后又在他身后出版的《艺术与能动性》(1998)中重复了这种观点。这本书对于英国的人类学家与艺术史家产生了很大影响，他开始关注艺术品的"能动性"，此处指的是艺术品有能力产生社会影响，有能力影响人们之间的关系。当然可以说艺术品能给人们留下印象，并能影响人们，很大程度上恰恰是由于它们的审美属性，不过整个美学观念似乎被盖尔的追随者逐出门外。

幸运的是，与此同时，中国学者开始对从人类学的角度研究美学予以关注。新一代学者的参与当然使我这样的"老手"感到异常高兴。这不仅因为中国学者在研究中国的民族时处于有利的地位，其中许多民族的审美观还不为学界所知；而且他们可以对西方学者迄今为止在审美人类学上的研究进行批判性的审视，并可能会提供许多创造性的理论成果。例如，这些学者的研究在何种程度上受到了西方设定的问题的影响，所研究的问题和使用的方法是否论证了西方的偏见？同时，还可以提一些相关的问题：中国学者最为关注的是什么论题？他们用的是何种术语？他们所持的是怎样的方法论？通过提供新的研究论题或研究焦点，通过提升分析的精确性和概念的丰富性，通过促进综合性的和新奇的解释，凡此种种，这些更具理论性的新视角皆可使全世界的美学研究从中受益。

　　路漫漫其修远兮。美学研究并不处于人类学研究或其他学术研究的重要位置。美学就像一个无足轻重的学科，与人们日常生活中的紧要事情离得很远。不过你仔细想一想，审美评价无所不在，在人类生活中非常突出。为了全面地领会这点，您需要更为宽泛地理解审美欣赏的对象，首先是视觉领域，它不仅包括绘画和雕塑等艺术，还涵盖服饰、发型、家具甚至城市和农场的设计，简而言之，包括任何形式的人类设计。此外，审美评价的对象绝不仅仅局限于人工制品或人们的造物。毕竟，全世界最为突出的审美评价对象可能就是人脸和身体，它们是自然赋予的，尽管为了提升视觉形象时常会加以修饰。不过，这些修饰不过是强调了"漂亮"的重要性，因此突显了人脸和身体作为审美评价对象的重要性。有些学者可能反对说对身体特征的评价通常不是审美的,我们在此跳过这一争论。我们对视觉刺激的评价似乎也非常老套。进化研究表明,审美偏好得到了很好的进化,它指导人类及其祖先选择健康多产的伴侣,也指导人们发现有营养的食物,挑选安全的居所。直至今日,有人也曾指出,我们基本的道德直觉,我们在行为和态度上表现出的基本的好恶,在本质上也是审美的。从进化论角度对人类对外部世界的情感反应的研究依然处于起步阶段。不过它为我们关于人类情感反应的知识奠定了基础。"进化论美学"与包括"美学民族志"在内的其他学科一起,有助于我们理解什么是真正的审美人类学的对象:人类存在的审美之维。

李修建:在中国学界,20世纪五六十年代和80年代,曾有过两次美学热,90年代至今,中国的美学研究和西方有些类似,走向了边缘。我同意您的观点,美学研究不应该是纯粹形而上的思辨,也不应该仅仅关注艺术,而应该投向更为广泛的生活领域。

感谢您接受我的访谈,我想,通过这篇访谈,大家会对您的学术背景、研究路径、基本思想有一个大体的了解。

附录3　艺术人类学与跨文化比较
——范丹姆学术研究之路

方李莉：范丹姆教授，很高兴与您做访谈。首先我想问的第一个问题是：您是什么时候对艺术产生兴趣的，您的亲朋好友中有学习艺术的吗？

范丹姆：我对艺术的兴趣，始于我自己动手做艺术之时。我一直喜欢画画，后来也画过一些东西。20世纪70年代，我刚过10岁，有机会参加艺术课外班，我觉得很新鲜，热情高涨，积极参与。我们在一个旧教学楼的阁楼里上课，每周一次，房间里摆着各种材料，包括黏土。不过我还是最喜欢绘画，创作木炭画，用所谓的海报油彩作画。后来，我有机会摆弄油画，在西方艺术传统中成长的年轻人，都认为油画才是"货真价实"的绘画。但在我们的艺术课上，对于我们这些年轻的业余爱好者来说，油彩太费钱了。你要知道，这个新引进的课外活动的目的不是进行"职前"艺术培训，而是"通过艺术来完善自我"。这种观念在当时非常盛行，主要拜西方20世纪60年代"反主流文化运动"（counter-culture movement）所赐，这一运动在荷兰颇具影响。

我有一个叔叔是法语教师，但他很想以艺术为职业。每年夏天，他都跑到法国去画风景和乡村。我想，对于我叔叔和20世纪后半叶的许多西欧人来说，文森特·凡·高以及他在法国南部创作的作品，代表了绘画艺术的浪漫理想。我从小就熟知凡·高的人生和艺术，少年时代，除了伦勃朗和维米尔等荷兰大画家，我也知道并喜欢法国印象派，比如莫奈。

不过，十五六岁的时候，我的兴趣转到了音乐上面，特别是吉他。我妈妈非常喜欢音乐，钢琴弹得特别好。她爱好各种音乐，无论欧洲古典音乐、美国的福音音乐，还是牙买加的雷鬼音乐（reggae music），她都听得津津有味。我们家总是回荡着音乐之声。我最喜欢的音乐参与方式就是自己创作音乐。我把我所有的"创造力"都投入到了音乐上，对绘画没了兴趣。直到中学最后一年，我才重操画笔，因为我们开设了艺术课。我的美术老师怂恿我中学毕业后去上艺术学院，但我不想当一名艺术家，因为我觉得我的技术和想象力都不够好。欧洲可能和中国有所不同，要想当艺术家就要上艺术学院，要想成为艺术研究者就得上大学，这是两条完全不同的高等教育方式。

中学最后一年，我18岁，开始和几个同龄人组建乐队，演奏音乐。我们乐队主要关注凯尔特民间音乐，指的是欧洲凯尔特民族的传统音乐——包括民谣和舞蹈音乐。如今，凯尔特语言和文化只在欧洲的大西洋边缘还有一线生机，过去2000年来，凯尔特人逐渐被日耳曼民族所取代。在20世纪70年代，西方对民间音乐的兴趣明显复兴,这似乎又与我上面提到的反主流文化运动或"嬉皮"运动有关,这实际上让西方人重新以审美的眼光看待世界各地的各种民间艺术和传统手工艺。在欧洲,凯尔特音乐很受青睐,音乐家加入了电吉他等现代乐器,并重新进行整理,以吸引那些听惯了当代流行音乐和摇滚乐的年轻观众,从而把一些老歌和器乐作品现代化了。我们的乐队还坚持使用原声乐器,只对传统歌曲做出简单调整。在当时演奏民间音乐的音乐家里面,我们颇为另类。我们还根据凯尔特音乐传统,写了一些新歌和器乐作品。

机缘凑巧,我们的拉丁语老师开设了一个课外班,教布列塔尼语,那是法国西部的一种濒临灭绝的凯尔特语言。这位年轻的教师读过博士,学的凯尔特语言专业,但没完成毕业论文就当了老师。他知道我们有一个乐队专门演奏凯尔特音乐,我们有过合作。他让我们读 14 世纪威士诗人戴维德·阿普·格威林(Dafydd ap Gwilym)的作品——英国的威尔士人也是凯尔特人。我们决定将格威林的一首诗改成音乐,如果没记错的话,那是一首悲秋伤怀的诗。这位老师还教我们的女歌手如何正确地诵读这首诗,威尔士语音对非母语的人来说非常难。

回想起来,参与凯尔特音乐、语言和诗歌的这段经历,应该是我与今天所说的"非物质文化遗产"的第一次亲密接触,以及保护和复兴濒危民间传统的尝试。不过,必须提一下,在我上大学的时候,保护文化遗产的想法并不如今天的中国一样重要,我们所研究的大多数欧洲以外的文化传统，在当时还非常活跃。有位教授甚至还写了一本书，高扬文化传统的适应力，声称前几代人类学家的"抢救民族志"低估了这些文化在面对外部世界时的能力。几十年过去了，我不知道他是否还坚持这一观点。

关于民族音乐，还有一件事，我印象极为深刻。2013年，我们在山东大学召开艺术人类学会议，其间参观济南的一个村落，在回程的巴士上，坐着不少民族音乐学家，一位参会者倡议大家唱唱他们研究的地区的民歌。一位学者还通过巴士上的麦克风播放了手机里的一段录音，并亲自唱了一遍。有些歌曲非常感人，尽管我听不懂歌词，我还记得一首歌的旋律，可能来自中亚，让我不由自主地想起凯尔特音乐。

方李莉：您上大学时学的是什么专业？和艺术有关或与人类学有关吗？

范丹姆：十几岁的时候，我想当考古学家，或者更准确地说，我想成为史前史学家。我喜欢阅读重建欧洲史前各个时期的生活方式的学术著作——新石器时期的住房、青铜时代的贸易、铁器时代的日常饮食等。多年后，我才知道，实际上这个领域有一个术语：古民族志（palaeoethnography）。这似乎是个没人使用的玄奥术语，但它很好地标明了这一旨在描述早期人类社会生活的学术领域。它与人类学有明确关联，二者都运用民族志。我还记得在我们当地图书馆有一套名为《他们如何生活》的书籍，包括《巴比伦人如何生活》《印加人如何生活》等。这些书的重点不是战争和政治、国王和宫殿，而是关于古代民族的日常生活——他们穿什么，吃什么，他们的家庭生活是什么样子，他们如何娱乐。

几乎所有人——不是我父母，而是亲戚和老师们——都不建议我当考古学家，大家都认为考古学家养活不了自己。我记得有个人甚至告诉我，考古学是给经济独立的富家子弟准备的。读中学时，我语言学得特别好，尤其是欧洲古典语言拉丁语和古希腊语，成绩优异。所以中学毕业后，我成了一个"好孩子"，去了比利时根特大学学习拉丁语和古希腊语。你知道，我家靠近比利时，我最喜欢的一些老师曾在根特学习过，他们都推荐我读那里的大学。我父亲在我读大学前一年去世，他是位历史学家，他也喜欢根特大学，认为这所大学可以让人们接受完全的大学教育。

在大学阶段学习拉丁文和希腊文，意味着必须完全沉浸于西方古代世界。这不适合我，我觉得"喘不过气"。大一下学期，我病体缠身，却是"塞翁失马，焉知非福"，我决定换个专业，再次想到考古学。我看到根特大学有一个艺术史与考古学高等研究院（Higher Institute for Art History and Archaeology），它们的教学大纲非常吸引我，不仅开设考古学和艺术史，还有人类学、哲学、美学和艺术心理学等有趣的课程。最吸引我的是，这一教学大纲在时空上涵盖全世界：不仅有西方考古学和艺术史，而且涉及埃及、美索不达米亚、亚洲、非洲、大洋洲和美洲原住民的视觉文化。我觉得这个专业能让我悠游自在。

我其实对欧洲以外的艺术和文化知之甚少,不过这也是该大纲令人兴奋的原因之一。在考察该大纲时,我对高等研究院五个系之一"民族艺术系"(Department of Ethnic Art)的课程尤感兴趣。这些课程集中于非洲、大洋洲和美洲原住民的艺术和文化,但也有一般人类学和欧洲民间文学的课程,如果我没有搞过凯尔特民间音乐的话,我可能对欧洲民间文学不会太感兴趣。民族艺术系的本科生要上所有相关主题的入门课程,硕士课程则完全侧重"民族艺术",也更为专业。多年以后,我才意识到这是多么的独特,正如根特大学的政策是更广泛地关注非欧洲艺术。的确,在20世纪80年代,根特大学仍然是欧洲唯一一个专门研究西方人所知已久的"原始艺术"的机构。事实上,在20世纪70年代初,为了取代"原始艺术"这个带有贬义的词汇,根特大学开始用"民族艺术"表示欧洲以外的"小型社会"的视觉艺术,关于此类社会,在西方有许多称谓,都遭到了批判性排斥:原始的(primitive)、部落的(tribal)、前文字时期的(preliterate)、前现代的(premodern)、前工业时期的(preindustrial)、土著的(indigenous)等。

在艺术史与考古学高等研究院的第一年,我对民族艺术和人类学的课程最有兴趣。同时,我发现考古学的课程有些令人失望。关于某些时段或地区的一般入门课程,通常会有一些有趣的文化历史内容,意味着艺术和物质文化是这些课程的主要关注点,我们开设的不是此类课程,而是更为专业的课程和席明纳①,往往是以对象为中心,并以一种科学的实证主义哲学为基础:我们所能依赖的只有物质形式的硬材料证据,被视为考古学的客观事实。我选择考古学是因为对重建古人的日常生活感兴趣。我知道当时有学者称之为"新考古学"。但在根特大学,许多学者仍然从事"旧考古学",注重对物品的精心发掘和细致描述,重在确立陶器和陶器装饰的风格。有人说,希望考古学的硕士学位论文也写成这个样子——研究Y西南部的X晚期文化的第三阶段的酒具上描绘的公羊角,可能是你的指导教授在20年前的夏天挖掘出来的。因此,在第二年,我决定我的硕士学位论文不选考古学的题目,而选民族艺术,希望体现出更为人类学和语境化的特色。

我读书的时候,硕士课程完全放在了非洲艺术和非洲文化上。对艺术人类学感兴趣的中国读者可能会有些惊讶,在我们的民族艺术教学中几乎不提欧洲民间艺术。我们的大学课程只有几门涉及西欧荷兰语区的视觉性民间艺术。在此,民间艺术指的是非专业艺术家创造的视觉艺术形式,供普通民众使用,主要在农村地区,通常在"二战"之前。的确,我们的硕士课程包括更为宽泛的民俗学研究课程,但在我读书时,这门课程由一位美洲原住民文化专家讲授,他在民俗学课上基本不谈欧洲(实际上,他甚至不谈民俗学)。

---

① 英文单词"Seminar"的谐音,意为研讨班。

方李莉：您是什么时候关注到艺术人类学的？您读的第一本艺术人类学的书是哪一本？您觉得当时对您影响最大的学者是谁？

范丹姆：上大学之前，我没读过艺术人类学方面的书籍。事实上是根特大学开设的课程引起了我对这个领域的兴趣，而我之前根本没有意识到这一点。我读的第一本艺术人类学著作是理查德·安德森（Richard Anderson）的《原始社会的艺术》（*Art in Primitive Societies*）。这部综合性研究出版于1979年，我开始学习考古学和艺术史的前一年。我仍然记得这本书醒目地摆在根特大学的学术书店里，给人的感觉是它涉及了一个热门话题。我非常喜欢安德森的这本书，而且深受它的影响和启发。

安德森是美国人类学家，他以清晰生动的笔触，将读者带入澳大利亚中部沙漠地区的原住民和居在太平洋西北海岸的美洲原住民的不同世界，让你从西非村庄到新几内亚的社区做一番精神游历。自始至终，安德森都将这些社会的视觉艺术与当地的世界观和社会文化背景结合起来，将其作为民众生活的重要组成部分。安德森在书中主要讨论了视觉艺术的当地意义和功能，但他也探讨了在某一社区中成为艺术家意味着什么，以及如何分析艺术变迁的过程等问题。

安德森的这本书让我认识了当时的艺术人类学的整体情况：以田野调查为基础，对欧洲以外的小型社会——特别是非洲、大洋洲和美洲的原住民——的视觉艺术所做的语境性研究。从"批判性学术"的角度来看，人们可能会说安德森在这本综合性著作中为读者创造了一个领域，特别是因为他搜罗了一些以前没有调查过的材料。事实上，安德森在主题上绘制了一个激动人心的学术领域，虽然之前亦有研究，但在过去的20年里才有了深入发展，产生了不少令人兴奋的成果，目前似乎有条件对这一新领域进行概述或综合了。

与所有的概括性或导论性著作一样，安德森的书中呈现的无疑是作者的视野和解释。安德森的著作出版几年之后，另外两部概括性著作面世了，它们探讨的基本上是世界同一地区的相同类型的材料，甚至是以相同的方法呈现这些基于田野的材料。还有一篇同样广泛的调查文章，与安德森的书同年发表。在1979年至1985年出版的这四部概述中，反复出现的主题或话题是视觉艺术的符号性、艺术的社会文化功能、艺术家的培训及其社会地位、艺术评价的地方标准以及艺术风格和风格的变迁。因此，那些年似乎有一种学术共识，特定类型的调查开始蓬勃发展，并且已经达到一定程度，可以为任何对这些新领域感兴趣的人提供有用的起点。

安德森本人并没有调查过他讨论的任何文化，但他擅长文献工作，精选了众多丰富而有趣的案例用以说明他选择的主题。安德森所依赖的经验性论著，几乎都是对艺术有学术兴趣的西方人类学家出版的。在他的书中，有一两处地方，也吸收了西方艺术史家的田野研究成果，艺术史家越来越多地加入人类学家的行列，研究欧洲以外的小型社会的艺术。

几年之后，我认识到，安德森对20世纪60年代和70年代艺术的人类学研究的出色介绍，实际上在标题中并没有提到"艺术人类学"（the anthropology of art）。安德森也没有把自己定位于这样一个研究领域之内。虽然事后看来这相当显著，人们应该认识到，"艺术人类学"的整体观念只是在这个时候才出现的。事实上，在那些年的人类学话语中几乎没有"艺术人类学"的说法。人类学家对某一艺术形式所做的研究，并没有冠以这种称谓，更不用说学者们会讨论"艺术人类学"本身的问题了，我指的是将艺术作为一个系统性研究领域以及人类学的子学科所做的人类学分析。

可以肯定的是，曾在西非做过开拓性研究的奥地利艺术史家赫尔塔·哈塞尔伯格（Herta Haselberger）早在1969年就出版了一本名为《艺术民族学》（Kunstethnologie）的书，这一标题和"艺术人类学"同义。这本书试图对欧洲以外的小规模社会的视觉艺术的人类学——特别是民族志研究予以体系化，但在德语世界以外少有读者，对此后20年提出并发展"艺术人类学"的英语世界的学者并无影响。

20世纪70年代，英语世界的出版物开始零星地从概念上将艺术和人类学联系起来，最著名的或许是夏洛特·奥登（Charlotte Otten）主编的论文集《人类学与艺术》（Anthropology and Art），该书出版于1971年。不过，英语世界的学者花了好几年才在他们的著作或文集中用上了"艺术人类学"，亦即运用特定的人类学方法对视觉艺术的研究，或者在人类学这一大学科之下以艺术为中心的二级研究领域。

罗伯特·莱顿1981年出版的《艺术人类学》是第一本运用这一称谓的著作，在中国非常有名。这是我前面提到的两本概括性著作中的一本，其涉及的内容与安德森的著作大体类似。另一本书是伊夫琳·佩恩·哈彻尔（Evelyn Payne Hatcher）的《作为文化的艺术》，1985年出版，副标题为"艺术人类学导论"。这两本书有助于确立并推广"艺术人类学"的概念，这一称呼不仅没有出现于安德森的书中，而且在哈里·西尔弗（Harry Silver）1979年发表的题为"民族艺术"（Ethnoart）[①]的内容丰富的论文中也没有见到，在20世纪七八十年代，"ethnoart"是"ethnic art"的一个变体。

除了这一术语当时并不广为人知，安德森或许还认为，他所研究的这一领域在理论上尚无充分发展，不足以引入"艺术人类学"这一概念。为了阐述我上面提到的观点，这一术语似乎让人们注意到了一个研究领域的存在，这一领域在出发点、基本概念和研究目标等方面形成了一定的反思和积累，并且可能形成了相对成熟而精细的一般性理论——例如提出了"艺术与社会"之间的回环关系，并对这些模式予以解释。无疑，安德森的确致力于解决这些更具理论性的问题，尽管书中大部分章节停留于导论的水平。例如，他回顾了"艺术"和"原始"之间的关系，坚定地认为后者只能应用于小型社会，而不能用于他们的艺术。此外，安德森在书的结尾提出

[①] 该论文已有中译，参见李修建编《国外艺术人类学读本》，文化艺术出版社2021年版，第84—152页。——译者注

要加大跨文化比较和跨文化规律的探寻，表明他意在建立概要性的理论，将其作为系统性学术的一部分。最后，要提及安德森在艺术人类学研究中的另一贡献，他借鉴一些非人类学的文献和理论来组织和解释他书中讨论的某些主题，丰富了他的个案研究。比如，他用美国哲学家查尔斯·皮尔斯（Charles Peirce）的符号学理论探讨了艺术中的图像和象征的问题。

尽管如此，整体看来，这本书的写作风格、大量采用的视觉材料，以及每章末尾的"进一步阅读"，给人们的感觉是，安德森的主要目标是对当代西方学者在研究欧洲以外的地区的视觉艺术形式时提出的一些重要主题做一个简单易懂的说明。因此，他的旨趣不是进行理论性阐述，而是为这个令人振奋的新研究领域写作一本引人入胜的介绍，人类学家和艺术史家，甚或艺术研究者会阅读此书，并从中获益。事实上，后来我得知，安德森在一所艺术学院教书，所以这本书可能脱胎于他的讲稿。

以上诸多内容同样适用于莱顿和哈彻尔的著作，当然两本书都用"艺术人类学"做了标题。顺便提一下，对艺术人类学理论感兴趣的学者，如果想写一篇论文的话，对这三本著作做一个比较研究可能会有些意思。这三本书在20世纪末都出了第二版，说明了它们与艺术人类学的历史很有关联。显然，第一版都卖得不错，读者很多，尽管这没有反映于作品的引用次数上，除了莱顿的书外，另外两本的引用率不高。

关于"艺术人类学"这一观念，我认为有必要提及另外一本重要的著作,即英国人类学家杰里米·库特和安东尼·谢尔顿主编的一本会议论文集,出版于1992年,名为《人类学,艺术与美学》(*Anthropology, Art, and Aesthetics*),这个书名非常低调。作者没有选取诸如"艺术人类学和美学"为书名,而是用了这个不起眼的标题,在我看来,主编或许要避免这样一种印象,即这一领域目前已经提供了明确的方法或者已经发展出了独特的理论。事实上,正如该书的导读所言,整体而言,这个领域更多的是描述性研究而非理论性研究,更多的是案例研究而不是系统性研究。

简要回顾安德森的著作,我必须要说,正是在那本书里,我第一次遇到了"民族美学"(ethnoaesthetics)。我从这一概念或术语得知,在人类学中有一个专门研究小型社会的审美观的分支领域。这听起来非常令人兴奋。我还知道,这个领域尚处于发轫阶段,仍然需要进行基础性探索。总之,"民族美学"听起来是个很好的话题,可以让我致力于此。从人类学的角度研究美学的想法的确成了我的硕士论文和博士论文的选题。我的"审美人类学"(the anthropology of aesthetics)的著作最终让我接触到了中国的同道,对此我感念终生。所以,我要谢谢安德森教授,他为我带来了"民族美学"!

方李莉:您学习或运用艺术人类学这门学科时,欧洲的艺术人类学是什么样的?

范丹姆:在 20 世纪 80 年代早期和中期,我还是一名学生,那时候的艺术人类学当然是以当地研究或所谓的田野调查为基础，基本上是描述性或记录性的，研究人员以美国学者居多。在西方做艺术人类学，指的是去欧洲以外的地方，通常在撒哈拉以南的非洲、大洋洲或美洲原住民地区，在他们的社会文化语境之下，研究和记录当地的视觉艺术。人们普遍认为，这些地区的众多艺术传统仍然生机勃勃，尤其是非洲农村，大量研究都是在那里进行的。那时候，在"民族艺术研究"领域让人眼前一亮的新书多数是由"田野工作者"编写的书籍和文章，其中既有人类学家也有艺术史家，他们详细报道了当时学界很少了解或闻所未闻的视觉艺术传统。一般说来，以前只能从西方博物馆的藏品中认识这些艺术传统，这些藏品主要收集于殖民主义时期（1880—1960）。有时候，个别藏品会附上几张照片和简短说明，比如在当地的使用情况，这些数据和信息有的是早先的人类学家提供的，他们并不专门从事艺术研究，有的是传教士或殖民地官员等西方人提供的。他们的工作常常被视为肤浅而片面的，还因其带有殖民主义思想和基督教世界观而被忽视。新一代的学者工作于后殖民环境之中，已经意识到西方偏见在研究其他文化中的危害，正在用基于长时段的田野考察和对当地文化的充分尊重而获得的更为可靠的数据，取代这些贫乏而带有偏见的信息。目前，研究者要在田野地点待上至少一年，时间长点更好，学习当地语言——或者至少认真去学——并努力获知创作和使用当地艺术的社会和文化语境。这一时期，专业学者利用"艺术民族志"进行了深入的考察和记录，逐渐填补了撒哈拉以南非洲和其他地区艺术地图的"空白"。

这些出版物所提供的对艺术的意义和功能的解释,通常是由当地人自己阐述的,他们的观点被来自外部的学者记录、加以系统化并置于其地方语境之中。尽管西方研究人员的确参与了数据的解释和最终的呈现,但重点往往放在马林诺夫斯基所谓的"当地人的观点"上,或者当时的理论人类学家所称的"局内人"(emic)视角,即"从内部看",与之相对的是"局外人"(etic)视角,也就是"从外部看"。

不过人们对此必须慎重,理由如下:首先,可以说,在局外人和局内人之间,有很多灰色地带。问题在于,从文献来看,我们听到的到底是当地人的观点,还是外部研究人员的解释——即使这个局外人以当地人的陈述作为报告和分析的基础,二者并不总是泾渭分明。以某一艺术的功能为例,如果研究者对这个问题不是特别明确,那么可能很难在该艺术的"明显或公开的功能"和"潜在的可变功能"之间划一界线,前者是由文化参与者阐述的,后者则是外部学者根据该艺术的所有相关数据并结合其社会文化语境而提出的。如果研究者利用自身学术传统中的某些理论作为分析工具或解释原则来"理论化"相关讨论,那么显然已经远远超出了局内人的眼光。不过,这一阶段的研究成果基本处于民族志或记录阶段,很少提出理论,所以不必做出太多评价。但在我看来,一种普遍的印象是,那个时代的艺术人类学学者旨在成为当地人的观点的代言人。

即便如此，人们可以反驳说，任何数据收集以及对这些数据的报告或解释都不完全是"理论中立的"，这种说法无疑是对的。实际上，在20世纪60年代到80年代的地方研究论著中可以发现一些重要主题，这些主题显然受到了某些理论的影响。这些理论可能激发了人们对艺术民族志研究中特定主题的重视，反过来又可以反映出研究者所属社会的发展情况。一个很好的例子就是从20世纪70年代开始，在以田野调查为基础的艺术研究中越来越重视性别问题，这与那些年西方社会对性别问题的日益关注，以及西方社会科学和人文学科中性别理论的发展密切相关。尽管如此，民族志的艺术研究中对性别的关注可能主要由学者的个人兴趣所致，或者外界观察者将性别问题视为当地文化和艺术中的突出特征。不管怎样，在艺术人类学的出版物中，很少参考或几乎不参考关于性别问题的理论文献。

所以，尽管所有研究都可以说至少会受到当前理论和近期理论的广泛影响——对于某一具体研究而言，随着时间的推移，这种影响肯定会变得更加清晰，我必须要说，这是一个非常庞大而复杂的主题，例如，对局内人视角的强调本身即是一种理论选择。可以断言，那些时期的艺术民族志研究不是受到理论驱动的，研究者收集和呈现数据，不是为了证明或反驳某一观点，当然也没有生硬地将外部西方理论及其概念工具作为阐述或解释其他文化中的艺术数据的倾向。在那个时代，人们都想"从内部"认识文化，有效地阻止了外部理论的明确介入。

这也意味着人们必须审慎地对待如是论述，即人类学对艺术的研究一直遵循着更为普遍的人类学理论方法——流行于20世纪下半叶的人类学的各种主义。这在艺术人类学的早期阶段，甚至更晚近时期，或许是对的，但我不确定它在我们讨论的艺术人类学的记录田野阶段是否恰当。以结构主义为例，20世纪六七十年代的西方人文学界对其有广泛探讨，尤其在人类学领域。列维-斯特劳斯是这一理论的代表人物，他提出，人类的思维有一种基本的二元论或对立结构，这种基本的认知二元论同样构成所有文化表达的基础。结构主义可能在人类学领域很受欢迎，不过从这一时期抑或10年之后，以田野调查为基础的艺术人类学极少采用结构主义进行艺术分析。如果当地人将世界分成了男人和女人、村庄和灌木、天和地、上和下等对立范畴，这也是由学者正式记录下来的，他们还涉及了在艺术中表达或隐含的类似对立现象。即使在这些情况中，他们也基本不提列维-斯特劳斯的结构主义对人类思想和文化表达的二元论模式的强调。当然亦有例外，在明确运用结构主义分析欧洲以外的小型社会的艺术时，通常这些艺术品的传统已经消亡，依据结构主义理论和这些传统中存留的一点民族志信息进行解释。

对社会科学和人文学科的理论的明确关注，在研究中运用相关的概念以及引用著名理论家的习惯，是在20世纪90年代才流行开来的。重要的是，通常采用这种方式的，不是田野调查报告，而是诸如殖民地艺术品的收藏或西方对非西方艺术和文化的表现方式等新的后殖民主题。

方李莉：是什么契机让您对世界艺术感兴趣，并试图对其做跨学科的对比研究？

范丹姆：我想我在上学的时候就对世界艺术有兴趣了，当时的课程将我引入了整个人类文化的视觉艺术。我记得与同学们讨论过，我们觉得，我们的课程中唯一缺少的艺术传统就是美洲的前哥伦布时期的文化。回想起来，我应该补充一点，这非常值得注意，欧洲史前艺术同样没在课程表上，当然还有不少世界各地的其他艺术传统，也没能纳入教学计划。但是跟着这些覆盖全球大部分地区的课程，就会养成一种精神姿态，让人觉得是在地球上空飘浮，就像是从卫星的轨道上俯瞰我们的星球，其面貌尽收眼底。因此，这逐渐发展出一种全球视角，培养出一种意识，将视觉艺术作为世界范围内的现象加以看待。

从这样一个全球视角来看，跨文化比较的观念似乎就不言自明了。我还从大学课程中知道，从某种意义上来说，比较自始即是人类学的特点。那时，在人类学中，比较仍被视为是无可非议的工作。在艺术人类学领域，那些具有综合视野和理论兴趣的作者同样倡导比较。莱顿、哈彻尔，尤其是安德森，都将跨文化比较视为一种系统性的艺术人类学方法。

对我来说，跨文化比较在回答人类学（包括艺术人类学）中的一些更普遍或更抽象的问题时非常有用，比如确立人类文化之共性和差异的问题，更复杂的分析甚至可以让人们找出潜藏于系统性的文化差异之下的普遍共性。跨文化比较分析也为专业学者就特定文化提供的主要数据赋予了额外价值或附加意义。在人类学中，这指的是由田野工作者收集和出版的语境化的经验数据。然而，在艺术人类学中，几乎所有学者都集中于通过当地研究绘制特定地区的艺术地图。对这些来自不同文化的丰富材料进行比较，从而得出更具一般性的命题，这种做法确实比较少见。但是作为一名学者，我认为这可能是艺术人类学研究下一步的致力方向，因为目前已经出版了很多扎实的田野考察文献。

目前，对于民族艺术专业的硕士生，并不期望他们做田野调查，因为在没有旅行资助的情况下，从欧洲飞往非洲或新几内亚，并停留相当长的时间，对年轻人来说太过昂贵，不够现实。硕士论文通常会选取特定文化（大多是非洲）中的某一种艺术形式，对其进行"摇椅上的研究"。所以，我们会研究尼日利亚约鲁巴人的某种面具、马里的巴马纳人的某些雕像，或刚果的库巴人的某类纺织品等。在这个过程中，还会考察比利时和邻近国家博物馆的收藏品以获得研究实例，并写信给西方各地的博物馆，讨要一下选题涉及的艺术样本的照片。

这还意味着研究其他标本以及关于艺术的意义、功能、用途等语境信息的学术文献。不过，最终目的并不是呈现这一特定的艺术形式的社会文化语境——此乃次要目标，而是对其进行风格分析，即系统而详细地描述所找到的每件样本的视觉特征，概括出艺术风格的基本特征，区分出亚风格，并将这些亚风格与某些族群分支或区域联系起来。这种分析方式是在20世纪30年代由根特大学民族艺术研究的一位开创者引入的，他跟随博厄斯做过博士后，他的继任者承续了这种研究方法。我后来才意识到，这种风格方法如何使得"民族艺术研究"验证了艺术史和考古学高等研究院的其他学者和学生的工作。

我对这种分析不感兴趣，因为我更关注人类学或语境化的内容，我从当地人的角度强烈质疑风格研究的相关性。我在想，另一种同样不需要田野调查的方法，或许是对某个艺术主题的数据进行比较分析。由此，我写出一篇硕士论文，对撒哈拉以南非洲文化的审美观的相关文献进行了比较研究。有关非洲几种文化的审美观的文献已经发表，主要是关于视觉艺术的，但对这些资料的比较研究尚未开展。

关于您提到的跨学科的问题，我的硕士论文还没有真正跨学科，虽然大家可能认为它已经融合了人类学、美学和艺术史。后来，在写博士论文时，我探讨的是更具一般性的审美人类学，除了行为学和神经科学，我开始将跨文化心理学和认知心理学的成果结合起来。我对知觉心理学和认知心理学产生了兴趣，是因为我的论文促使我寻找理论模型，以解释当我们依据内部文化知识评估传入的视觉刺激时，人类心智做何反应。

在博士论文中，我开始研究可能存在的全人类共有的审美偏好，从而将我的比较研究从撒哈拉以南非洲拓展到了世界各地。我发现了许多全世界共有的审美偏好，我希望跨文化心理学、行为学和神经科学能够有助于解释这些审美共性的存在。由于这些领域在当时刚刚起步，所以我的研究并不深入。在完成论文之后，我才了解到进化（evolutionary）方法，其认为当代人有一个共同的进化史，有助于解释普遍性的审美偏好。我基于理性的进化路线，提出某些基本的审美偏好已经成为人类生物有机体的组成部分，因为历史证明，这些偏好对于人类的生存和繁殖是非常有利的。

因此，我的研究的跨学科维度，主要是由于需要澄清和解释各种各样的主题，这让我对其他研究领域产生了兴趣，尤其是这些学科能为人类学或哲学美学无法做出满意回答的问题提供好的答案。

方李莉：您目前在大学教书，教的是艺术人类学吗？您的学生对这门学科感兴趣吗？

范丹姆：实际上，我在莱顿大学教的不是艺术人类学。社会科学系的一位人类学家教这门课程，他先是在荷兰国立民族学博物馆工作，后来进入荷兰国立考古学博物馆，二者都在莱顿。我在人文学院工作，我开设的是世界艺术研究导论。学生们都觉得在这门课上学到许多艺术人类学的内容，有人甚至说我讲的艺术人类学的东西太多了，给他们的感觉是在上艺术史的课。

我认为艺术人类学与世界艺术研究之间有很多基本的联系。这种联系不单单是指艺术人类学家教给我们世界各地大量未被其他学者研究的视觉艺术，也不仅意味着传统艺术史家会受到艺术人类学家采用的经验和语境方法的启发。在我看来，艺术人类学与世界艺术研究之间有一些更为根本的关联。或许可以追溯到我的学生时代，展开说说我们刚刚讨论的一两件事儿，并将几个主题合在一起。

虽然我们在根特大学学到了世界各地的视觉艺术，不过在我们的教育中明显缺乏对全球艺术研究的总体视角。都是精于某一地域的专家讲授这些课程，并没有提供一种框架，让我们以系统的方式考察世界艺术。事实上，在当时的学术界似乎不存在这样的框架。根本没有一个研究领域旨在将视觉艺术作为人类生活中的一种现象进行研究，这与语言学家将语言作为人类的一个特性加以研究的方式无法相提并论。

现在，人们可能期待在人类学中出现一种包罗甚广的全球性或泛人类的艺术研究。毕竟，人类学字面上指对人的研究，因而人们可以合理地认为艺术人类学意指系统地考察人类的艺术。但是我发现，在我上学的时候，艺术人类学尽管在诸多方面值得称道和激动人心，但它并不足以作为一个框架，将艺术作为人类生活中的一种现象加以系统性的研究。它所研究的时段，所涉足的地域，所使用的理论，都太过局限。就时间上的局限而言，艺术人类学作为一门以长期田野调查为基础的新兴学科，主要关注当下，很少关注过去，更不用说遥远的历史。在空间方面，艺术人类学几乎只关注小型社会的艺术，特别是那些晚近被西方国家殖民过的区域的社会。最后，从理论上讲，它极少提出有关艺术和人性的"大问题"，这与其在时间和空间上的限制相一致。事实上，如果人们把对当代小型社会艺术的民族志研究放在首位，那么就无法提出一些大问题，比如，在对人类艺术的任何系统性研究中，基础问题应该是什么，即视觉艺术的起源。

有趣的是，艺术的起源一直是19世纪末前两代职业人类学家极其关切的话题，当时，这个话题与人类及其独具的其他文化特性的起源和发展问题一道被提了出来。然而，这些摇椅上的学者的进化论猜测，被后世注重通过专业的田野调查收集经验数据的学者义正词严地摒弃了。随着这种摒弃，关于艺术和人性的一个基本问题也从人类学研究中完全消失了，自此一去不返。艺术的起源，在此后所谓的艺术人类学研究中不再成为一个调查主题。

19世纪末到20世纪之后的田野转向——最初是短暂的当地研究，"二战"后是长期居留，也使得跨文化比较变得不再重要。在此之前，跨文化比较一直是早期人类学或民族学的显著特点。在这方面非常有趣却很少提及或没有意识到的是，跨文化比较的观念最初也包括世界各地的大规模社会以及过去的社会，因此这种比较远远超出了20世纪的西方人类学家所涉猎的所谓的原始社会或小型社会。无论如何，在20世纪初弗兰兹·博厄斯的时代，人类学家已对比较抱持审慎的态度，只有通过专业的田野考察收集到足够的实证数据，才会展开比较。到了20世纪末，当这些数据最终可以用于某些社会文化主题的分析时,后现代对于文化特殊性的强调,以及后现代主义者对所谓的"宏大叙事"的反感,使得跨文化比较的整体观念名声扫地。诚然,跨文化比较从未在人类学的学科形象中完全消失,直到今天仍被视为人类学的一大特征出现于教科书中。但是,目前很难在任何分析层面找到比较研究的例子,无论是区域性的、普遍性的,还是侧重于表面现象的,抑或侧重于基本原理或结构的。

回到艺术,人们可以看到,人类学对跨文化比较日益减少的兴趣剥夺了艺术人类学系统地研究全球艺术的一个重要途径。在世界艺术研究中,我们试图重新进行全球比较,可以涉及现在和过去的所有类型的社会,作为了解人类和艺术的有效途径。

实际上,跨文化比较是我和我的同事凯蒂·齐泽尔曼(Kitty Zijlmans)提出的三个主题中的第二个,我们将其作为世界艺术研究的基础。第一个主题是艺术的起源,上面刚刚讨论过。第三个主题是艺术的跨文化化(interculturalization),指的是文化传统之间的艺术交流。像前两个主题一样,19世纪的人类学家对此有过探讨,他们初步考察了他们称之为传播(diffusion)的现象,指的是物品和观念从一种文化背景到另一种文化背景的传布。人类学的传播论是单向的,假定是从中心到周边扩散的,而艺术的跨文化化原则上指的是文化间的双向传输或交流,就像更现代的人类学的文化交流理论。你可以看到,我们提出的世界艺术研究的三个基本主题,最初也是人类学和艺术人类学的主要关注点。

方李莉：欧洲艺术人类学者除关心土著艺术外，也关心当代艺术吗？他们是如何理解当代艺术和土著艺术之间的关系的？

范丹姆：人类学与当代艺术之间的关系非常有趣，但在西方语境中，我认为需要做些解释，以免引起误解。为介绍之便，可以说，在过去的几十年里，人们越来越意识到，人类学可以被视为一种特殊的方法，而不是用特定的主题加以定义——对于大多数西方人来说，人类学的经典主题是对西方以外的小型社会的研究。这种具体的人类学方法，大体说来，就是从语境的角度看待现象，意味着融入社会文化背景之中。这种整体性视野现在也被用于考察其他社会，包括它们的艺术。

因此，我们看到一些艺术史家在研究西方过去的艺术时受到了人类学视点的启发。他们所应用的人类学视角，首先是认为艺术以各种方式与各种社会文化背景交织在一起。艺术史家不只分析艺术品的风格或视觉表现方式，现在也研究西方早期那些最初被置于宗教、社会或政治环境中的艺术品，它们在当时都具有特定的功能和效果。艺术史家受到人类学将艺术语境化的启发，他们在看待艺术品时，会认为它们不仅有制作者，还有赞助人，它们不仅仅是审美的对象，而且也是经济体系中的商品。无疑，这种方法在20世纪的艺术史研究中得到了发展，不过对语境视角感兴趣的艺术学者近来越来越多地关注人类学，以期深入对话并扩展他们的方法。

当然，对于过去时段的艺术史家来说，并不必做田野。即便如此，在人类学的启发下，艺术史家可能会关注那些与通常的艺术史研究有所不同的档案资料，例如，能够表明基督教教堂中图像的实际用途的资料，或者告知过去的艺术家的社会地位的资料。

但是，可以用田野调查研究那些西方人类学家以往从不研究的社会中的当代艺术，比如当代西方社会的艺术。这的确是一些人类学家和受到人类学启发的艺术史家所做的工作，虽然他们的人数相当有限。这类研究出现于20世纪末期，研究者主要集于西方"大众艺术"，通常是为非精英观众创作的艺术表现形式。当然，这符合传统人类学的研究取向，即重视与普通民众日常生活相关的现象的研究。

最近，西方人类学家也开始关注"当代艺术"，即由受过专业训练的艺术家创作的当代视觉艺术，这些作品主要面向精英观众。不过西方人类学家以外人一时想象不到的方式关注此类艺术。也就是说，人们可能认为西方人类学家会运用田野调查的方法语境性地考察这些新的艺术形式，它们的创作者、它们的赞助人、它们的观众等，就像人类学家运用地方研究的方法考察小型社会中的艺术，或者在西方研究当代流行艺术。使用田野调查的方法直接研究当代学院艺术界，在我看来确实是一个富有成效的观念，并且可能会获得其他学术方法无法带来的有趣结果。幸运的是，中国的艺术人类学家在北京等地正是这样做的。

然而，面对当代学院艺术，西方人类学家似乎采取了不同的方式。据我了解——我没有密切跟进这些发展——西方将"人类学"

和"当代艺术"结合在一起的学术项目，往往侧重于人类学家和当代艺术家之间的相通之处，在此我想到的是人类学家阿纳德·施耐德（Arnd Schneider）与视觉艺术家克里斯·莱特（Chris Wright）合编的开创性著作。书中提出，人类学家和视觉艺术家这两类专业人士在处理对象上有很多共同点，足可进行对话和交流。具体而言，当代艺术家被认为是以"民族志"的形式创作的，反过来，人类学家被认为是在创作"艺术"，尤其是在撰写民族志研究结果时。

在此，当代艺术家似乎被视为自身社会中的文化局外人。在进行艺术创作时，他们审视自身社会的方法，与民族志学者在考察外部社会所用的方法并无不同。你可能知道，在今日西方，当代艺术家经常被看作"研究者"。在20世纪80年代和90年代，至少在荷兰，在提到当代艺术时，一个标准的说法是"艺术家玩这个或那个"。现在的说法变成了"艺术家调查这个或那个"。因此，今天的艺术家通常被视为以参与调查的形式创作，比如通过艺术项目来调查自己的社会中的某些方面。我想，就像人类学家通过田野调查处理异文化一样，其中有融入和个人参与，有探索、搜寻、通过对话学习、反复试验、直觉和主观性。

至少有些人认为，人类学家进行民族志写作时，和艺术家有相似之处。早在20世纪末，一些人类学家和哲学家就提出，撰写民族志是一种创造性的行为，最终的结果具有艺术性。具体而言，人类学家在田野调查的基础上创作的文本被有些人认为是"文学"，是一种主观的解释，或者是个人的想象，而不是客观的科学报道。

这一论断为人类学家和当代艺术家之间的相似性提供了基础。探讨人类学家像艺术家一样进行创作和艺术家像人类学家一样从事研究的想法，似乎与在当代艺术界进行田野调查的观念有很大不同。

至于小型社会中的土著艺术与西方当代艺术之间的关系，从我有限的视野来看，我认为这不再是一件大事。在20世纪初期，西方许多现代主义艺术家都深受非洲雕塑和稍后的大洋洲和美洲原住民传统艺术的启发。到了20世纪末，西方艺术家似乎不再被所谓的部落艺术的视觉性所感染，但我记得有些艺术论著和艺术批评开始指出土著艺术的"仪式背景"对目前的"装置艺术"和其他形式的当代艺术产生了影响。今天，就我所知，土著艺术或其语境似乎不再影响当代西方艺术。在可能想到的各种原因中，似乎应该考虑艺术家被指责为"挪用/盗用"的危险，这里指的是不道德或非法使用"他文化"的艺术品。事实上在法庭已经出现了一些相关案例。

方李莉：您目前最关注欧洲艺术人类学研究的哪些思潮？您对这些思潮有什么样的看法？

范丹姆：我开始对艺术人类学发生兴趣时，最喜欢的就是学者们强调艺术活动与社会文化的整合性，以及艺术在社区生活中的作用。在对小型社会艺术的人类学研究中，艺术并非一种稀有而特殊的现象——"高雅艺术"似乎是西方艺术史研究的对象——而是普通民众生活的一部分，这种现象与社会文化的其他方面结合在一起。这些情况中的艺术，其意义和价值并不具有多少个人化或主观性，就像19世纪和20世纪的许多西方艺术——人们会想到浪漫主义的观念，即"艺术是个人情感的最独特表现"——它们是集体共享的，以皆可理解的视觉符号表达出来。总的来说，在人类学家的描述中，艺术与民众及其集体生活息息相关，对社会的正常运转及其成员的福祉有重要而必需的意义，对大多数人来说，它不是边缘而孤立的现象。

至少，这是我的第一印象，这无疑太乐观了，或者实际上太"浪漫"了，我从那时起就慢慢形成了更为细化的观点。从人类学的视角看待社会和文化，基本指的是用一种语境性和整体性的视角，充分重视社会成员的内涵丰富的日常生活经验，尽管如此，我还是对视觉艺术与人类生活的密切关系感到惊异。这在传统上没有文字的小型社会中尤其如此，视觉表达和视觉交流在其中发挥了更大的作用。不过视觉艺术是无处不在的，除了这些世界之外，在当代中国或西方社会也充斥着视觉艺术。如果将艺术宽泛地理解为"视觉文化"，就可以将诸如服装和发型、外部建筑和室内建筑、各种用具的设计，以及公共城市空间的建设等日常视觉和创意现象纳入艺术范畴。

正是在这种语境主义和以日常生活为中心的视域内，我也开始对审美作为人类的普遍现象产生兴趣，由此我提出了"审美人类学"。我逐渐把审美人类学视为一个独立的研究领域，它与艺术人类学有交叉但又不同。因此，我将研究重点放在了审美人类学上面，对艺术人类学关注不够，在2000年以后，世界艺术研究又成为我的另一研究领域。

我要说的是，我真的没有资格评论西方艺术人类学的最新发展。此外，西方没有专门的艺术人类学刊物以帮助人们了解新的动态。不过，显而易见的是，20世纪90年代以来，艺术人类学已经发展并成为一个更加丰富多元的研究领域。

我对一件事感到很诧异，那就是2000年前后出现了几个颇受欢迎的研究课题，这几个课题至今仍然受到持续关注。西方人类学家投入大量时间和精力来研究如下问题：殖民地时期的艺术品收藏，这些"殖民地物品"到达西方之后的生活史。其中包括考察"部落艺术"在西方或国际艺术市场上变成"商品"的角色变迁。像我这样的人，关注的是从这些物品的原初社会文化语境中研究其艺术形式，坦白说，对上述学术论题兴趣不大。在这些新话题中，包括上面提到的"挪用"问题，我对西方对非洲、大洋洲和美洲原住民的所谓"表征"更感兴趣，通过在小说、电影、博物馆等媒介中以某种方式呈现这些文化，欧洲人为他们自己创造了一幅异文化的景象。

任何对欧洲以外的艺术和文化感兴趣的西方学者，几乎从一开始就会意识到"表征"这个话题以及上面提到的其他话题的相关性，至少我在20世纪80年代初期上学的时候就是这样。例如，我刚上大一的第二周，第一次了解到非洲文化的深厚历史和非洲大陆迷人的考古发现，从而意识到我们在中学期间对所有这些东西一无所知，我记得我义愤填膺。我在当地图书馆也从没看过一本有关非洲历史的书，世界上大部分地区的历史书籍都能在这家图书馆里找到。通过人类学课程学到了更多的知识，我们很快发现，在西方电影或小说中，非洲文化和大洋洲文化往往呈现负面的形象。后来，我开始研究"非洲美学"，我碰到很多西方知识分子说"非洲没有美学"，用英语这一国际语言发布我的研究结果以在西方纠正这种负面形象，我将其视为我的一个研究目标。

  我承认，我并没想到上述主题受到如此持久的关注，这些主题在西方语境中统称为"后殖民主义"，指的是批判性地反思西方在殖民时期是如何对待非西方文化（在此主要是艺术）的，还会考察殖民历史对当代社会造成的影响。人类学家还有其他一些人文学者，学术旨趣在于回应和参与当代智识和社会发展，所以后殖民主题在艺术人类学中的持续不衰必然会对当今西方文化的某些内容做出解说。

  作为一个对世界各地的艺术和文化而不是政治感兴趣的学者，我确实想谴责"后殖民艺术人类学"，它一开始是在号召更好地认识我们对待世界其他地区的艺术时的殖民历史和殖民态度，现在已经过了头，至少在一些学术圈，谈论的几乎全是"我们"——我们如何收集物品，我们如何将它们投放在艺术市场上，我们如何把它们标识为"艺术"，我们如何用它们作为自己的艺术的灵感，等等。我常常会想：还有人不是为了西方的自我分析，而是为了它们自己的缘故去关注"他者"（我毫不喜欢这一术语）的艺术和文化吗？

这让我想起一件事，以前收到过一位硕士研究生的电子邮件，她告诉我想以"非洲艺术的意义和历史"为题目写论文。非洲的面积是中国的好几倍，其艺术史至少可以追溯到10万年前，怎么会天真到要在硕士论文中讨论非洲艺术的意义和历史呢。等我们见面时，这个学生告诉我，她的本意是对非洲艺术在欧洲的"历史"感兴趣，尤其是它在20世纪的展出方式，她感兴趣的是非洲艺术对欧洲人的"意义"，她没想到我会把她的话理解为实际的非洲。说实话，我觉得这种后殖民主义自恋是不当的，但恐怕我每天都要面对它。如果这个例子很难服众，我还有另一个更夸张的故事，实际上能够说明那位硕士研究生的态度。几年前，我在一所声誉甚隆的欧洲大学讲授非洲艺术的课程，出于礼貌，我就不说这所学校的名字了。这一系列讲座安排在为期三年的非洲语言与文化本科学位课程的最后一学期。在第二或第三堂课之后，一名年龄较大的学生走到我面前说："您的课让我们第一次真正了解了非洲。"我闻言大吃一惊，"你们在第二年不是专门学习非洲历史和非洲文化吗？"我问道。这位学生告诉我，非洲历史课只讨论"殖民史"，而非洲文化课只讲解"非洲在西方的表征"。回顾这个故事，我还是很难相信，但这确实是近来西方学术界的不幸状况。

并非彻底让人失望，在西方艺术人类学中仍存在经验性的地方研究。但这些年来，越来越多有理论追求的学者似乎自然地转向对后殖民话题的研究。同时，实际上还有大量经典的艺术人类学话题需要进行理论上的探讨。例如，我上面简要提及了艺术作为一种视觉交流形式的突出作用，特别是在没有书写体系的社会中。我认为这是艺术人类学的一个重要话题。艺术品的视觉性可能引起人们的注意，并对感官和心灵产生强烈影响，视觉对象可能具有多义性——它们可能同时传达出不同层面的意义：所有这些因素都可以进行深入的检视，运用大量基于田野的艺术人类学的个案研究，考察视觉艺术在社会文化中的展开，将其作为基础，进一步探讨艺术作为更为普遍意义上的视觉交流。

我认为我们也有义务坚实地依靠田野案例进行此类更具综合性和理论性的研究，因为行外人有理由期待艺术人类学家提供这样的研究。继续以视觉交流的主题为例，我很容易想到，考古学家在发现了早期的珠子时，可能会诉诸艺术人类学以解释他们的发现。他们可能对综合性研究很感兴趣，通过深入的田野研究，可以了解到艺术人类学家如何看待珠子的用途，它们不仅是一种个人装饰，还是一种使用集体共享的视觉符号进行非口头的社会交流的形式。我们能否在最近的书籍甚或最新的文章中引用这些考古学家的发现，对那些身体装饰的信息的艺术人类学研究进行系统性和分析性的考察，同时考虑到来自世界各地经过深入研究的案例，对其进行比较，将可获得的数据理论化，并得出外界可以依赖的合理结论？

在讨论艺术人类学的新方向时，我还应提一下，艺术史家越来越多地从小型社会的艺术研究转向对非洲和世界其他地区的城市大众艺术的研究，或传统上由西方人类学家研究的某些地区的当代艺术家的研究。这些当代艺术家往往是受过学院培训的专业人士，构成全球主流艺术界的一部分。他们的作品与人类学家和艺术史家以往研究的小型社会的社区艺术往往联系甚少。

因此，这个领域变得更为混杂多样。对艺术感兴趣的人类学和受到人类学启发的艺术史家似乎在某一时刻汇合一处，特别是在20世纪60年代到80年代，现在他们似乎又在分道扬镳。此外，随着学者人数的增加以及学术专业化程度的加深，研究人员似乎更倾向于成为区域或地方专家——比如说，学者们也在研究太平洋地区的当代学院艺术，他们也关注来自中非的西方殖民收藏史，而不大愿与称为艺术人类学的宏大领域搭上关系。不过，说实话，在以往，这种与更大的子学科或框架的联系似乎也不大。今天的区别在于，一些研究者可能再也不想声称自己是研究"艺术人类学"的，因为一些西方人认为艺术人类学是一个"殖民主义者的科研项目"，尽管这个术语和几乎所有的艺术人类学研究都是1960年左右西方殖民主义结束之后才开始出现的。

方李莉：您来过中国许多次，参加了许多次中国艺术人类学年会，结识了许多的中国学者，您对中国的艺术人类学研究有哪些看法？

范丹姆：2011年，我第一次听到中国学者参与艺术人类学的信息，感到非常惊喜。我关注中国人类学的动态多年，特别是中国对少数民族艺术的研究。我对中国人类学有所了解，但对中国的艺术人类学研究毫不知情。得知中国艺术研究院还有一个艺术人类学研究所，实在大出所料，听起来前途远大，这是我知道的唯一一个专门的研究所！我心中暗忖，这个研究所从事哪些研究？它有着怎样的历史？研究人员是什么背景——人类学家，还是艺术学者？他们与西方的艺术人类学家是否有过接触？等等。当我在2011年11月前往云南玉溪参加由中国艺术人类学学会组织的学术研讨会时，我充满了疑问。

我印象最深的是，第一，参加这次会议的中国学者数量众多，有好几百人，西方的艺术人类学会议不可能有如许规模。也许我该换一种说法，首先让我感到震撼的是，会议组织得如此好，在阳光明媚、环境优美的玉溪，我们这些参会者受到了玉溪师范学院同人们的盛情接待。我从没参加过比这更愉快的国际会议。

在玉溪和此后的会议上，我了解到，中国艺术人类学不仅参与的学者众多，而且学科背景复杂，这非常有趣。我在会议上不仅遇到了人类学家和艺术学者，还有民俗学家、考古学家、音乐学家、舞蹈学家、戏剧学家、历史学家和哲学家。有趣的是，中国的很多艺术研究者自己也是艺术家，比如视觉艺术家，抑或音乐家和舞蹈家。

这让我想到另外一点。在西方，"艺术人类学"几乎指的是人类学对视觉艺术的研究，别的艺术形式是其他人类学领域研究的。例如，研究音乐的是音乐人类学／民族音乐学（ethnomusicology），这是一个颇具技术性的领域，需要具备音乐方面的专业知识，研究者通常兼通人类学和音乐学。视觉艺术人类学与音乐人类学之间几乎没有什么联系。舞蹈的人类学研究也是一个独立的领域，有时称为舞蹈人类学／民族舞蹈学（ethnochoreology）。而口头表达的人类学研究也是如此，人们称之为诗学人类学／民族诗学（ethnopoetics）。可以理解，这些不同的领域是各自发展的，因为每个领域都需要特殊的才能和技能，这也使得学术研究越来越专业化，但彼此各行其是同样令人遗憾。我们有很好的理由把这些领域结合在一起，因为艺术表达常常同时涉及不同的门类或学科。这在面具表演中最能见出，其中涉及视觉艺术（表演者的面具和服装）、舞蹈、音乐，有时还有诗歌，例如一副表演面具可能伴有所谓的成名曲。当研究不同艺术门类的专家学者在中国艺术人类学会议上定期对话时，他们之间的合作和交流将会更加轻松自然。他们总会遇到让人耳目一新的东西，听听别的学者是如何研究的会对自己有所启发。即便你不同意对方的观点，你也会学到一些东西。你可能会对自己的方法理解得更为透彻，也可能学到了如何表达得更为清楚。

我逐渐意识到，之所以不同艺术门类的研究者集结到中国艺术人类学的年度会议上，"非物质文化遗产"的概念应该起了重要作用。这个概念的向心力是我在 2011 年至 2015 年参加会议时的另一个总体印象，遗憾的是，我因健康问题在 2015 年之后就无法参会了。可以想象，非物质文化遗产的总体概念将传统语境中的各种艺术形式关联在了一起，因而也把专门研究它们的学者汇聚起来。

在中国人类学的背景中，文化遗产似乎很自然地指的是中国的文化遗产，这可以解释我注意到的一两件事儿。在我第一次参加中国艺术人类学会议时，我非常期待大家关注的不只是中国的"少数民族"艺术；我本以为有人也会探讨中国以外的小型社会的艺术——比如越来越多中国人去的非洲，距离较近的大洋洲，还有东南亚等地区。但会议上似乎还没有关于这些地区的论文，尽管有不少论文关注到了中国边境地区的文化和艺术。我还记得至少有一篇论文探讨的是美国原住民艺术。

中国艺术人类学对文化遗产的重视可能揭示出下面一个问题。在历次会议上，我注意到很多论文涉及了一类艺术——汉族民间艺术（Han folk art），我并没想到它们会出现于艺术人类学的场合，我也不知道我用的"汉族民间艺术"这一概念是否恰当。我的错误预期明显反映了一种西方偏见。在西方，人类学几乎总是意味着研究"他者"的文化——地理上相距遥远，研究者不是在那里出生和长大的，他根据自己的知识背景提出一系列问题，并进行翻译和解释。相反，研究本文化中"普通民众"的"传统文化"，在英语中通常称为民俗学（folkloristics or folklore）。我不知道，是不是"汉族民间艺术"也是由非汉族背景的中国学者来研究，对他们来说，这些艺术在很大程度上也是"外来的"。不过我猜想，对这些艺术的研究主要是由操当地语言的学者进行的，他们已经熟谙并能融入当地的世界观和习俗。在西方的学术分类体系中，这些研究更像民俗学而非人类学。

当然，西方学术界认识到人类学和民俗学之间有许多重叠。但至少在考察视觉艺术时，民俗学家和人类学家之间的交流和沟通还很少。在中国学术界，"艺术人类学"和"民间艺术研究"几乎成为同一领域，至少是紧密联系在一起的，这启发我查找西方关于"民间艺术研究"的著作，但却少有发现，且与莱顿或安德森关于"艺术人类学"的书无法相提并论。这两本书与西方艺术人类学的其他调查一样，都没有涉及西方艺术。

最后一点，首先需要指出，我不懂中文，所以我对参会论文没有太多印象。尽管如此，我的感觉是，艺术人类学会议上的大多数发言基本上都是描述性的，在特定的社会文化语境下记录了某些艺术传统的各个维度，而非"理论性的"。也许那些论文的导论部分更具理论性或分析性，我也可能没有注意到论文结论的理论维度。尽管如此，在一次会议上，一位中国学者向我抱怨：描述太多，理论太少。如果属实，这是一件坏事吗？我不太确定。这很大程度上取决于你对理论的理解。

理论通常是指一些先前存在的系列概念转化成为一个概念框架，任何符合该理论的个案，都可用其进行研究。在人文学科中，大多数所谓的理论转瞬即逝，其中一些不过是时髦的知识建构，特别是在做学术回顾之时。如果人文学者仍因某种理论而兴奋不已，一方面，可能因为这一理论是新的；另一方面，是由于它提供的结论或见解与其追随者预想的观点相一致，通常带有意识形态性。理论的反对者往往把少数人视为权威,找一些花里胡哨的分析工具,在个案研究中强行使用一些预先准备的概念。无论是否喜欢某一理论,一般而言,结果分析看起来非常相似,通常是片面的,并且可以预测。哲学家丹尼斯·达顿(Denis Dutton)有过如下观点,他提出,在提到西方人类学的时候,后人可能会觉得我们现在的理论已经过时或者被误导了,可能希望过去的研究者不要过于关注理论,而要更多地去做民族志,记录当时濒临灭绝或发生重大变化的传统。有的论文大量引用名家以自抬身价,术语连篇,晦涩难懂,很少运用或歪曲民族志数据,得出的理论平淡无奇,不无意识形态化。这样的论文惹人生厌,不看也罢。这是一种非常消极无望的现象,但我们都已经看到了它的发生。但幸运的是,就我所知,在中国艺术人类学会议上,这种情况还不多见。

当然,有时候,某些理论,包括因为过于流行而遭搁置的理论,在较长时期内都会有助于做出解释和分析。例如,这些理论可能会做出区分,从而提高清晰度,避免模糊或混淆。或者他们提供的概念简洁明了,能够有效地把握某一现象的本质。事实上,在人文领域,提出甚或仅仅应用一个新概念来表达某个引起广泛关注的现象,尤其是这个新概念或术语是以一种易于把握的适当的隐喻形式表达的,那么这位学者的论著就足以称为"理论"了!我们都没有先见之明,要评价哪些理论会贻惠后世,哪些不会,当然很难,甚至不可能。

然而,理论也可能指的是一种非常不同的学术努力:它可以表示对某一学术分支的假设、目标和方法的系统反思。由此,理论意味着对于研究本身提出基本的问题。这一元层次——对研究的研究——基本上涉及对概念、认识论和方法论的问题进行分析。首先,在进行特定的学术研究时,我们用的是怎样的基本概念?这些概念出自哪里,它们表示什么,内涵是什么,是否适用于特定的研究环境?通过概念分析,我们更加明晰了基本的学术词汇,就可以进行另一个层次的研究了,可以称之为问题分析。在我们的调查中有什么特别的问题?为什么优先考虑这些问题而不是其他问题?通过提出这些问题,我们希望达到什么目的?对这些基本问题的反思,可以提升一个人对于学者身份以及自身在知识史和当代学术环境中的地位的认知。这种反思也可以使人们所研究的问题更为清晰。一旦我们清楚地知道我们想要什么以及个中原因,我们就可以进入认识论分析的层面:我们真的能知道我们想知道的吗?换句话说,我们提出的学术问题真的能在理论上和实践中得到回答吗?如果我们提出的问题确实可以回答,那么哪些方法或路径能够提供最好的解答?由此,我们进入了方法论分析。因而,认识论和方法论分析都是以各自的方式,关注在某种学术研究中何者是有效数据的基本问题。在任何严肃的学科或分支学科中,这些都是非常基本的问题,人们希望每个学科都有一些学者投入时间和精力研究这些问题。某一具体学科的这些基本问题的学术史研究,同样是如此。

在一组经验数据中寻找模式化或循环的关系,这一层面的研究亦可称为理论。例如,通过比较研究,发现了一组数据中的规律,这一过程本身可被称为理论活动。不过，当人们利用本学科或其他学科现有的解释模型或理论，去解释在某些材料中发现的模式时，尤其会出现理论。此处所说的理论与我一开始论述的理论类似，但是关键区别在于，我们在此所谈论的，不是为了解释和分析特定的案例而利用一些概念和推理，而是为了解释人们通过数据集中确立的原则或过程。就艺术人类学研究而言：描述艺术人类学乃是基础，然后可以进行比较艺术人类学，最后是解释艺术人类学，三个阶段渐次提升，越来越理论化。

我更偏好这样的理论：它们体现出了具有基础性和指导性的基本问题，超出了经验性数据，提出了规律性的关系，并能对此做出解释。必须承认，这样的论文通常不会让艺术家和艺术学者感到兴奋。我相信在中国艺术人类学的著作和期刊论文中都会涉及这样的理论，由于我不通中文，所以难以得知了。

方李莉：谢谢您对我的提问做了如此详细而又精彩的回答，我相信此次的访谈如果发表出来，会受到中国学者们的欢迎，也会帮助许多中国学者了解您的学术发展之路，以及了解西方艺术人类学的许多知识。再次表示感谢！

新版译后记

和范丹姆认识，算来整整 10 年了。10 年之间，世事纷纭，发生了很多变化。

2011 年，范丹姆初来中国参加艺术人类学会议，我们相识于云南玉溪。会议由玉溪师范学院承办，那里风景优美，人物热情，给范丹姆留下深刻而美好的印象。此后，他接连数年都来中国参会。

2013 年的会议，是在山东省济南市召开的，会后我与他到山东大学、山东师范大学、山东工艺美术学院等高校举办了讲座。其间常带他去山大附近的一家刀削面馆吃面，他觉得面的味道颇佳，那免费的面汤，对他来说尤为美味，让他赞叹不已。

正是在这次会议上，山东大学的程相占教授请范丹姆做了一次讲座，并提议请他出一本审美人类学的书，纳入他主编的译丛之中。范丹姆欣然接受，自然由我担当译者。会后，他很快确定文章选目，我帮着联系版权，推进翻译。后来，由于版权问题而未果。出版方换到了中国文联出版社，我也由此结识了文联版的责编王海腾。海腾那时刚刚参加工作，和我是临沂老乡。

2015 年的艺术人类学年会是在江南大学召开的。范丹姆如约而来，先是到了北京，他老是觉得宾馆的暖气太热，睡不着，我并没有看出他的情形有异。到了无锡，他终于告诉我，来中国之前，他查出了白血病，我大感惊诧。开会期间，不知是否饮食出了问题，他上吐下泻，状态很糟。会后又去了南京，他有所好转，在季中扬兄和韩鹏云师弟的安排下，分别在南京农业大学和南京林业大学做了两场讲座，二人还陪同我们游逛了南京多处名山胜迹。南京林业大学给了两千元讲课费，装在一个信封里，范丹姆执意不收，送给了我，在信封上写着"for translator"。我的英语其实不好，听说尤差，只是熟悉他的研究，加上他的表述清晰简易，所以勉力为他担任现场翻译。

我知道这很可能是他最后一次来中国参加会议了，所以很希望在他回国之前能拿到样书。我把这个想法告诉了海腾，海腾极为体贴，再三催促印厂，终于达成所愿，让范丹姆看到了样书。在惠新北里那狭窄零乱的办公室里，他坐在椅子上，捧着书，我站在旁边，合了一张影。他难掩病容，但很开心。

此书出版至今，倏忽已有6年，好像重印过几次，具体销量几何，我并不清楚。时或有年轻的朋友告诉我读过这本书，收获很大，说明还是受到相当认可。这几年，我和范丹姆始终保持较为密切的联系，有时问候一下他的近况，更多是请他审读《民族艺术》的目录英译。他一开始接受化疗，副作用很大，身体非常虚弱，此后状态趋好，比较稳定。他还是在上课，逐渐写一些文章。

当我告诉他，这本书要纳入我主编的《艺术人类学经典译丛》

再版时，他很高兴。我请他再写一篇序言，他欣然从命，不料越写越长，竟有3万余字。他通音乐，小时候组建过乐队，遂以"序曲"名之。文中他对审美人类学以及美学这门学科本身，提出了大胆而富有启发性的思考。其余补充之处，我在修订过的"译者导读"里做了交代。

修订版相比初版，书名做了简化，改成了《审美人类学》，补充了6万余字。本书第三章为向丽教授翻译（她又下功夫对译文做了修改润色），其余部分均由我译出。书中相当篇章已发表于《民族艺术》（译者导言，第一、第三、第六章，附录1、附录2），导论部分发表于《内蒙古大学艺术学院学报》，附录3发表于《思想战线》，特向这些刊物表示感谢。

叶茹飞和贾茜两位编辑，工作认真细腻，对本书进行了精心编校，改正了初版中存在的一些小问题。精美的装帧设计，亦使本书增色不少。感谢诸位朋友的付出。

李修建
2021年11月16日

图书在版编目（CIP）数据

审美人类学 /〔荷〕范丹姆著; 李修建, 向丽译. —
北京: 文化艺术出版社, 2021.12
（艺术人类学经典译丛）
ISBN 978-7-5039-7136-5

Ⅰ.①审… Ⅱ.①范…②李…③向… Ⅲ.①审美—文化人类学—研究 Ⅳ.①B83-05

中国版本图书馆CIP数据核字（2021）第214422号

审美人类学

著　　　者	〔荷〕范丹姆
译　　　者	李修建　向　丽
责任编辑	贾　茜
责任校对	董　斌
书籍设计	李　响
出版发行	文化藝術出版社
地　　　址	北京市东城区东四八条52号（100700）
网　　　址	www.caaph.com
电子邮箱	s@caaph.com
电　　　话	（010）84057666（总编室）　84057667（办公室） 　　　　　84057696—84057699（发行部）
传　　　真	（010）84057660（总编室）　84057670（办公室） 　　　　　84057690（发行部）
经　　　销	新华书店
印　　　刷	国英印务有限公司
版　　　次	2022年2月第1版
印　　　次	2023年11月第2次印刷
开　　　本	889毫米×1194毫米　1/32
印　　　张	13
字　　　数	247千字
书　　　号	ISBN 978-7-5039-7136-5
定　　　价	68.00元

版权所有，侵权必究。如有印装错误，随时调换。